KB175979

이승만 대통령과
6·25 전쟁

이승만 대통령과
6·25 전쟁

남정옥 지음

이담 Books

이 책은 독립·건국·호국으로 상징되는 대한민국 건국 대통령 우남(雩南) 이승만(李承晩, 1875~1965) 박사가 임진왜란 이후 민족 최대의 위기인 6·25전쟁을 국가원수로서 또 통수권자로서 어떻게 수행했는가를 일반인들이 이해하는 데 도움이 되기를 바라는 마음에서 내놓게 되었다.

일제강점기 독립외교에 바탕을 두고 독립운동에 젊은 청춘을 불살랐고, 광복 후 자유민주주의 체제의 대한민국 건국을 위해 헌신했고, 건국 후 대한민국 기초를 닦기 위해 불철주야 노력하던 이승만 박사에게 동족상잔이라는 6·25전쟁은 그뿐만 아니라 민족 전체의 운명이 걸린 중차대한 문제였다.

이승만 대통령은 건국한 지 2년도 안 된 신생 대한민국의 발전을 위해 갖은 노력을 다했으나 국내외 안보환경은 그에게 호의적이지 못했다. 미국은 한국의 안보에 대해 아무런 안전 대책도 강구하지 않은 채 주한미군을 철수한 데 이어 애치슨 선언을 통해 미 극동방위선에 한국을 포함시키지 않았다.

특히 미국은 전쟁 이전 한국군을 국내 폭동 및 소요사태를 진압

할 수 있는 경비대 수준의 방어형 군대로 만들어 놓고 철수했다. 이는 꾸준히 전쟁을 준비해 오고 있던 북한 및 소련에게 전쟁을 해도 좋다는 청신호(blue light)로 받아들여졌다.

그렇지만 이승만 대통령은 6·25전쟁 전후 이런 열악한 안보 환경하에서 국가원수, 행정수반, 전쟁지도자로서 뛰어난 통찰력과 특유의 외교적 뚝심 그리고 실리 외교를 발휘, 미국과 유엔을 상대로 현명하게 대처함으로써 위기에 빠진 대한민국을 구해 냈던 명민(明敏)한 국가지도자였다.

이승만 대통령은 개전 초기 어려운 상황에서 미군의 신속한 개입을 재촉하기 위해 노력했고, 미군 참전 이후에는 작전통제권을 유엔군사령관에게 위임하여 유엔 및 미국의 책임하에 전쟁이 전개되도록 만든 후, 자신은 오로지 민족의 숙원이자, 그의 생애 마지막 기회가 될 북진통일을 위해 노력했다.

그러나 중공군 개입으로 미국의 대한정책이 휴전협정으로 통한 종전정책으로 바뀌자, '제2의 6·25전쟁'을 방지하기 위해 미국으로부터 한미상호방위조약과 한국군 전력 증강 등 전쟁억지력 확보에 그는 혼신의 노력을 다했다.

그는 전쟁을 수행하면서 미국의 이익이 어디에 있는지를 미국보다도 먼저 깨닫고, 조국의 미래에 대한 국가이익을 위해 위국헌신(爲國獻身)했던 진정한 애국자로서, 국군 통수권자로서, 그리고 전쟁지도자로서의 역할과 소임을 다했다. 이 책에서는 이러한 이 대통령의 국가원수와 통수권자로서의 역할과 활동을 모두 담아내지 못하고 있다. 이는 6·25가 발발한 지 60년이 되었음에도 이에 대한 연구가 거의 이루어지지 않았다는 반증(反證)이기도 하다.

이에 필자는 이승만 박사에 대해 이 책이 미흡한 부분이 있긴 하지만, 그럼에도 불구하고 우선 이 책을 내기로 결심했다. 그것은 이 대통령의 전시 지도자로서의 역할과 활동이 왜곡되고 잘못 알려지고 있는 것을 더 이상 두고 볼 수 없다는 마음에서다. 이에 6·25 때 이승만 대통령의 역할과 활동에 대해 필자가 그동안 학술지와 언론에 발표했던 글들을 묶어 단행본으로 발간하게 된 것이다.

이 책은 크게 여섯 부분으로 구성되었다.

제1장 '이승만 대통령의 출생과 성장'은 이인수 박사의 『대한민국의 건국』(도서출판 촛불, 2001년 3판)과 이주영 교수의 『우남 이승만 그는 누구인가?』(배재학당총동창회, 2008년)를 저본으로 하여 이승만 박사 관련 다른 저서를 축약하여 재정리한 것이다. 여기서는 이승만 박사의 출생으로부터 대통령이 되기까지의 성장과정을 먼저 살펴봄으로써 인간 이승만, 항일독립운동가 이승만, 국제정치학자 이승만, 외교관 이승만, 국가지도자로서의 이승만에 대한 이해의 폭을 넓히고자 하였다. 단편적이긴 하지만 이 글을 통해 그는 비범하지 않은 인물로 그의 항일 독립운동은 가히 독보적이라 하지 않을 수 없다. 그가 아니었다면 대한민국은 태어날 수 없었음을 알 수 있다. 그는 대한민국이 담기에는 너무 큰 인물이라는 생각을 갖게 하기에 충분했다. 이런 맥락에서 그는 우리 민족의 거인(巨人)이자 그 시대의 초인(超人)이었음을 느끼게 해 준다.

제2장 '태평양 전쟁 시 이승만 박사의 군사외교노선과 활동'은 건국대통령이승만박사기념사업회 주관으로 2009년 3월 16일에 우남이승만연구회 제4차 학술회의에서 "이승만의 독립운동기 군사외

교 활동"으로 발표한 논문을 수정 보완한 것이다. 여기서는 6·25 전쟁과는 다소 거리가 있지만 태평양전쟁 시 이승만 박사의 대미 군사외교노선과 군사 활동을 조명함으로써 그의 군사지도자로서의 자질과 능력을 가늠해 보았다. 그는 그의 저서 『일본내막기(Japan Inside Out)』를 통해 일본의 미국 공격을 예측할 정도로 국제정치에 대한 식견과 통찰력을 갖춘 국제정치학자였고, 또 이를 놓치지 않고 적극 활용할 줄 아는 국가지도자 및 외교관으로서의 면모를 보여 주었다. 그는 미국으로부터 대한민국 임시정부를 승인받기 위해 대미군사외교를 전개했고, 이를 위해 미국과의 군사협력을 추진했던 선견지명의 지도자였다는 것을 보여 주고 있다.

제3장 '6·25전쟁 시 이승만 대통령의 전쟁목표와 전쟁지도'는 국방부군사편찬연구소에서 발간하는 『軍史』(학술진흥재단 등재지) 제63호(2007.6)에 "6·25전쟁과 이승만 대통령의 전쟁지도(戰爭指導)"로 게재된 논문을 수정 보완한 것이다. 여기서는 6·25전쟁 동안 이승만 대통령이 국가통수권자로서 또 국가원수로서 행한 전시활동을 새롭게 분석 정리하였다. 이에 앞서 대통령 취임 후 주한미군 철수와 한국의 미 극동방위선의 미포함, 중국 대륙의 공산화라는 대내외적 안보위기 속에서 대한민국의 생존전략이라 할 수 있는 이 대통령의 방위전략구상을 먼저 살펴보았다. 6·25를 위기 속의 호기로 여기고 북진통일을 전쟁목표로 삼고 미국과 유엔에 압박을 가하며 이를 관철하고자 노력했던 약소국의 위대한 지도자 이승만의 대통령으로서의 전시 행적을 담고자 노력하였다. 결국 전후 이승만은 미국으로부터 전쟁 이전 그가 한반도 생존전략으로 추구했던 모든 것, 한미상호방위조약, 범태평양동맹, 주한미군 주둔 등을 일궈 냈다.

제4장 '6·25전쟁 시 이승만 대통령의 국가수호노력'은 건국대통령이승만박사기념사업회 주관으로 2008년 7월 21일에 우남이승만연구회 제3차 학술회의에서 "유엔의 휴전회담, 제네바 정치회의와 이승만의 국가수호노력"으로 발표한 논문을 오탈자 정도만 수정한 것이다. 여기서는 중공군 개입 이후 휴전을 모색하는 과정에서, 그리고 정전협정 후 제네바 정치회담에서 한반도 통일방안을 모색하는 과정에서 이승만이 어떻게 대한민국을 수호하였으며 국가지도자로서 어떠한 행동을 취했는가를 여실히 보여 주고 있다.

　특히 중공군 개입 후 유엔총회와 정전협정 후 제네바 회담에서 이승만 대통령이 대한민국의 권위를 부정하고, 심지어는 대한민국을 해체하려는 유엔 및 미국의 압력에 맞서 어떻게 대한민국을 지켜 냈는가를 보여 주고 있다. 세계 최빈국이자 약소국가로 도움을 받고 있던 이승만 대통령이 6·25전쟁에 절대적 지원을 해 주고 있던 미국과 유엔을 상대로 그토록 당당하게 맞설 수 있었던 것은 과연 무엇이었을까? 이 장에서는 이에 대한 답을 주고 있다. 그것은 바로 국가이익과 대한민국의 생존문제였다. 그는 전시 또는 전후 오로지 그것을 위해 노력하고 헌신하고 투쟁했던 것이다.

　제5장 '6·25전쟁 시 이승만 대통령의 국군 통수권자로서의 역할과 활동'은 필자가 2007년 7월부터 2008년 12월까지 18개월간에 걸쳐 국방일보 특집기획인 "다시 보는 6·25"에 연재한 글 가운데 이승만 대통령 관련 내용 16편을 수정 보완한 것이다. 따라서 이 장은 전시 이승만 대통령의 군통수권자로서 모습을 전부가 아니더라도 최소한 대통령 이승만의 전시지도자로서의 통찰력과 전쟁지도력을 볼 수 있다는 점에서 그 의미가 크다 하겠다. 6·25

전쟁 때 그가 아니었다면 감히 할 수 없었던 일들이 그를 통해 이루어졌다는 것을 이 장을 통해 알 수 있을 것이다. 특히 미군지휘관의 관계에서 그는 해박한 지식과 발군의 애국심으로 그들을 감동시켜 이승만의 부하로서 행동하기를 주저하지 않았음을 알 수 있다. 주한 미군의 고급 장성들은 워싱턴보다 경무대를 더 의식하며 전쟁을 수행해 나갔다.

제6장 '이승만 대통령의 6 · 25전쟁 관련 군사기록물 이해'는 명지대학교 국제한국학연구소 주관으로 2008년 6월 13일에 국제한국학연구소 학술대회에서 "이승만 대통령 기록물의 이해 ― 군사편찬연구소 소장 자료를 중심으로"로 발표한 논문을 수정 보완한 것이다. 여기서는 6 · 25전쟁 시 이승만 대통령의 군 통수권자로서의 역할과 활동이 정부에서 공간(公刊)된 군사기록물의 종류는 어떤 것이 있으며, 또 그 각각에는 어떠한 내용이 수록되었는지를 분석을 통해 가늠해 보는 것이다. 그렇게 함으로써 이승만 대통령이 국가지도자 및 국군통수권자로서 전쟁 전후 행한 그의 활동을 여과 없이 학문적 성과로 연결시켜 나가야겠다는 것이다. 필자는 이를 기초로 향후 이승만 대통령의 전시 지도자로서의 연구방향과 주제를 군사기록물 분석을 통해 제시해 보았다.

아무쪼록 이 책을 통해 이승만 대통령의 군사지도자로서의 역할과 활동이 좀 더 올바르게 인식되었으면 하는 바람이다. 비록 이 한 권의 책을 통해 이승만 대통령에 대해 모든 것을 알 수 없다고 하더라도 최소한 6 · 25전쟁 시 국가원수 및 군사지도자로서의 그의 능력과 활동에 대해서만큼은 정당한 평가와 올바른 역사인식이 꼭 필요할 것으로 사료된다. 나아가 대한민국이 가장 어려울 때,

이승만이라는 걸출한 국가지도자 덕분에 6·25 때 대한민국이 해체되거나 자칫 공산화될 뻔한 위기에서 벗어났을 뿐만 아니라 미국으로부터 그의 정치생명을 걸고 얻은 한미동맹으로 오늘날 번영된 대한민국이 건설될 수 있었다는 것을 대한민국 국민이라면 최소한 알고 있어야 하지 않을까 싶다.

이 책이 나오기까지에는 많은 분들의 도움과 격려가 있었다. 먼저, 필자가 우남 이승만 박사에 대한 연구를 할 수 있도록 가르침을 주신 우남이승만연구회 이주영 회장님께 감사드린다. 또한 건국대통령 이승만 박사를 경모(敬慕)하고 그분의 나라 사랑과 위대한 업적이 제대로 알려지지 않고 왜곡되는 것을 늘 가슴 아파하며 '이승만 박사 제대로 알리기'와 추모 사업에 심혈을 기울이고 있는 건국대통령이승만박사기념사업회 강영훈 회장님을 비롯하여 이화장(梨花莊)의 이인수 박사님과 조혜자 여사님, 전 대한민국건국회 손진 회장님, 대한민국사랑회 김길자 회장님, 우남이승만연구회의 정창인 박사님과 김효선 선생님, 그리고 매월 셋째 주 월요일에 이승만 대통령이 주일마다 예배를 드렸던 정동제일교회 아펜셀로홀에서 열린 이승만연구회 콜로퀴엄에 깊은 애정을 갖고 찾아오시는 이승만 박사를 사랑하는 모든 분들에게도 지면을 통해서나마 감사를 드린다.

끝으로 출판상의 어려움에도 불구하고 이 책의 출판을 흔쾌히 맡아 주신 한국학술정보의 채종준 사장님과 권성용 님께도 감사드린다.

이승만 박사 탄신 135주년과 6·25전쟁 발발 60주년에 즈음한 2010년
남정옥

제1장

이승만 대통령의 출생과 성장

이승만은 1875년 3월 26일(음력 2월 19일) 황해도 평산군 마산면(平山郡 馬山面) 능안골에서 아버지 이경선(李敬善, 1837~1912)과 어머니 김해 김씨(1833~1896) 사이의 6대 독자로 태어났다. 그는 조선 태종의 맏아들인 양녕대군(讓寧大君)의 16대손이었다.[1]

이승만은 두 살 때인 1877년 서울로 이사를 왔으나 자주 옮겨 살았다. 처음에는 남대문 밖 염동(鹽洞)에서 살다가 낙동(駱洞)을 거쳐 양녕대군의 위패를 모신 지덕사(至德祠) 근처 도동(桃洞)으로 이사하여 그곳에서 오랫동안 살았다. 그가 유년기를 보낸 도동집은 우수현(雩守峴·비가 오랫동안 오지 않을 때 기우제를 지내는 마루턱) 남쪽에 자리 잡고 있었다. 이로 인해 이승만은 그의 아호를 우남(雩南)으로 지었다.[2]

이승만은 부모로부터 특별히 재산을 물려받지 못했으나, 남달리 영민한 두뇌와 튼튼한 체력은 그가 온갖 역경을 헤치며 살아가는 데 커다란 힘으로 작용하였다.

이승만은 어려서부터 모든 양반자제들이 그렇듯이 과거급제(科擧及第)를 목표로 서당에서 공부를 했다. 그는 열 살부터 열아홉 살까지 도동서당(桃洞書堂)에서 사서오경을 익히며 과거시험에 응시했으나 연거푸 낙방했다.

1) 이주영, 『우남 이승만 그는 누구인가』(서울: 배재학당 총동창회, 2008), p.41; 유영익, 『이승만의 삶과 꿈 ― 대통령이 되기까지』(서울: 중앙일보사, 1996), p.14; 정병준, 『우남 이승만 연구』(서울: 역사비평사, 2006), p.51.

2) 유영익, 『이승만의 삶과 꿈 ― 대통령이 되기까지』, p.16.

그러던 그에게 1894년 청일전쟁 와중에 단행된 갑오경장(甲午更張)으로 과거제가 폐지됨에 따라 그의 학문 세계도 변화가 있었다. 1895년 4월 2일 그는 영어를 배운다는 가벼운 기분으로 미국 선교사 아펜젤러가 세운 배재학당(培材學堂)에 입학했다.[3]

배재학당에서 이승만은 영어에 특출한 재능을 보이면서 우리나라 최초의 일간지인 ≪매일신문≫을 발간하고 편집책임을 맡았다. 그는 이곳에서 선교사들로부터 서양의 자유주의 사상과 민주주의 제도를 접하면서 크나큰 충격을 받고 개화문명인으로 새롭게 태어나고자 봉건신분제의 상징인 상투를 잘랐다.

이승만은 민비(閔妃)시해사건, 춘생문(春生門)사건, 아관파천(俄館播遷)이 일어난 후 일본에 반대하는 친러·친미적인 내각이 들어서 정국이 어느 정도 안정을 되찾은 1897년 7월 2일 2년 반 만에 배재학당을 졸업했다. 졸업식에서 그는 졸업생 대표로서 유창한 영어로 '한국의 독립'이란 제목의 연설을 했다.

배재학당 졸업 후 이승만은 ≪매일신문≫과 ≪제국신문≫을 발간하고 독립협회 활동을 열심히 했다. 독립협회는 ≪독립신문≫을 통해 정부의 무능을 비판하고, 만민공동회와 관민공동회를 열어 정부에 개혁 압력을 넣었다.[4]

이에 고종이 독립협회 간부들을 체포하자 이승만은 아펜젤러의 집에 숨어 위기를 모면했으나, 1899년 1월 9일 박영효 일파의 고종 폐위 음모에 가담했다는 혐의로 마침내 투옥됐다. 그러나 얼마 후 탈옥했다가 다시 체포된 그는 한성감옥서로 끌려가 7개월 동안

---

3) 이주영, 『우남 이승만 그는 누구인가』, p.43.
4) 이주영, 『우남 이승만 그는 누구인가』, p.47.

모진 고문을 받으며 독방생활을 했다. 그러던 어느 날 그는 강렬한 삶의 기쁨을 느끼고, "하나님, 내 나라와 내 영혼을 구하옵소서."라고 외치며 간절히 기도를 했다. 그는 이렇게 기독교 신앙을 갖게 됐다.

이승만은 1899년 7월 11일 재판에서 종신형을 선고받고 100대의 곤장을 맞았다. 이때부터 그는 고문 후유증으로 감정이 격해지면 무의식적으로 손가락 끝을 입으로 부는 버릇이 생겼다. 감옥에서 그는 온갖 노력을 다 했다. 영어를 잊지 않기 위해 영어로 된 신약성서를 읽었고, 선교사들이 넣어 준 영문 역사책들을 탐독하며 서양에 대한 지식을 넓혀 갔다. 그는 이러한 지식을 바탕으로 국민 대중을 계몽하기 위해 『독립정신』을 집필했다. 이 책은 1910년 로스앤젤레스에서 출간됐다.

이 책에서 이승만은 조선이 독립국으로 유지되기 위해서는 모든 개인이 국가에 대한 충성심과 책임감을 느껴야 한다는 것이었다. 그러기 위해서는 미국과 같은 자유민주주의 국가가 되어야 한다는 것이었다. 결국 그것은 군주제를 폐지하고 공화제를 도입해야 한다는 주장이었다.[5]

러일전쟁이 일본의 승리로 끝난 후인 1904년 8월 9일 이승만은 감형으로 5년 7개월의 수감생활을 마치고 석방됐다. 석방 후인 1904년 11월 4일 그는 선교사 및 아버지의 권유로 인천항을 통해 미국 유학길에 올랐다. 그는 하와이(11월 29일), 샌프란시스코(12월 6일)를 거쳐 12월 31일 밤 워싱턴 역에 도착했다.

워싱턴에 도착한 이승만은 헤이 국무장관(1905년 2월)과 시오도

---

5) 이주영, 『우남 이승만 그는 누구인가』, p.54.

어 루스벨트 대통령(1905년 8월 5일)을 만나 조선 독립에 대한 희망적인 메시지를 받았으나 주미공사 김윤정의 비협조로 무위로 끝나고 대한제국은 결국 1910년 8월 29일 일본에 강제 합병됐다.

한편 워싱턴에 도착한 이승만은 1905년 2월에 조지 워싱턴 대학교 2학년 2학기에 입학해 2년 반 만인 1907년 6월 5일 졸업했다. 그는 이곳에서 서양인들이 어떻게 해서 문명개화하고 부국강병을 이룩했는지를 알고 싶어서 주로 유럽사와 미국사를 공부했다.

학부과정을 마친 이승만은 1907년 9월 하버드 대학 석사과정에 입학해 미국사와 유럽사를 전공하며 열심히 공부해 '이탈리아 통일'에 관한 논문을 제출하고 심사만을 기다리고 있었다. 그러나 1908년 3월 23일 장인환이 일본의 조선(朝鮮) 지배를 찬양하고 다니던 시어도어 루스벨트 대통령의 친구인 스티븐스를 살해하는 사건이 발생하자, 그의 지도교수가 이를 반문명적 테러행위로 여기고 같은 한국인인 이승만의 논문심사를 실시하지 않았다. 이에 그는 1910년 2월에야 석사학위 증서를 받게 됐다.

이 무렵 이승만의 어려운 사정을 알게 된 어니스트 홀 목사의 주선으로 1908년 9월 학기에 프린스턴 대학원 정치학과 박사과정에 입학하게 됐다. 이곳에서 그는 국제법과 외교사를 전공하고, "미국의 영향을 받은 중립(Neutrality as Influenced by the United States)"이라는 논문으로 1910년 6월 14일 박사학위를 받았다. 이 논문은 1912년 프린스턴대학 출판부에서 출간되었다.[6]

이 무렵 서울 YMCA총무 그레그로부터 기독청년회 일을 맡아 달라는 부탁을 받은 이승만은 1910년 9월 3일 뉴욕 항을 출발, 영국

---

6) 이주영, 『우남 이승만 그는 누구인가』, pp.65 - 66.

리버풀, 런던, 파리, 베를린, 모스크바를 거쳐 시베리아 횡단열차를 타고 압록강을 경유, 1910년 10월 10일 서울역에 도착했다.

한국에서 이승만은 당대 최고의 개화 지식인으로 청년들에게 강의와 성경을 가르치며 민족의식과 개화사상을 불어넣던 중 일제가 조작한 '105인 사건'으로 신변의 위협을 느끼고 1912년 3월 26일 미국으로 다시 떠났다. 귀국한 지 1년 5개월 만이었다.

미국으로 돌아온 이승만은 감리교 총회 참석, 연설, 인터뷰 활동을 하던 중 옥중 동지 박용만의 초청으로 1913년 2월 3일 하와이 호놀룰루에 도착했다. 이곳에서 그는 미국인 선교사가 설립한 한인 기숙학교에서 공부를 가르치면서 소녀들을 위해 한인기독여학원을 설립했다. 또한 그는 짬을 내 1913년 '105인 사건'을 기록한 『한국교회핍박』을 출간했다. 이 책에서 그는 일본이 한국인 개신교를 탄압하는 것은 독립운동 자체보다도 개신교를 통해 일본 제국에 퍼져 나갈 자유주의 혁명사상 때문이라고 썼다. 이는 결국 군주제, 봉건제, 군국주의를 붕괴하기 때문이다.[7]

1916년 이승만은 하와이에서 자립으로 남녀공학제인 한인기독학원(Korean Christian Institute)을 세우고, 이를 재정적으로 뒷받침하기 위해 한인기독교회를 설립했다.

그런데 하와이에서 이승만은 옥중 동지인 박용만, 독립운동가 안창호 등과 독립운동 방법을 놓고 갈등을 빚게 됐다. 박용만은 무력을 통해 한국을 독립해야 한다며 했고, 이승만은 무력투쟁은 자칫 한국인들을 '테러리스트'로 보이게 할 위험이 있다고 보고, 외교를 통한 독립을 주장했다. 안창호는 독립운동가들을 단결시키기 위해

---

7) 이주영, 『우남 이승만 그는 누구인가』, p.72.

사회주의자도 끌어들여야 한다고 한 반면 이승만은 사회주의와의 구분을 명확히 하는 철저한 반공주의 노선을 견지했다.

이에 하와이 한인사회는 이승만을 지지하는 대한인동지회(大韓人同志會·1921년 결성)와 안창호와 박용만을 지지하는 대한인국민회로 갈라졌다. 이승만은 대한인동지회의 후원으로 한글과 영어로 된 ≪태평양주보≫를 1939년 발간했다.

이승만은 1917년 윌슨 미국 대통령의 민족자결주의 원칙이 발표된 후 한국대표 자격으로 국제회의에 참석하게 됐다. 그는 그해 10월 29일 뉴욕에서 열린 약소민족대표회의에 한국대표로 참석해 그의 평생 후원자가 될 변호사 존 스태거스(John Staggers)를 만났고, 이어 1919년 초 열릴 파리 평화회의에 참석하려고 했으나 미국 정부가 여권을 발급해 주지 않아 참석하지 못하게 됐다.

이때 그의 절친한 동지인 정한경(鄭翰景)이 "어차피 당장 독립을 할 수 없는 것이라면 장차 완전 독립을 보장해 주는 조건으로 한국을 국제연맹의 위임통치 밑에 당분간 두는 것이 어떻겠느냐?"며 한국의 위임 통치안을 들고 왔다. 파리 평화회의에 참석할 수 없게 된 이승만은 우선 그것이라도 하는 것이 좋겠다고 생각하고 1919년 3월 3일 정한경과 공동명의로 백악관에 보내 파리 평화회의에 제출해 줄 것을 요청했다. 이것은 아무런 효력도 발휘하지 못했고 오히려 나중에 이승만의 비판자들로부터 비난의 대상이 되었다.[8]

이때 국내에서 3·1운동이 터졌고, 이승만은 이 소식을 3월 10일 들었다. 그는 1919년 4월 14일부터 사흘 동안 150여 명의 미국 내 한인과 미국인들을 필라델피아 소극장에 모아 놓고 제1차 한인

---

8) 이주영, 『우남 이승만 그는 누구인가』, p.77.

회의(First Korean Congress)를 열었다. 회의 도중 이승만이 상해 임시정부의 수반(대통령이 없는 국무총리)으로 선출되었다는 소식을 들었다. 이후 이승만은 1919년 4월 23일 서울에서 선포된 한성임시정부에서 집정관총재로 뽑혔다.[9]

이승만은 한성임시정부의 정통성을 인정하고 집정관총재라는 직함을 대통령(President)으로, 국호를 대한공화국(Republic of Korea)으로 번역해 사용했다. 그는 1919년 6월부터 대한공화국의 대통령으로서 활동을 시작했다. 이를 위해 그는 워싱턴의 대한공화국 공사관(구미위원부)에 본부를 두고 1919년 10월부터 다음 해 6월 말까지 8개월 동안 미국 각지를 돌며 대한공화국 지지를 호소하는 강연을 했다.

이 무렵 상해에서는 한성임시정부 조직을 토대로 각지의 임시정부 통합을 추진했다. 그 결과 1919년 9월에 통합된 대한민국임시정부가 상해에 세워지게 됐고 임시대통령에는 이승만이 선출됐다. 하지만 그는 워싱턴에 그대로 있으면서 1919년 8월 25일에 구미주찰위원부(歐美駐紮委員部 · The Korean Commission to Europe and America, 이후 구미위원부로 개칭)를 설치하고, 미국정부를 상대로 한국 독립의 필요성을 설득해 나갔다.[10] 이를 위해 그는 미국인 후원자들로 이루어진 한국우호연맹(League of the Friends of Korea)을 조직했다. 여기에는 뉴스서비스 기자인 윌리엄스(Jay Jerom Williams)와 변호사 돌프(Frederic Dolph) 등이 참여했다.

이승만은 상해에 대통령으로 부임하라는 압력을 받고 비서 임병

---

9) 이인수, 『대한민국의 건국』(서울: 도서출판 촛불, 2001), p.32
10) 이인수, 『대한민국의 건국』, p.35.

직(林炳稷)과 함께 미국인 친구 윌리엄 보스윅(세무공무원으로 장의사 운영)의 도움으로 1920년 11월 15일 하와이를 출발하여 12월 5일 상해에 도착, 그해 12월 28일 초대 대통령 취임식을 가졌다.[11] 상해에서 이승만의 외교독립론에 국무총리 이동휘를 비롯한 중국에 있던 독립운동가들이 무장투쟁론을 내세워 그를 압박했다. 이승만은 그러한 방법은 일제의 탄압을 강화시키기만 할 뿐, 한국인의 희생을 늘리는 쓸모없는 것이라고 반대했으나, 반대세력의 강경한 입장과 살해 위협에 1921년 5월 28일 상해를 출발, 6월 29일 하와이에 도착했다.

이때 이승만은 조직의 필요성을 느끼고 자신의 지지자들을 모아 대한인동지회를 조직했다. 그런 후 그는 워싱턴에서 열릴 9개국 군축회의(1921년 10월~1922년 1월)에 임시정부의 전권대사 자격으로 한국독립청원서를 제출했다. 그러나 대한민국 임시정부가 국제적 승인을 받지 못했다는 이유로 참석은 거절당했다. 이 회의에서 그의 외교독립론이 별로 효과를 나타내지 못하자 한국인들 사이에서 그의 영향력이 크게 줄어들었다. 이에 이승만은 1922년 9월 하와이로 돌아와 한인기독학원과 한인기독교회 운영에 전념하는 한편, 가끔씩 워싱턴으로 가서 구미위원부 일도 챙겼다.

구미위원부는 미국의 여론을 한국인 편으로 만들기 위한 선전기구였다. 그것은 언젠가는 일본과 미국이 전쟁을 하게 될 것이고 그때 한국이 독립하게 된다는 이승만의 생각을 널리 알리고 있었다. 이승만은 미국 전역을 돌아다니면서 일본이 전쟁준비를 하고 있다고 경고했으나 이에 주목하는 미국인은 거의 없었다.

---

11) 이인수, 『대한민국의 건국』, p.35.

1931년 일본이 만주사변을 일으키자 국제연맹은 일본의 만주침략을 논의하기 위한 국제연맹총회를 1933년 초에 스위스 제네바에서 열게 되었다. 이승만은 한국의 독립을 호소하기 위해 1932년 말 제네바로 가서 한국의 독립문제를 의제로 채택해 줄 것과 한국을 독립시켜 일본을 견제하게 해야만 동양평화가 유지될 수 있다는 것을 주장했으나 모든 것이 그의 뜻대로 되지 않았다.[12]

하지만 그는 이곳에서 헌신적인 아내가 될 오스트리아 비엔나 출신의 프란체스카 도너(Francesca Donner) 양을 1933년 초에 만나 1934년 10월 8일 뉴욕의 몽클래어 호텔에서 존 헤인스 홈스 박사와 윤병구 목사의 공동 주례로 결혼식을 올린 후 1935년 1월 25일 하와이 호놀룰루에 도착했다.

1939년 4월에 이승만은 세계대전의 발발을 예감하고 워싱턴으로 돌아와 외교활동을 전개했다. 1941년 6월 그는 대한민국 임시정부의 주미외교위원부 위원장 자격으로 프랭클린 루스벨트(Franklin Roosevelt) 대통령에게 서한을 보내 일본에 대항한 한국인들의 투쟁 상황을 설명하고 임시정부의 승인과 무기지원을 요청했으나 거절당했다.[13]

이승만은 1941년 여름, 일본이 미국을 곧 공격하게 될 것이라는 내용을 담은 『일본, 그 가면의 실체를 벗기다(Japan Inside Out)』라는 책을 뉴욕에서 출간했는데, 그의 예언대로 12월 7일 일본이 진주만을 기습공격하게 됨으로써 그의 책은 베스트셀러가 되었다.

이때를 놓치지 않고 이승만은 중국 중경의 임시정부에 연락하여

---

12) 이인수, 『대한민국의 건국』, p.38.
13) 이주영, 『우남 이승만 그는 누구인가』, p.89.

미국 지지성명을 보내게 해 이를 미국 국무부 극동담당 스탠리 혼백 박사에게 제출했고, 또 일본에 선전포고를 하도록 임시정부에 권유했다. 그런 후 그는 미국 국무부에 무기대여법(Lend - Lease Act)에 따라 임시정부에 군사원조를 제공해 줄 것을 요청했으나, 미국 국무부는 이에 대해 아무런 반응을 보이지 않았다.

특히 이승만은 1942년 1월 미국 국무부의 실세인 알저 히스(Alger Hiss)를 만나 임시정부 승인과 무기지원의 필요성을 설명하면서, 그렇게 하면 미국은 일본과의 전쟁에서 한국인들의 도움을 받게 되고, 일본이 항복한 다음에는 한반도로 밀고 들어올 소련군을 막는 데도 한국인들의 도움을 받게 된다고 했다. 이에 알저 히스는 미국의 동맹국인 소련을 비난하는 것은 용서할 수 없다며 화를 냈다. 나중에 알저 히스는 소련 간첩이라는 것이 1994년 코민테른 문서가 공개됨으로써 밝혀졌다.[14] 이후 이승만은 코델 헐 국무장관과 루스벨트 대통령에게 임시정부 승인과 무기지원을 요청하는 서한을 보냈으나, 모두 무위로 끝났다.

한편 이승만은 미국인 저명인사들의 도움을 받기 위해 1942년 1월 한미협회(Korean - American Council)를 창설했는데, 워싱턴 폰들리 감리교회 목사이며 미 의회 상원 원목인 해리스(Frederick Brown Harris) 목사와 전 캐나다 대사 제임스 크롬웰이 중심인물이었다. 1943년 8월에는 미국인 기독교도들로 이루어진 기독교인친한회(Christian Friends of Korea)를 조직했다. 이 모임은 한국에 의료선교사로 가서 제중원을 운영했던 에빈슨과 아메리칸 대학총장 폴 더글라스가 이끌었다. 이 외에도 이승만은 1942년 8월 하순 오리건 주립대학 출

---

14) 이주영, 『우남 이승만 그는 누구인가』, pp.91 - 92.

신으로 워싱턴에서 군수품 조달부서에 근무하고 있던 올리버(Robert Oliver) 박사와 1943년 2월경 미 육군전략국(OSS) 소속의 굿펠로(Preston Goodfellow) 대령을 만났다. 이승만은 필요할 때마다 이들을 앞세워 대미외교를 펼쳤다.[15]

1942년 11월 말 이승만은 헐 국무장관에게 "한국인들은 1940년에 루스벨트와 처칠이 발표한 대서양헌장의 자유주의 이념을 실현하기 위해 싸우고 있다. 따라서 한국인들이 해방이 되면 자유선거를 통해 국가를 세울 것이며 그 국가는 극동에서 완충국 역할을 하게 됨으로써 동양평화 유지에 기여할 것"이라는 서한을 보냈다. 이에 헐 국무장관은 "어느 약소민족이든지 자기 나라의 자유를 지키기 위해 싸우지 않은 국민들은 미국의 지원을 기대할 자격이 없다."라는 답신을 보냈다.[16] 그러던 차 1943년 11월 카이로 회담에서 "한국 국민의 노예상태를 유념하여 적당한 절차에 따라 독립을 허용할 것"이라고 발표했다.

제2차 세계대전이 막바지로 치닫고 있을 무렵 이승만은 미국의 전시 연합국인 소련에 대한 특별 배려, 임시정부의 좌우합작, 중국에서의 국공합작 등 공산주의 세력에 대해 우려를 갖게 되었다. 특히 한국인 가운데 좌우합작을 지지하는 사람들이 많다는 것이 문제였다. 이들은 한국의 독립을 위해서라면 우선 소련의 협조를 얻는 것이 중요하다고 생각했다.

광복 후 그의 우려는 미국의 남한점령에서 벌어지기 시작했다. 미군이 진주하기 전에 좌우합작의 성격을 띤 '조선인민공화국'이

---

15) 이주영, 『우남 이승만 그는 누구인가』, pp.94 - 95.
16) 이주영, 『우남 이승만 그는 누구인가』, pp.96 - 97.

선포됐다. 미국의 입장도 소련과 협의하여 좌우합작의 연립정부를 세워야 될 형편이었다. 이승만에게 있어서 좌우합작은 공산화를 의미했다. 조직이 없는 우파가 조직이 강한 좌파와 손을 잡았을 때, 우파의 패배는 불을 보듯 뻔했기 때문이었다.

이승만은 1945년 12월 28일 발표된 신탁통치에 대해 비상국민회의를 조직, 반탁운동을 전개했다. 그는 1946년 2월부터 6주간 지방을 돌며 반탁 국민계몽운동을 벌였다. 그는 희생을 치르더라도 소련이 남한에 발을 들여놓지 못하게 해야 한다고 역설했다. 소련군이 들어오면 남한도 동유럽 국가들처럼 공산화될 것이 확실하다고 주장했다. 그의 반탁운동은 미 군정청의 좌우합작정책을 정면으로 거부하는 것이었다. 이 무렵 서울 덕수궁에서 미소공동위원회가 열리고 있었기 때문에 이승만의 반탁운동은 더욱더 미 군정청을 긴장하게 했다.

1946년 6월 3일 이승만이 "북한지역에서 사실상의 정부가 들어선 이상 남한에서도 질서를 유지하고 민생을 챙기기 위해 그와 비슷한 자율정부가 들어서는 문제를 생각해 보아야 한다."는 정읍발언으로 미 군정청의 갈등은 정점에 달했다.[17] 이에 미 군정청은 여운형과 김규식과 같은 중도파를 내세워 좌우합작위원회를 구성하며 이승만을 견제했다. 이승만은 국내활동에 제약을 받자 미국으로 건너가 "남한에 일단 과도정부를 세웠다가 때가 되면 남북한 자유총선거를 통해 정식 통일정부를 세운다."는 내용의 결의안을 미국 국무부에 제출했다. 이에 미국여론은 호의적이었으나 좌파세력이 강했던 국무부에서는 이것이 통하지 않았다.

---

17) 양동안, 『대한민국 건국사』(서울: 건국대통령이승만박사기념사업회, 1998), p.225.

1947년 4월 21일 서울에 도착한 후 재개된 미소공동위원회 동안 이승만은 회의 진행에 방해가 될 위험이 있다는 이유로 미 군정청에 의해 가택연금됐다. 하지만 다행히도 이 무렵 미국의 대외정책이 대소협력정책에서 대소봉쇄정책으로 바뀌게 되고, 미소공동위원회의 실패를 인정함으로써 미국은 1947년 9월 17일 한국 문제를 유엔에 상정하게 됐다. 그해 11월 14일 유엔총회는 한반도에서 유엔 감시하에 자유선거 실시를 통해 남북통일정부를 세울 것을 결의했다.

그러나 선거실시를 위해 유엔임시한국위원단이 한국에 파견되었으나 소련은 이들의 북한 방문을 거부함으로써 남한지역에서만 선거가 실시돼 대한민국 국회가 개원하고 여기서 이승만이 대한민국 초대 대통령에 선출되고, 국호를 대한민국으로 정하고, 헌법을 제정한 후 1948년 8월 15일 대한민국 정부가 수립됐다.[18]

이렇게 어렵사리 성립된 대한민국은 1948년 12월 12일 파리 유엔총회에서 한반도의 유일한 합법정부로 승인을 받았다. 이후 미국은 유럽우선주의 정책 및 전략에 의해 주한미군을 철수한 데 이어 미국의 극동방위선에 한국이 포함되지 않았다는 애치슨(Acheson) 선언에 대해 북한은 이를 남침의 청신호로 여기고 소련과 중공의 승인과 지원을 받아 1950년 6월 25일 전면적인 기습남침을 단행했다. 이로써 3년 1개월 2일, 1,127일간 동족상잔의 비극적인 전쟁이 한반도에서 벌어지게 됐다.

---

18) 양동안, 『대한민국 건국사』, pp.594 – 614.

제2장

태평양전쟁 시 이승만 박사의 군사외교 노선과 활동

1. 태평양전쟁 시 이승만 박사의 군사 외교노선

태평양전쟁이 발발하자 미국의 대한정책은 두 가지 중요한 방침을 정했다. 첫째, 대한민국 임시정부를 외교적으로 승인하지 않으나 한국에 대해서는 신탁통치를 실시한다. 둘째, 임시정부 승인은 현실성을 결여한 정책이지만, 비정규 한국군(게릴라부대) 창설 계획은 전쟁 수행상 유익하다는 것이었다.[1]

이승만도 태평양전쟁이 일어나자 이제까지 미국이나 국제사회에 한국의 독립을 호소하는 평화적이면서 간접적인 외교노선과는 달리 임시정부와의 유대관계를 긴밀히 하면서 임시정부로 하여금 미국에 대한 지지성명과 대일 선전포고를 하도록 적극 권유하는가 하면, 미국에 대해서는 한인부대 창설 및 무기대여법((武器貸與法 · Lend – Lease Act)에 따른 군사원조를 요청하는 등 국제정세의 흐름에 맞는 보다 적극적인 외교정책을 펼치게 된다.[2] 특히 그는 '한인병력을 무장시키고 한인부대를 창설해 미군에 배속해 전쟁에 참전'하게 하는 적극적인 대미 군사외교 활동을 전개해 나갔다.

이승만이 이러한 외교노선을 채택하게 된 배경에는 전후 한반도

---

1) James I. Matray, *The Reluctant Crusade: American Foreign Policy in Korea, 1941 – 1950*, University of Hawaii Press, 1985, pp.12 – 17.

2) Robert T. Oliver, *Syngman Rhee: The Man Behind the Myth*(New York: Dodd Mead and Company, 1960), pp.177 – 178; 이인수, 『대한민국의 건국』(서울: 도서출판 촛불, 2001), pp.38 – 39

의 자주 독립을 위해 임시정부의 승인이 절대로 필요하다는 인식이 밑바탕에 깔려 있었기 때문이다. 즉 그는 실질적인 한인병력 및 한인군대의 태평양전쟁 참전만이 미국으로부터 임시정부의 승인을 보장받을 수 있을 것으로 확신했다. 이승만은 코델 헐(Cordell Hull) 국무장관에게 보낸 서신에서, "만일 지금 대한민국 임시정부가 승인을 받지 못하면 전쟁이 끝났을 때 공산 정권이 수립되는 불행한 결과가 올 것이다."라고 주장했다.[3] 그는 일본이 전쟁에서 지면 한반도가 소련에 넘겨지든가, 아니면 공선주의자들을 포함하는 좌우합작 연립정부가 들어서게 될 것으로 판단했다.[4]

또한 이승만은 헐 국무장관이 자신에게 보낸 서신에서 "어느 약소민족이든지 자기 나라의 자유를 지키기 위해 싸우지 않은 국민들은 미국의 지원을 기대할 자격이 없다."라는 말에 크게 자극을 받고 군사외교노선을 채택하게 됐다.[5] 이러한 점에서 이승만의 대미군사 외교노선의 선회는 태평양전쟁이 몰고 온 국제정세의 변화라는 커다란 조류에서 한국의 독립을 위해 불가피하게 선택할 수밖에 없는 이승만의 탁월한 외교 전략으로 높이 평가할 수 있을 것이다.

특히 미국의 대한방침도 임시정부 승인에서는 이승만의 외교노선과 입장 차이를 보이고 있으나 한인부대 창설에 대해서는 서로 같은 생각을 지니고 있음을 알 수 있다. 이에 따라 미국에서 이승

---

3) 「Syngman Rhee to Secretary of State Cordell Hull」(1943년 2월 16일), MID 381. Korea/2-16-43, 국사편찬위원회, 『한국독립운동사』자료 24, 1994, p.221.
4) 『국민보-태평양주보』 1943년 4월 21일자: 이주영, 『우남 이승만 그는 누구인가』(서울: 배재학당총동창회, 2008), pp.96, 99.
5) 이주영, 『우남 이승만 그는 누구인가』, p.97

만 주도의 군사외교 활동이 활발하게 전개될 수밖에 없었다. 이승만은 1941년 12월 태평양 발발 직후부터 중국 중경의 대한민국 임시정부 광복군과 결합하거나 아니면 재미한인(在美韓人)만으로 독립적인 한인부대 혹은 특수부대(게릴라부대)를 창설해서 대일 특수전·정규전에 투입시켜 달라는 요청을 미군 당국에 제기해 왔다. 이를 위해 그는 당시 발족상태에 있던 정보조정국(COI: Coordinator of Information)6)과 접촉하면서 군사외교 활동을 활발히 전개해 나갔던 것이다.

1941년 12월 7일 이승만은 일본의 진주만 기습으로 발발한 태평양전쟁 시 미국의 대표적 군 전략첩보기관인 전략사무국(OSS: Office of Strategic Service)과 미국 내 한인(韓人)을 이용한 첩보 수집을 위한 부대 창설을 제안했다. 태평양전쟁 시 미 전략사무국(OSS)이 한인들을 이용한 한반도에서의 대(對)일본에 대한 첩보활동은 중국과 워싱턴 등 크게 두 개로 대별된다. 먼저 중국 전구의 미 전략사무국(OSS)이 추진한 한미군사합작훈련으로는 독수리작전, 북중국첩보작전, 옌지그-4(YENZIG4)작전, 불사조작전(Phoenix Project), 칠리미션(Chillimission) 등이 있었고, 워싱턴의 OSS 본부가 추진한 한미군사합작훈련으로는 냅코작전이 있었다.7) 첫째, 냅코작전(Napko Project)은 미국 내 한인들을 대상으로 한 작전이다.8) 둘째, 북중국

---

6) COI는 CIA의 전신이자 미국 정보기관의 효시가 되는 기관으로, 1942년 6월에 창설된 OSS보다 1년 전인 1941년 7월에 창설됐다. COI는 1941년 9월부터 중국을 통한 대일정보 수집계획을 추진했고 이의 책임자가 한국통이자 이승만에 우호적인 에슨 게일(Esson McDowell Gale)이다. 그는 1942년 3월 중국 중경에 도착하여 활동했으나, 미국첩보활동의 대리인으로 한인을 이용한다는 그의 계획은 중국정보당국의 반발로 실패했다.

7) Maochun Yu, *OSS in China: Prelude to Cold War*(New Heaven and London: Yale University Press, 1996), pp.209-230.

8) 냅코작전에 대해서는 다음의 문헌을 참고할 것. 金啓東, 「미국의 한인부대 仁川·南浦 침

첩보작전(North China Intelligence Project)은 중국 연안(延安)에 있는 중국 공산당 및 한인 공산주의자들을 활용하려는 작전이다.[9] 셋째, 독수리작전(Eagle Project)은 광복군을 활용하려는 작전이다.[10] 이 중 광복군과의 한미합작훈련은 1945년 4월 3일 임정 주석(臨政主席) 김구(金九)의 최종적인 승인을 받아 광복군에 대한 OSS의 훈련이 실시됨으로써 본격적으로 이루어지게 됐다.

그 후 계속해서 이승만은 제2차 세계대전 시 일본인 2세로 구성된 '니세이부대'[11]와 같은 미군 소속의 외국군 부대로 한인부대 창설, 50만 달러의 무기대여요청, 태평양섬의 한인노무자를 이용한 특수작전 등을 제의했다.[12]

이를 위해 이승만은 대일(對日) 정보수집을 책임지고 있는 정보

투 NAPKO작전 계획」『현대공론』(1989.2); 방선주, 「美洲地域에서의 한국독립운동의 특성」『한국독립운동의 地域的 特性』(광복절 제48주년 및 독립기념관 개관 6주년 기념 제7회 독립운동사 학술심포지엄, 1993); 방선주, 「아이프러 機關과 재미한인의 復國運動」『제2회 한국학 국제학술회의 논문집』(인하대학교 한국학 연구소, 1995); 金光載, 「한국광복군의 활동연구: 미 전략첩보국(OSS)과의 合作訓練을 중심으로」(동국대학교박사학위논문, 1999); 한시준, 『한국광복군연구』(서울: 일조각, 1997); 국가보훈처, 『NAPKO PROJECT OF OSS: 재미한인들의 조국 정진계획』(국가보훈처, 2001).

9) 북중국첩보작전에 대해서는 다음의 문헌을 참고할 것. 김광재, 「한국광복군의 활동연구: 미 전략첩보국(OSS)과의 合作訓練을 중심으로」(동국대학교박사학위논문, 1999); 한시준, 『한국광복군연구』(서울: 일조각, 1997).

10) 독수리작전에 대해서는 다음의 문헌을 참고할 것. 김우전, 「한국광복군과 미국 OSS의 공동작전에 관한 연구」『박영석교수화갑기념논총』1992; 김광재, 「한국광복군의 활동연구: 미 전략첩보국(OSS)과의 合作訓練을 중심으로」(동국대학교 박사학위논문, 1999); 한시준, 『한국광복군연구』(서울: 일조각, 1997).

11) 미군은 제2차 세계대전 시 일본인 2세부대인 '니세이부대'(제100보병대) 이외에도 노르웨이, 그리스, 오스트리아 외인부대 등 인종별 단일부대 제도를 운영했다. 閔丙用, 「2차대전의 영웅 한인2세 김영옥 대령」, 『美洲移民 100년』(한국일보사, 1987), pp.102-109.

12) Syngman Rhee to Preston M. Goodfellow(1942.6), 국가보훈처 편, 『NAPKO PROJECT OF OSS』, p.41; Syngman Rhee to Carroll T. Harris(1942.9.29), 국가보훈처 편, 『NAPKO PROJECT OF OSS』, p.54; Syngman Rhee to Preston M. Goodfellow(1942.10.10), 국가보훈처 편, 『NAPKO PROJECT OF OSS』, p.56; Syngman Rhee, Korean Commission to John J. McCloy, Assistant Secretary of WD(1943.3.16), 국가보훈처 편, 『NAPKO PROJECT OF OSS』, p.41.

조정국(COI)의 중국책임자인 에슨 게일(Esson McDowell Gale)과 미 전쟁부 정보참모부에 근무할 때부터 알고 지내던 COI의 제2인자 이자 도노반의 오른팔인 프레스톤 굿펠로우(Preston M. Goodfellow) 와의 친분을 이용하여 한인들의 대일 특수작전 및 정보공작에 참 여하는 문제를 제의했다. 또한 이승만은 미국의 저명한 인사들로 구성된 한미협회(Korean - American Council, 1942년 1월 창설)와 기독교인친한회(Christian Friends of Korea, 1943년 8월 창설), 그리 고 주미외교위원부를 통해 자신이 구상하고 있던 군사외교활동을 활발히 전개했다.

이승만은 태평양전쟁 동안 미국 수도 워싱턴에 주미외교위원부 사무실을 개소하고 군사외교 활동을 실시했다. 그가 미국에서 외교 활동을 펼치게 된 데에는 다음과 같은 이유에서다. 먼저 일본의 군 사력 영향력에 있는 만주나 시베리아의 그것과는 확연히 달랐다. 둘 째, 미국은 외교선전이 용이할 뿐만 아니라 독립운동을 위한 자금 조성 및 사관 양성을 위한 활동에 있어 일본의 간섭이나 방해를 받 지 않았다. 이는 미국이 세계 외교무대의 중심지로서 한국의 사정을 알리는 데 적합하고, 또 일본의 직접적인 세력권에서 벗어나 있기 때문에 만주나 시베리아에서처럼 일본 군경(軍警)의 박해를 받지 않 는다는 이점이 있었다. 셋째, 미주지역은 한국 독립운동에 있어 선 전 및 외교의 전선 중심이었고, 독립자금 조달의 유일한 제공처가 됐다. 광복군을 창설할 때에도 재미교포들이 보내 준 성금으로 창설 식을 가졌다. 광복군을 창설 시 군비(軍費)는 주로 하와이의 대한인 동지회와 국민회가 중심이 돼 미주동포로부터 조달했다.[13]

---

13) 김원용, 「재미한인 50년사」『독립운동사자료집』 8(독립운동사편찬위원회, 1972), p.889.

2. 이승만과 정보조정국(COI) 및 전략사무국(OSS)과의 관계

이승만은 태평양전쟁이 발발하자 미군 정보기구인 COI와 OSS를 통해 군사 외교노선을 견지했다. 미국은 태평양전쟁이 발발한 후 군 정보수집기관으로 전략사무국(OSS)을 창설하였는데, 이 기구는 미 중앙정보국(CIA)의 전신인 동시에 초기 미군 정보기구인 정보조정국(COI)의 후신이기도 하다.

COI는 1941년 7월 11일 루스벨트(Franklin Roosevelt) 대통령의 명령으로 창설되어 영국 정보기관의 협조를 얻어 아시아 지역의 적 후방 지역에서 게릴라 활동을 지원하는 등 적정 수집활동을 했다. 1943년 6월 13일 COI는 루스벨트 대통령의 재가를 받아 OSS로 개편되면서 미군의 정보업무를 총괄하게 됐다.[14]

OSS는 크게 두 개 파트로 편성됐다. 첫째는 정보공작을 담당하는 부서로 여기에는 비밀첩보과, 방첩과, 연구 및 분석과, 대외첩보과, 문서 및 검열과 등이 있다. 둘째는 행동공작을 담당한 부서로

---

14) OSS의 아시아 작전에 관한 참고문헌은 다음과 같다. George C. Chalou(ed), *The Secret War: The Office of Strategic Services in World War II*, National Archives and Records Administration, 1992; Richard Dunlup, *Behind Japanese Lines, with the OSS in Burma*, Rand Mcnally, 1979; Michael Kronenwetter, *Covert Action*, Franklin Watts, 1991; Robert E. Mattiangly, *Herringbone Cloak-GI Dagger, Marines of the OSS*, U. S. Marine Corps, 1989; Barry Katz, *Foreign Intelligence Research and Analysis in the Office of Strategic Services, 1941-1945*, Harvard University Press, 1989; Lawrence C. Soley, *Radio Warfare: OSS and CIA Subversive Propaganda*, Praeger, 1989; Bradley F. Smith, *The Shadow Warriors: OSS and the Origins of the CIA*, New York Basic Books, 1983; Richard Dunlup, *Donovan, America's Master Spy*, Rand Mcnally, 1982; Anthony C. Brown, *The Secret War Report of the OSS*, Bakerly Publication Corp, 1976; Smith R. Harris, *OSS: The Secret History of America's First Central Intelligence Agency*, Berkerly University of California Press, 1972; Corey Ford, *Donovan of OSS*, Boston, Little Brown, 1970.

특별공작과, 심리전과, 해상공작과, 야전투입훈련부대, 공작단 등이 있다. 이 가운데 냅코작전을 위해 재미한인들을 이용한 특수요원 훈련을 받은 곳이 행동공작부서 예하의 야전투입훈련부대(FEU)이고, 광복군과 관련 있는 독수리작전은 정보공작부서 예하의 비밀첩보과에서 담당했다. 하지만 북중국첩보작전은 인도 뉴델리의 OSS 지부에서 담당했다.

미국의 OSS는 대일 정보수집 및 적 후방교란 등 첩보활동을 위해 한국 내 사정을 잘 알고 있고, 한국어 및 일본어가 가능한 한국인 첩보대원의 유용성에 주목했다. 즉 OSS는 한국인 중에서 한국 사정을 잘 아는 한국에 거주한 자로서 현지에 친척, 친구, 반일단체 등과 연관이 있는 자, 독립운동에 가담하여 첩보활동이나 테러 활동을 한 경험이 있는 자, 한국어와 일본어가 가능한 자를 첩보원으로 선발했다.[15] 이들 첩보원의 선발 대상은 주로 미주교포, 미군에 포로가 된 한국인, 한국광복군 및 조선의용군이었다.

태평양전쟁기 군사외교활동을 펼쳤던 이승만에게 미군 정보기관의 핵심 멤버인 게일, 굿펠로우, 도노반과의 친밀한 관계는 이를 추진하는 데 매우 유용했다. 이승만은 친분이 두터운 미국 정보조정국의 중국 관련 특별고문이던 게일을 통해 OSS의 부국장인 굿펠로우를 만나, 미국 내 한인들을 모집하여 특수훈련을 시키기로 결정했다. 미국은 태평양전쟁 발발 직전인 1941년 9월부터 COI는, 중국을 통한 대일정보 수집계획을 추진하면서 적임자로 게일(Esson McDowell Gale)을 뽑았다. 게일은 전형적인 한국통이자 이승만에

---

15) 「Implementation Study for The Over-All and Special Programs for Strategics Activities Based in China-Korea」, 국사편찬위원회, 『한국독립운동사』 자료 21, 1992, pp.85, 176.

대해 우호적인 인물이었다.

COI는 게일 사절단의 파견을 위해 1941년 9월부터 12월까지 여러 차례의 대규모 부간회의(interdepartmental conference)를 개최했고, 이승만은 바로 이 회의에 참석함으로써 COI와 관계를 맺기 시작했다. 이승만이 이 회의에 참석할 수 있었던 것은 COI 책임자 도노반의 오른팔이자 조직의 제2인자였던 굿펠로우가 이승만에게 호감을 갖고 있었기 때문이다. 이승만은 이미 1941년 여름부터 전쟁부 정보참모부에 근무하고 있던 굿펠로우와 교류했고, 이후 이승만은 굿펠로우의 도움을 많이 받았다. 부간회의에서 게일은 이승만을 "중화민국의 아버지인 손문 박사와 유사한 역할을 할 수 있는 사람"이며, "주위에 한국인 애국자들을 집결시킬 수 있는 존경받는 인물"이라고 소개했다.[16] 이러한 게일의 평가는 COI의 제1·2인자인 도노반과 굿펠로우에게 좋은 인상을 심어 주었다.

3. COI의 최초 특수작전부대인 101부대에 한인 추천

이승만과 긴밀한 유대관계를 맺고 있던 COI가 중국 중경의 한인들을 이용하여 비밀정보 및 사보타지 시스템을 구축한다는 계획을 수립했다. 1942년 1월 24일 게일은 '적후공작을 위한 한인 고용'이라는 보고서를 통해 일본 본토와 한반도, 만주에 있는 한인들

---

16) Memorandum by Esson Gale, "Koreans and their activities in the United States"(1942.1.16), 국사편찬위원회, 『한국독립운동사』자료25, 임정편 Ⅹ, 1994, pp.49 – 50.

을 대일 정보수집과 사보타지에 활용한다는 계획을 수립했다. 게일은 이때 그대로 믿기는 어렵지만 광복군이 35,000명 정도의 병력을 보유하고 있고, 그중 9,250명이 중경에 있다는 정보를 인용했다. 그는 이러한 인적 자원을 대일공작에 활용키 위해 미국에서 선발된 요원들로 하여금 중경에 한인을 대상으로 한 특수훈련학교를 건립하자는 안을 제시했다.[17]

1942년 1월 27일 COI가 올리비아계획(Olivia Scheme)을 수립했다. 이는 COI 본부를 중경 인근에 설치해서 한국·만주·화북·양자강 등에서 정보 및 사보타지 그룹을 지휘하고, 이때 한국인을 활용한다는 것이었다.[18] COI는 일본 점령지역에서 특수공작을 수행하는 데 한국인이 가장 좋은 조건을 갖추고 있다고 판단했다.

COI는 올리비아 계획을 위해 보다 구체화된 훈련과정을 설정하고, 이를 통해 COI의 최초 특수작전부대인 101부대를 창설했다. COI의 구상은 중국-한국을 거쳐 최종적으로 일본에 침투한다는 것이었다. COI의 계획을 주시하고 있던 이승만은 자유한인대회(1942.2.27~3.1)가 폐막되자 바로 장석윤(張錫潤)을 COI의 제1기생으로 추천했다. 이때 장석윤은 중경의 임시정부와 주미외교위원부를 연결시킬 이승만의 편지를 휴대한 채 입대했다. 굿펠로우는 중국주둔 미군사령관 스틸웰 장군과 협의해 아이플러(Carl Eifler)를 이 부대의 지휘관으로 선발했고, 1942년 3월 이승만과 친분이 있는

---

17) E. M. Gale to W. J. Donovan, "Employment of Koreans for S. I. Operations"(1942.1.24), 『한국독립운동사』자료25, pp.58-59; 고정휴, 『이승만과 한국독립운동』(서울: 연세대학교 출판부, 2004), p.443.

18) Morris B. Depass, Jr. to William J. Donovan, "Scheme 'Olivia'(Memorandum)"(1942.1.27), 국가보훈처, 『NAPKO PROJECT OF OSS』, pp.32-36. 올리비아 계획은 1942년 5월 27일 드패스가 제안한 한반도 침투작전계획임.

장석윤·정운수(鄭雲樹) 등 한국인 20명을 COI 제1기생으로 소집했다.[19] 이들은 COI 특수부대 제101지대(Special Unit Detachment 101)에 소속되어 활동했다.

한편 게일은 이 계획을 성사시키기 위해 1942년 2월 8일 뉴욕을 출발해 3월 중경에 도착해 활동했다. 그러나 COI의 계획을 못마땅하게 여기고 있던 중국 정보당국이 강력히 반발하고, 또 이 계획의 중국 내 대리인으로 이승만을 지명했다는 COI의 계획에 중국측이 반대함으로써 이 계획은 최초의 계획대로 진행되지 못했다.

그렇지만 게일 사절단의 계획의 일부 차질에도 불구하고 이승만과 COI는 더욱 긴밀한 관계를 유지했다. 왜냐하면 이승만과 미군 정보당국은 이 계획을 계기로 한인들을 대일 특수작전 및 정보공작에 활용하는 논의를 보다 활발하게 논의했기 때문이다.

4. 자유한인부대 창설 및 광복군의 미군 지휘체계하 편입 추진

태평양전쟁기 미국의 대한정책은 공식적으로 임정 불승인·신탁통치 실시로 굳어졌지만, 한편으로 COI 등 정보부대가 한인 게릴라부대의 창설·활용에 우호적인 상황 속에서 한인들의 대일특수전 참가시도는 활발해졌다.

---

19) 「Preston M. Goodfellow, General Staff, G-2, WD to Marshall E. Dimock, Department of Justice」(1942년 3월 13일), 국가보훈처, 『NAPKO PROJECT OF OSS』, pp.38-39; 「Korean-American Council」(1942년 3월 26일), 국가보훈처, 『NAPKO PROJECT OF OSS』, p.40.

이 무렵 이승만은 재미한인들을 훈련시켜 단위부대로 미군에 배속시키거나 독자적인 자유한인부대 창설을 구상하였다. 그는 1942년 6월 전쟁부로부터 한인 입대지원자 50명의 선발을 요청받았다. 이에 기초해 그는 그해 10월 게릴라 훈련에 필요한 한인지원자 60명의 명단을 제공했고, 이 기회를 이용해 한인게릴라부대 창설을 제안했다.[20)]

그는 1942년 10월 굿펠로우에게 '미국 군사당국에 한인군사지원 제공'이라는 공문을 발송하여, 미국 내에 대대급 규모(500명)의 자유한인부대를 창설하고, 또 극동에서 25,000명의 한인병력을 미군의 지휘체계로 이관하자는 제안을 했다. 또한 필요시 5,000명 단위의 추가 증원도 가능하다고 했다. 그는 미군 현지 사령관과 한국광복군의 연결은 미국에서 훈련을 받은 한인들이 맡을 것이라고 했다.[21)] 이를 위해 그는 미군 부대 혹은 자유한인부대의 핵심이될 수 있는 한인지원자 50명을 추천하면서 추가로 500명의 지원자를 추천할 수 있다고 했다. 이승만이 추천한 사람 중에는 장기영(張基永·체신장관 역임)·이순용(李淳鎔·내무장관 역임)·장석윤(張錫潤·내무장관 역임)·김길준(金吉俊·미군정장관 공보고문)·정운수(鄭雲樹·대한정치공작대)·김세선(金世旋·뉴욕영사)·한표욱(韓豹頊·주미공사)이 있다.

자유한인부대는 미주에서 한인청년과 유학생들로 편성하고, 극

20) 「Syngman Rhee to Carrol T. Harris」(1942.9.29), 국가보훈처, 『NAPKO PROJECT OF OSS』, p.54; 「Syngman Rhee to Karl T. Gould, Hqs, Military Intelligence Service, Langage School」(1943.6.11), 국가보훈처, 『NAPKO PROJECT OF OSS』, pp.83 - 84.

21) Syngman Rhee to Preston M. Goodfellow, "Offer of Korean Military Resources to U.S. Military Authorities"(1942.10.109), 국사편찬위원회, 『한국독립운동사』자료 25, p.205.

동에서는 임정 산하의 광복군을 미군의 지휘체계 속에 편입시켜 대일전쟁에 동원한다는 계획이었다. 이승만은 이렇게 함으로써 임정의 참전외교를 현실화할 구상이었다. 이를 위해 이승만은 굿펠로우에게 자신의 계획(Korean Project)을 합동참모부의 소관 위원회로 넘겨 승인을 받을 수 있도록 해 달라고 요청했다. 이 계획이 승인된다면 이승만은 미국인 고문(한미협회 회장 크롬웰)과 함께 인도의 캘커타로 가서 임정 및 광복군 지도자들과 접촉할 용의가 있다고 했다. 그 목적은 중국-버마-인도전구 미군사령관인 스틸웰 장군에게 상세한 정보를 제공하는 데 있다고 했다. 이승만은 광복군을 통해 미국으로부터 군사지원을 이끌어 내고 이를 바탕으로 임정승인까지 얻어 낸다는 복안이었다.[22]

이를 위해 이승만은 비밀각서를 A, B안으로 작성해 미 전쟁부에 제출했다. A안은 극동에서 미군 지휘하로 편입될 한인 병력 25,000명에게 필요한 물품과 군사장비 품목이었다. B안은 미국에서 구성될 대대(大隊)급 한인자유부대 모병에 소요되는 경비내용으로 매월 3,940달러가 책정됐다. 이승만은 B안이 빠른 시일 내에 착수되어야 한다고 강조했다. 그는 이를 통해 광복군과 미군 간의 협력을 추진할 계획이었다.[23]

이승만은 이 계획안을 전쟁부로 보내 승인을 받으려고 했으나 이에 대한 답신이 없자, 전쟁장관 스팀슨에게 다시 편지를 보내 이에 대해 통보가 없음을 지적했다. 얼마 후 그는 다시 육군차관 맥클

---

22) 방선주, 「아이플러 機關과 在美韓人의 復國運動」『제2회 한국학국제학술회의 논문집: 해방50주년 세계 속의 한국학』, 1995, p.167.

23) Captain Doering to Preston M. Goodfellow, "Korean Project"(1942.11.3), 국사편찬위원회, 『한국독립운동사』자료 25, pp.240-244.

로이에게 전보를 보내, 미군 내 한인부대 창설은 극동의 연합군에게 필요한 도움을 줄 것이라고 했다. 이에 대해 맥클로이 차관은 답신에서 "한인부대 조직은 비현실적이며 전술적으로 바람직하지 않으며, 그 유지가 어렵다."고 했다.[24] 결국 이승만의 이 계획은 OSS에서 부정적인 결론을 내림으로써 실현을 보지 못하게 됐다.

5. 재미한인들의 대일 특수작전 참가 요청

이승만은 1941년 태평양전쟁이 발발하자 임시정부에 미국과 협력도록 하면서 일본에 대일선전포고(對日宣戰布告)를 하도록 제안하여 성사시켰다. 특히, 그는 미 OSS의 육군 소장 도노반 장군과 그 실무자인 굿펠로우 대령과의 친분관계를 이용하여 이를 추진시켰다. 이승만에게 있어 굿펠로우 대령은 대단히 친절하고 융통성이 있는 군인이었다. 이승만은 그의 사무실로 찾아가 "한국이 미국 국민의 전쟁 수행에 협조할 것을 갈망하고 있으나 정객들로부터 빈번히 거절당했다."는 사실을 말하자, 그는 "미국 정부가 한국인의 협조 제공을 거절한다는 것은 큰 실수"라면서 한국인의 입장을 이해해 주었다. 특히 그는 "한국 임시정부가 미국 정부에 의해 승인이 안 되었다 하더라도 미국 전쟁부는 한미합동계획을 추진시키기

---

24) Syngman Rhee to John J. McCloy, Assistant Secretary of War, War Department(1943.3.16), 국가보훈처, 『NAPKO PROJECT OF OSS』, p.73; Syngman Rhee to John J. McCloy, Assistant Secretary of War, War Department(1943.3.16), 국사편찬위원회, 『한국독립운동사』자료 25, p.223.

위해 이승만을 한국지도자로 승인할 수 있다."고 말했다.[25]

OSS가 1944년 한반도침투계획의 일환으로 추진한 냅코계획(Napko Project)[26]도 1941~1942년 이승만이 주장한 재미한인의 대일무장투쟁과 한인게릴라부대 창설의 연장선상에서 비롯됐다. 또한 이 계획은 유럽전선에서 OSS의 역할과도 관련이 있었다. OSS는 제2차 세계대전에서 연합국의 승리를 위해 창설되었음에도 유럽전선에서는 별로 기여하지 못했다. 이에 유럽에서 전쟁이 실질적으로 끝난 1944년 중반 OSS가 최종적으로 눈을 돌리게 된 것이 태평양전선이었다. 이는 1945년 1월 23일 워싱턴 OSS의 기획단이 작성한 '비밀정보수집을 위한 일본적진에 대한 요원침투 특수계획(Special Program for Agent Penetration of Japan's Inner Zone, for Secret Intelligence Purposes)'으로 나타났다.[27] 이 계획에서 중국전구가 한반도침투작전을 위한 가장 중요한 근거지로 확정됨에 따라 중국전구 OSS의 활동을 강화하고 한인들을 이용한 침투계획을 수립하여 추진했다. 또한 워싱턴의 OSS도 이를 위해 별도로 냅코작전을 추진했다.

냅코계획은 OSS가 미국 내에 수용되어 있던 한인 전쟁포로들을 첩보요원으로 활용하려고 구상한 계획이다. 이 계획은 일찍부터 미국 내 한인들과 밀접한 관계를 유지해 오던 OSS 워싱턴 본부의 아이플러(Carl F. Eifler) 대령과 굿펠로우 대령 등이 유일한(柳一

---

25) 이원순, 『인간 이승만』(서울: 신태양사, 1995), p.202.

26) 냅코작전에서 냅코라는 의미에 대해, 방선주 박사는 그의 1995년 제2회 한국학국제학술회의 논문집, 「아이프러 기관과 재미한인의 복국운동」이라는 논문에서 다음과 같이 밝히고 있다. 즉 'NAPKO'라는 말은 'Kidnap Korea'를 줄인 것이거나, '대모험을 꾀한다'는 의미의 속어인 'nap'과 'Korea'의 'Ko'가 결합된 것으로 보고 있다. 김광재, 「한국광복군의 활동연구」, p.107.

27) 「Special Program for Agent Penetration of Japanese Inner None」(1945.2.22), 국가보훈처, 『NAPKO PROJECT OF OSS』, pp.163-178.

韓)·장석윤 등과 함께 미국 내 전쟁포로수용소의 한인포로들을 훈련시켜 태평양 오키나와에서 잠수함으로 한반도에 비밀리에 침투시키는 작전이었다.[28] 이는 아이플러와 장석윤이 태평양 초기 중국으로의 진출에 실패했던 것을 고려하여 중국을 거치지 않고 미국에서 곧바로 한반도로 침투하기 위한 것이었다.

냅코계획은 1945년 2월 26일 아이플러가 도노반에게 보고서를 제출하면서 가시화됐다가, 1945년 3월 7일 아이플러가 도노반에게 'NAPKO PROJECT'라는 제목의 보고서에서 냅코라는 명칭을 사용하면서 본격적으로 실시됐다. 워싱턴의 OSS 기획단에서는 1945년 5월 31일 냅코작전을 공식 승인했고, 미 합참도 6월 19일 이를 승인하기에 이르렀다.[29]

그러나 냅코작전은 태평양 초기 이미 시작됐다. 다만 보다 구체적인 계획이 이 시기에 나왔을 뿐이다. 즉 냅코작전은 OSS의 부책임자인 굿펠로우가 1942년 중국을 우회한 한반도침투작전계획인 올리비아계획에서 출발해, 1942~1944년 OSS의 전신인 COI의 특수부대인 제101지대의 활동경험을 통해 간접경험을 축적한 후, 1944년 말~45년 초에 본격화됐다. 특히 장석윤이 위스콘신주 멕코이(McCoy) 포로수용소에서 얻은 정보 및 공작원 확보, 미얀마 학병탈주자들이 냅코작전을 구체화시키는 데 커다란 역할을 했다.

냅코작전에 동원된 한인들은 모두 19명이었다.[30] 이들은 재미한

---

28) Thomas N. Moon and Carl F. Eifler, *The Deadliest Colonel*(New York: Vantage Press, 1975), p.221.

29) Preston M. Goodfellow to General W. J. Donovan, "Memorandum from Secretary Joint Chiefs of Staff"(1944.7.22), 국가보훈처, 『NAPKO PROJECT OF OSS』, pp.119 - 120.

30) 이들에 대한 신상 파일에 대해서는 미국 자료에서 확인할 수 있다. 국가보훈처, 『NAPKO

인 출신 인사, 미군에 입대했던 한인병사, 맥코이 포로수용소 출신, 일본군을 탈출한 학병 출신 등으로 구성됐다. 이때 장석윤은 맥코이 포로수용소에 위장 잠입하여 냅코작전에 필요한 한인학병 및 노무자 출신을 선발하는 임무를 맡아 수행했다. 맥코이 수용소 출신으로 사이판에서 노무자 출신으로 수용된 사람은 김필영, 김현일, 이종홍 등 3명이고, 학병으로 끌려갔다가 미얀마전선에서 탈출한 사람은 박순동, 박순무, 이종실 등 3명이다. 이들 포로 및 노무자 출신을 제외한 13명은 미국시민으로 미 육군에 입대했다가 OSS에 배속된 사람과 민간인 신분으로 있다가 OSS에 참여한 인사로 구분된다.[31]

미 육군에 입대 후 OSS에 배속된 인사로는 장석윤을 비롯하여 변일서, 유일한, 이태모, 차진주, 최창수 등 6명이고, 민간인 출신으로 OSS에 들어온 사람은 김강을 비롯하여 변준호, 이근성, 이초, 최진하, 하문덕 등 7명이다. 이들 냅코작전에 투입될 한인 요원들은 샌프란시스코 연안에 위치한 산타 카탈리나 섬에서 강도 높은 훈련을 받았다. 이들은 외부와 격리된 채 유격훈련을 비롯하여, 무선훈련, 폭파훈련, 그리고 첩보교육 등을 3~4개월 정도 받았다. 그 밖에 독도법, 촬영, 낙하산훈련, 선전 등의 훈련도 포함됐다.[32]

그리하여 1945년 3월에는 한반도에 투입될 두 개 조를 편성하였는데, 조 이름은 유일한을 조장으로 하는 아이넥조(Einec Mission)와 차로조(Charo Mission)가 바로 그것이다. 먼저 아이넥조는 조장 유

　　PROJECT OF OSS』, pp.754 - 771.

31) Carl F. Eifler, Field Experimental Unit to William J. Donovan, Director, OSS(1945.2.26), 국가보훈처, 『NAPKO PROJECT OF OSS』, pp.179 - 189.

32) 「Field Experimental Unit, Office of Strategic Services: NAPKO Project」(1945.3.30), 국가보훈처, 『NAPKO PROJECT OF OSS』, pp.583 - 614.

일한을 포함하여 이초, 변일서, 차진주, 이종홍 등 모두 5명으로 서울로 침투하여 경제사정과 일본군 부대의 주둔위치를 파악하여 보고하는 것이었다. 차로조는 이근성, 김강, 변준호 3명으로 이들은 평남 진남포(鎭南浦)를 경유하여 평양(平壤)에 잠입, 근거지를 세운 다음 일본에 침투하는 것이었다.[33]

1945년 5월 냅코팀은 한인포로를 획득하게 되자, 무로조(Mooro Mission)라는 새로운 공작조를 편성하게 된다. 아이플러는 이들 맥코이 포로수용소 한인노무자들이 모두 황해도 출신임을 고려하여 편성했다. 이들의 작전지역도 황해도 앞 바다의 섬으로 정하고 그곳에서 섬 주민을 전향시키는 것이었다. 1945년 6월 23일에는 다시 차모조(Chamo Mission)라는 새로운 공작조를 편성하였는데, 이들의 임무는 함경남도에 연합군 비행장의 건설을 위해 이근성, 김강, 변준호, 하문덕 등 4명을 공수로 낙하시켜 비행장 활주로와 공작원 양성소를 설립한다는 계획이었다.[34]

그러나 냅코작전도 한인 요원들이 훈련을 끝내고 중국 및 태평양 지역 미군 사령관들의 승인을 기다리는 과정에서 일본이 패전함으로써 실행에 들어가지 못하고 끝나게 됐다. 냅코작전이 실행에 옮겨지지 못한 가장 큰 이유는 극동지역 미군사령관들이 그들의 작전지역 내에서 냅코작전을 위해 투입될 한인요원들의 활동에 대

---

33) 「Field Experimental Unit, Office of Strategic Services: NAPKO Project」(1945.3.30), 국가보훈처, 『NAPKO PROJECT OF OSS』, pp.583 - 614; 방선주, 「美洲地域에서의 한국독립운동의 특성」『한국독립운동의 地域的 特性』(광복절 제48주년 및 독립기념관 개관 6주년 기념 제7회 독립운동사 학술심포지엄, 1993), pp.14 - 18.

34) Carl F. Eifler, Commanding Officer, FEU to William J. Donovan, Director, OSS(1945.6.23), 국가보훈처, 『NAPKO PROJECT OF OSS』, pp.692 - 699; Thomas N. Moon & Carl Eifler, *The Deadliest Colonel, Vantage Press*, New York Washington Atlanta Hollywood, 1975, pp.226 - 227.

해 반대했기 때문이었다. 냅코작전을 실행에 옮기기 위해서는 중국 전구 미군사령관 웨드마이어나 태평양지역 미 육군사령관 맥아더, 그리고 태평양 지역 미 해군사령관 니미츠 제독의 승인이 필요했으나, 이들 사령관들은 새로운 작전을 시도함으로써 기존 전투력을 감소시킬지 모른다는 우려와 자체 정보활동에 영향을 준다는 점에서 반대했다.[35]

또한 중국전구 미 OSS도 여기에 한몫을 했다. 중국주재 OSS 간부들은 냅코작전계획이 한반도 실정을 정확히 반영하지 않았다는 점과 최악의 경우 중국전구 OSS가 주관한 독수리작전을 위험에 빠뜨릴 가능성이 있을지도 모른다는 문제점을 들어 이의 실행에 부정적인 반응을 보였다. 그러면서 중국의 OSS에서는 독수리작전이 한국의 임정과 밀접한 관련이 있기 때문에 냅코작전은 주중 OSS의 지휘하에 진행되거나 독수리작전의 일부로 편입되어야 한다고 주장했다.[36] 이러한 과정을 거치면서 냅코작전은 일제의 패망으로 그 시기를 놓치게 됐고, 미 합참도 극동지역사령관들의 반대에 별다른 조치를 취하지 못하다가 일본 항복 1주일 후인 1945년

---

35) William J. Donovan, Director, OSS to Heppner and Doering, OSS, CT(1945.6.5), Telegram No.1228, 국가보훈처, 『NAPKO PROJECT OF OSS』, pp.624-625; Richard P. Heppner, SSO, OSS, China to William J. Donovan, Director, OSS (1945.5.7), 국가보훈처, 『NAPKO PROJECT OF OSS』, pp.627-628; Willis H. Bird, Deputy Chief, OSS, Ct to Richard P. Heppner, SSO, OSS, CT(1945.5.19), Telegram No.240, 국가보훈처, 『NAPKO PROJECT OF OSS』, p.658 Paul Caraway, Theater Planning Section, Hq., USF, CT to WD(1945.5.23), 국가보훈처, 『NAPKO PROJECT OF OSS』, p.666; Richard P. Heppner, Chief, OSS, China to Charles S. Cheston, Assistant Director, OSS(1945.7.14), Telegram No.325, 국가보훈처, 『NAPKO PROJECT OF OSS』, p.711.

36) Wedemeyer, CGUSFCT to Nimitz, CINCPOA(1945.7.3), Telegram No.03481-E, 국가보훈처, 『NAPKO PROJECT OF OSS』, p.704; Richard P. Heppner, Chief, OSS, China to Charles S. Cheston, Assistant Director, OSS(1945.7.14), Telegram No.325, 국가보훈처, 『NAPKO PROJECT OF OSS』, p.711.

8월 23일 그 실행이 불가능해졌다는 명령서를 하달함으로써 냅코 작전은 공식 취소됐고 한인 요원들의 임무도 종결됐다.

이리하여 이들 한국 청년들은 직접 작전에 참여할 기회를 놓치고 말았으나 종전 후 일본 점령시기에 극동에 배치되어 여러 가지 임무를 수행했다. 이때 OSS에 참가한 사람들의 대부분은 이승만을 따르는 재미청년지식인들이었다. 그들로는 장기영(張基永)·유일한(柳一韓) 등이 있다.

6. 이승만의 군사외교 평가

이승만은 한국이 낳은 탁월한 항일 독립운동가였다. 독립운동을 전개하면서 국제정치학자로서 뛰어난 국제정치 감각과 통찰력, 미국인 저명인사로 구성된 한인우호단체를 결성해 목표를 추구해 나가는 그의 외교술은 가히 그에게서만 발견할 수 있는 천부적 자질의 소산이었다. 그는 국제정치 상황에 맞게 적절한 강온전략의 외교술을 구사하며 적극적인 대미외교를 수행해 나갔다.

그는 미국 및 강대국과의 외교전쟁을 전개하면서 갖은 수모와 고초, 좌절과 회의, 동지들의 배신 등의 어려움을 겪었으나 이에 좌절하지 않고 독립을 위해 꿋꿋하게 헌신하는 초인의 자세를 보여 줬다. 그는 시련이 강할수록 더욱 강해지는 진정한 지도자의 면모를 유감없이 발휘하기도 했다.

일제강점기하의 독립운동기, 특히 태평양전쟁기를 통해 이승만의 군사외교는 많은 가시적 성과를 거두었다고 해도 과언이 아닐 것이다. 그는 한갓 망명객의 신분으로 미군 당국을 설득하여 재미 한인을 미군 특수작전부대에 참가시켜 대일 전쟁에 참전하게 했다. 비록 이들의 숫자가 많지는 않았다고 하지만, 태평양전쟁기 한국인이 연합국의 일원이 되어 미국과 함께 싸웠다는 것은 커다란 의미가 있다. 이승만은 대미군사외교를 통해 6·25전쟁보다 훨씬 빠른 시기에 한국인으로 하여금 한미연합작전을 경험케 하는 군사외교의 선구자적 역할을 했다.

그가 태평양전쟁이 발발하자 특유의 국제정치 감각을 발휘하여 임시정부로 하여금 미국에 대한 지지성명을 발표케 하고 대일선전포고를 하게 한 것은 탁월한 국제정치학자로서의 소양과 안목이 없으면 도저히 할 수 없는 일이었다. 특히 한인부대 창설과 광복군을 미군 지휘하에 편입시켜 한미 양군으로 하여금 대일전선에 참가시키려고 한 것은 그 일의 성패에 관계없이 현대국가의 통치에 필요한 연합작전 및 동맹의 개념을 정확히 이해한 근대 국가지도자로서의 그의 뛰어난 능력을 보여 준 쾌거였다. 6·25전쟁에서 미군을 참전케 하고 유엔군으로 끌어들이는 그의 외교수완은 이미 이때부터 태동하여 그 빛을 발했던 것으로 우연이 아니었음을 알 수 있다.

이런 점에서 독립운동기 그의 군사외교에 대한 평가는 다각적인 분석의 틀 속에서 이루어져야 할 것이다. 민족과 국가의 이익을 가장 먼저 생각하고 추진하는 그의 외교에 대한 평가를 단순한 잣대로 평가하는 것은 재고되어야 할 것이다. 그가 활동했던 시기 한반도의 지정학적 위치와 여기에 얽히고설킨 주변 강대국 간의 이해관계, 미국의 임시정부 불승인정책 및 연합국인 소련에 대한 미국의 우호정책, 그리고 미국 및 한인 지도자들의 무지의 관대함에서 비롯된 소련의 용인 및 공산주의자와의 좌우합작을 정확히 이해해야만 그에 대한 평가도 올바르게 나타날 것이다.

이러한 틀 속에서 이승만의 독립운동기 군사외교는 면밀히 검토되고 평가되어야 할 것이다. 이러한 점에서 독립운동기 이승만의 군사외교는 결코 실패하지 않았으며, 그가 세운 외교 목표도 신념으로 가득 찬 그만이 수립하고 추진할 수 있는 탁월한 외교 전략이었음을 알 수 있다. 그런 까닭으로 태평양전쟁기 그의 대미군사외교 활동을 실패라고 규정짓는 기존의 일부 연구 성과는 성급한 결론이 아닌가 싶다.

제3장

6 · 25전쟁 시 이승만 대통령의
전쟁목표와 전쟁지도

1. 서 론

우남(雩南) 이승만(李承晚, 1875～1965)[1]은 건국 대통령으로서 임진왜란 이후 민족 최대의 위기를 극복하고 국권을 수호한 국가지도자였다. 그렇지만 한국 현대사에서 이승만에 대한 평가는 정치적 영욕이 엇갈렸던 그의 일생과 업적을 대변하듯 두 개의 얼굴을 지닌 야누스(Janus)로 포폄(褒貶)되고 있다.

그를 지지하고 존경하는 인사들은 "이승만이야말로 건국의 원훈(元勳)이자 한민족의 독립과 번영의 기초를 다진 국부(國父)로 세계 역사상 보기 드문 대정치가"로 평가하는가 하면, 그를 싫어하고 반대하는 사람들은 "이승만은 한반도의 통일을 저해하고 민주주의를 압살시킨 우리나라 역사의 수레바퀴를 뒤로 돌려놓은 시대착오적 독재자"로 매도하고 있다.[2]

대체로 이승만을 긍정적으로 평가하면서 그를 옹호하는 학자들

---

1) 이승만은 1875년 3월 26일에 황해도 평산군 마산면에서 아버지 이경선(李敬善)과 어머니 김 씨의 3남 2녀 중 막내아들로 태어났다. 형 두 명은 이승만이 태어나기 전 홍역으로 죽었기 때문에 외아들이 됐다. 이승만은 6대 독자로서 금지옥엽처럼 자라났다. 이승만은 두 살이던 1877년에 서울로 이사했다. 이승만은 염동과 낙동에서 살다가 양녕대군의 위패를 모신 지덕사 근처 도동 골짝(남산 서쪽)에서 오랫동안 살았다. 이승만의 도동집은 우수현(雩水峴 : 비가 오랫동안 내리지 않을 때 기우제를 지내는 마루턱) 남녘에 자리 잡고 있기 때문에 이승만은 그의 호를 우수현 남쪽을 뜻하는 우남(雩南)으로 지었다. 유영익, 『이승만의 삶과 꿈 : 대통령이 되기까지』(서울 : 중앙일보사, 1996), pp.14－16.

2) 유영익, 「이승만 대통령의 업적」, 유영익 편, 『이승만 대통령 재평가』(서울 : 연세대학교 출판부, 2006), pp.475－476; 유영익, 『이승만의 삶과 꿈』, p.10.

은 "이승만을 희세(稀世)의 위재(偉才),[3] 외교의 신,[4] 대한민국의 국부·아시아의 지도자·20세기의 영웅,[5] 조지 워싱턴·토머스 제퍼슨·아브라함 링컨을 모두 합친 만큼의 위인, 한국의 조지 워싱턴" 등으로 격찬하고 있다.[6]

반면 이승만을 부정적으로 평가하는 학자들은 "그를 남북분단의 원흉, 친일파를 비호·중용함으로써 민족정기를 흐려 놓은 장본인, 남한의 대미종속을 심화시킨 미제의 앞잡이, 유엔의 문제아, 작은 장개석(蔣介石), 권력에 타락한 애국자, 한국전쟁을 유발 내지는 예방전쟁에 실패한 사람"[7]이라고 폄하(貶下)하고 있다.[8]

그럼에도 불구하고 이승만과 함께 6·25전쟁을 지휘했던 한국과 미국의 장군들은 이승만을 훌륭한 영도자 및 반공지도자로 평가하는 데 주저하지 않고 있다. 6·25전쟁을 전후하여 육군참모총장을 두 차례나 역임했던 백선엽(白善燁) 장군은 "전쟁의 위기를 이승만이 아닌 어떠한 영도자 아래서 맞이했다고 해도 그보다 더 좋은 결과를 얻지 못했을 것이다."라고 회고했다.[9]

---

3) 金麟瑞, 『망명노인 이승만 박사를 변호함』(서울: 독학협회출판사, 1963).

4) 曹正煥, 「머리말」, 外務部 편, 『外務行政의 十年』(서울: 외무부, 1959), p.2.

5) 허정, 『우남 이승만』(서울: 태극출판사, 1974); 허정, 『내일을 위한 증언: 허정 회고록』(서울: 샘터사, 1979); 임종명, 「이승만 대통령의 두 개의 이미지」, 『한국사 시민강좌』 38집 (서울: 일조각, 2006), pp.200 - 223.

6) 로버트 올리버 지음·황정일 옮김, 『신화에 가린 인물 이승만』(서울: 건국대학교 출판부, 2002), p.342; 유영익, 「이승만 대통령의 업적」, p.478; Robert T. Oliver, *Syngman Rhee: The Man Behind the Myth*(New York: Dodd Mead and Co., 1960), p.321.

7) 김상웅, 「이승만은 우리 현대사에 어떤 '악의 유산'을 남겼는가?」, 『한국 현대사 뒷얘기』(서울: 가람기획, 1995), pp.282 - 285.

8) 유영익, 「이승만 대통령의 업적」, pp.476 - 477; 송건호, 「李承晩」, 『韓國現代史人物論』 (서울: 한길사, 1984), pp.253 - 254; John M. Talyor, *General Maxwell Taylor: The Sword and the Pen*(New York Doubleday, 1989); Richard C. Allen, *Korea's Syngman Rhee: An Unauthorized Portrait*(Rutland, Vermont and Tokyo, Japan: Charles E. Tuttle Co., 1960).

또 유엔군사령관을 지낸 클라크(Mark W. Clark) 장군은 전쟁이 끝난 후 미국의 한 텔레비전 방송에서 "나는 지금도 한국의 애국자 이승만을 세계에서 가장 위대한 반공지도자로 존경하고 있다."[10]고 증언하면서 이승만을 위대한 사람(great man)이라고 평가했다.[11]

이러한 맥락에서 전쟁 동안 제8군사령관을 오랫동안 지내며 이승만을 가까이서 보좌했던 밴플리트(James A. Van Fleet) 장군도 이승만을 "위대한 한국의 애국자, 강력한 지도자, 강철 같은 사나이이자 카리스마적인 성격의 소유자"로 흠모하면서,[12] "자기 체중만큼의 다이아몬드에 해당하는 가치를 지닌 인물"이라고 칭송했다.[13] 밴플리트 장군의 후임인 제8군사령관 테일러(Maxwell D. Taylor) 장군도 "한국의 이승만 같은 지도자가 베트남에도 있었다면, 베트남은 공산군에게 패망하지 않았을 것"이라고 말하면서 그의 반공지도자로서의 영도력에 찬사를 아끼지 않았다.[14]

그럼에도 불구하고 6·25전쟁기 이승만의 군사지도자로서의 면모를 엿볼 수 있는 국내 연구는 4·19혁명으로 인한 정치적 문제에 가려져 부정적 또는 제한적으로 이루어졌고,[15] 이들 연구 수준도 '이승만의 6·25전쟁지도'에 관한 내용이 아니라 일반적인 전

---

9) 백선엽, 『6·25전쟁회고록 한국 첫 4성 장군 백선엽: 군과 나』(서울: 대륙연구소 출판부, 1989), p.351.

10) 프란체스카 도너 리 지음·조혜자 옮김, 『이승만 대통령의 건강: 프란체스카 여사의 살아온 이야기』(서울: 도서출판 촛불, 2006), p.56.

11) 백선엽, 『군과 나』, p.277.

12) Paul F. Braim 저, 육군교육사령부 역, 『위대한 장군 밴플리트』(대전: 육군본부, 2001), p.489.

13) 로버트 올리버 지음·황정일 옮김, 『신화에 가린 인물 이승만』, p.345.

14) 프란체스카 도너 리 지음·조혜자 옮김, 『이승만 대통령의 건강』, p.57.

15) 유영익, 「이승만 대통령의 업적」, p.481.

쟁지도 이론 및 총론적 성격의 '전쟁지도(戰爭指導)'[16] 속에서 단편적으로 다루어져 왔다.[17]

비록 2004년 연세대학교 국제대학원 현대한국학연구소가 주최한 '이승만의 역사적 재평가'라는 국제학술회의를 통해 이승만 연구의 지평을 열었다는 긍정적인 평가를 받았으나,[18] 전쟁지도자로서 이승만을 좀 더 심층적이고도 균형 있게 평가하기에는 아직 미흡하다는 분석이다.

즉 이들 논문들은 '이승만과 전쟁지도'를 주제로 한 학문적 연구의 최초의 시도라는 호평에도 불구하고 전시 군사지도자로서 이승만을 종합적으로 평가하기에는 다소 한계를 안고 있다. 이들 논문들은 전쟁 상황이나 작전단계를 도외시한 채 정치적 사건과 연관 지어 이승만이 통수권 차원에서 행사한 군 인사권에 집중하여 분석하고 있거나,[19] 이승만이 6·25전쟁을 통해 추구하고자 했던 전쟁목표와 이를 실현하고자 했던 전쟁수행정책 및 수행방식을 결여

---

16) 전쟁지도는 미국을 위시한 유럽에서 "전쟁에서 승리를 획득하기 위하여 모든 국력을 사용하는 기술"이라고 하여 전쟁수행전략과 유사한 개념으로 파악하고 있다. 즉 전쟁지도는 국가의 전쟁목적을 달성할 수 있도록 전쟁에 대비하고 전쟁을 수행함에 있어서 국가의 자원과 노력을 조직화하고 효율화하는 일련의 조정·통제의 과정을 말한다(남정옥, 「미국의 국가안보체제 개편과 한국전쟁 시 전쟁정책과 지도」, 단국대학교 박사학위 논문, 2006, pp.5-6).

17) 이기택, 「한국적 안보환경하의 전쟁지도 고찰」, 국방군사연구소 편, 『역사적 교훈을 통한 한국의 전쟁지도 발전방향』(전쟁지도세미나, 1994), pp.9-34; 장병옥, 「총력전 대비를 위한 국가동원태세 발전방향」, 국방군사연구소 편, Ibid., pp.37-62; 전경만, 「한국의 위기관리와 전쟁지도체제 발전방향」, 국방군사연구소 편, Ibid., pp.65-91; 육군교육사령부, 「이승만의 전쟁지도」, 『전쟁지도이론과 실제』(대전: 육군교육사령부, 1991), pp.256-270; 양흥모, 「이승만 박사와 군대」, 『신동아』(1965년 9월호), pp.232-238.

18) 연세대학교 국제대학원 현대한국학연구소 제6차 국제학술회의(2004년 11월)에서 발표된 논문 중 군사 및 외교 분야를 다룬 논문은 다음과 같다. 차상철, 「외교가로서 이승만 대통령」, pp.65-85; 김세중, 「군 통수권자로서의 이승만 대통령」, pp.87-114; 온창일, 「전쟁지도자로서의 이승만 대통령」, pp.237-267.

19) 김세중, 「군 통수권자로서의 이승만 대통령」, pp.87-114.

함으로써 전쟁지도에 대한 전체적인 면을 간과한 채 그 일부분만을 다루고 있다는 비판도 받고 있다.

전쟁 기간 이승만의 전쟁지도에 대한 논리성과 객관성을 유지하기 위해서는 '대통령의 헌법상 권한'[20]에 근거를 두고 전쟁 동안 이루어진 대통령의 전쟁지도에 대한 객관적 분석이 수반될 때 올바른 평가를 내릴 수 있을 것이다.

따라서 본고에서는 기존 연구 성과의 한계와 미비점을 극복하면서 전쟁을 통해 이승만이 국가원수로서 국군통수권자로서 행정수반으로서, 특히 이를 통괄하는 전쟁지도자의 위치에서 미국 및 유엔과의 관계 속에서 어떻게 전쟁을 지도하고 수행했는가를 살펴보고자 한다. 이를 위해 본고에서는 먼저 전쟁 이전 이승만의 반공노선의 실체와 이를 기초로 이승만이 국권수호를 위해 어떠한 전략을 구상하였는가를 고찰하게 될 것이다. 그리고 전쟁 발발 이후 이승만이 대통령으로서 추구하고자 했던 전쟁목표와 수행방식이 어떻게 이루어졌는가도 살펴보게 될 것이다.

또한 전쟁 중 이승만이 어떻게 전쟁을 지도해 나갔는가를 작전 단계별로 구분하여 살펴보되 당시의 국내외 상황 및 전선 상황을 고려하여 살펴보게 될 것이다. 마지막 결론에서는 전쟁지도자로서 이승만에 대한 평가를 제헌 헌법에 나와 있는 대통령의 권한과 책임에 기초하여 평가함으로써 이승만의 전시 전쟁지도자로서의 면모를 종합적으로 검토하는 기회를 갖게 될 것이다.

본고에서는 주로 이승만의 전시 행적과 전쟁지도를 엿볼 수 있

---

20) 제헌헌법에 나와 있는 대통령의 책무와 권한은 취임선서(제54조), 긴급처분 및 명령(제57조), 외교 및 선전포고(제59조), 국군통수(제61조), 계엄선포(제64조), 국군참모총장 및 국군 총사령관 임면권(제72조)이 있다.

는 한국전쟁전란지[21]를 비롯하여 이승만 대통령 담화집,[22] 전시에 제정된 법률 및 긴급명령으로 공포된 대통령령, 미국 국무부의 외교문서,[23] 이승만의 전기 및 평전,[24] 이승만과 직·간접적으로 인연을 맺었던 외교관·정치가·장군들의 회고록 및 전기,[25] 그리고

---

21) 국방부, 『한국전란1년지: 단기 4283년 5월 1일 起~단기 4284년 6월 30일止』(정훈국 전사편찬회, 1951); 국방부, 『한국전란2년지: 단기 4284년 7월 1일부터~단기 4285년 6월 30일까지』(정훈국전사편찬회, 1953); 국방부, 『한국전란3년지: 自 단기 4285년 7월 1일~至 단기 4286년 7월 27일』(정훈부, 1954).

22) 공보처, 『대통령 이승만 담화집(정치편)』(서울: 공보처, 1952); 공보처, 『대통령 이승만 담화집(경제·외교·군사·문화·사회편)』(서울: 공보처, 1952); 공보처, 『대통령 이승만 박사 담화집』(서울: 공보처, 1953).

23) U. S. Department of State, *Foreign Relations of United States(FRUS), 1946*, vol.8, The Far East (Washington, D.C.: Government Printing Office, 1969); *FRUS, 1947*, vol. Ⅵ, The Far East, 1973; *FRUS, 1948*, vol. Ⅶ, The Far East and Australia, 1976; *FRUS, 1949*, vol. Ⅶ, The Far East and Australia, 1976; *FRUS, 1950*, vol. Ⅶ, Korea, 1976; *FRUS, 1951*, vol. Ⅶ, Korea and China, 1983; *FRUS, 1952－54*, vol. ⅩⅤ, Korea, 1984.

24) 유영익, 『이승만의 삶과 꿈』, 1996; 金麟瑞, 『망명노인 이승만 박사를 변호함』, 1963; 허정, 『우남 이승만』, 1974; 로버트 올리버 지음·황정일 옮김, 『신화에 가린 인물 이승만』, 2002; 프란체스카 도너 리 지음·조혜자 옮김, 『이승만 대통령의 건강』, 2006; 로버트 T 올리버 著·朴日泳 譯, 『大韓民國 建國의 秘話: 李承晩과 韓美關係』(서울: 啓明社, 1990); 유영익 편, 『이승만 대통령 재평가』(서울: 연세대학교 출판부, 2006); 김장흥, 『민족의 태양: 우남 이승만 박사 평전』(서울: 백조사, 1956); 김중원, 『이승만 박사전』(서울: 한미문화협회, 1958); 고정휴, 『이승만과 한국독립운동』(서울: 연세대학교 출판부, 2004); 이인수, 『대한민국의 건국』(서울: 촛불, 1988); *Robert T. Oliver*, Syngman Rhee: The Man Behind the Myth(New York: Dodd Mead and Co., 1960).

25) 허정, 『내일을 위한 증언』, 1979; 백선엽, 『군과 나』, 1989; 정일권, 『정일권회고록: 6·25전쟁비록 전쟁과 휴전』(서울: 동아일보사, 1986); 임병직, 『임병직 회고록』, 1964; 조병옥, 『나의 회고록』(서울: 도서출판 해동, 1986); 변영태, 『나의 조국』(서울: 자유출판사, 1956); 한표욱, 『한미외교 요람기』(서울: 중앙신서, 1984); 김정렬, 『김정렬회고록』(서울: 을유문화사, 1993); 짐 하우스만/정일화 공저, 『한국대통령을 움직인 미군대위 하우스만 증언』(서울: 한국문원, 1995); 육군본부 역, 『위대한 장군 밴플리트』(대전: 육군교육사령부 자료지원처, 2001); 해롤드 노블 著·박실 역, 『戰火속의 大使館』(서울: 한섬사, 1980); Harry S. Truman, *Years of Trial and Hope*, Vol. Ⅱ (Garden City, NY: Doubleday, 1956); Dean Acheson, *The Korean War* (New York: W. W. Norton, 1969); Forrest C. Pogue, *George C. Marshall: Statesman* (New York: Penguin, 1987); J. Lawton Collins, *War in Peacetime: The History and Lessons of Korea* (Norwalk, Conn.: the Eastern Press, 1969); Matthew B. Ridgway, *The Korean War* (Garden City, NY: Doubleday, 1967); William Manchester, *American Caesar: Douglas MacArthur, 1880－1964* (New York: Dell, 1978); Omar N. Bradley and

전쟁을 전후하여 이승만을 보다 객관적으로 평가할 수 있는 다양한 연구 성과[26]를 활용했다. 그리고 당시 신문도 사실 이 면의 내용을 파악하는 데 도움이 됐다.

2. 전쟁 이전 이승만의 반공노선과 방위전략 구상

(1) 이승만의 건국사상과 반공 민주주의 군대의 건설

이승만의 건국사상은 일반적으로 대한민국 건국의 지도이념인 반일·반공 민족주의, 자유민주주의, 국제평화주의, 사회균등주의 등

Clay Blair, *A General's Life: An Autobiography by General of the Army*(New York: Simon & Schuster, 1983); Mark Wayne Clark, *From the Danube to the Yalu* (New York: Harper and Bros., 1954).

26) 6·25전쟁 이전 이승만의 한반도 전략구상과 이에 따른 미국의 한반도 정책과의 관계에 대해서는 다음의 문헌을 참고할 것: 차상철, 「미국의 대한정책, 1945-1948」, 『한국사 시민강좌』 38집(서울: 일조각, 2006), pp.1-20; 李昊宰, 『韓國外交政策의 理想과 實現』(서울: 法文社, 1988), pp.275-322; 로버트 올리버 지음·황정일 옮김, 『신화에 가린 인물 이승만』, pp.313-332; 김계동, 『한반도의 분단과 전쟁: 민족분열과 국제개입·갈등』(서울: 서울대학교출판부, 2001), pp.199-204; 로버트 T 올리버 著·朴日泳譯, 『大韓民國 建國의 秘話: 李承晩과 韓美關係』, pp.284-361. 6·25전쟁의 흐름을 미국의 정책과 전투사적 측면에서 분석한 연구는 다음의 문헌을 참고할 것: James F. Schnabel, *United States Army in the Korean War-Policy and Direction: The First Year*(Washington, D.C.: Office of the Chief of Military History, United States Army, 1972); Roy E. Appleman, *South to the Naktong, North to the Yalu, June-November 1950, United States Army in the Korean War*(Washington, D.C.: Government Printing Office, 1961); Billy C. Mossman, *Ebb and Flow, U. S. in the Korean War*(Washington, D.C.: OCMH, 1990); Walter G. Hermes, *Truce Tent and Fighting Front, U. S. Army in the Korean War*(Washington:, D.C.: OCMH, 1966). 이승만의 휴전반대와 단독 북진통일에 대한 미국의 반응은 다음 문헌을 참고할 것: 홍석률, 「한국전쟁 직후 미국의 이승만 제거계획」, 『역사비평』 26(1994년 여름), pp.151-153; 김계동, 『한반도의 분단과 전쟁』, pp.538-549; *FRUS, 1952-54*, vol. XV, pp.965-968.

과 동일시되고 있다.[27] 이승만이 가슴에 품었던 건국의 꿈은 모범적 민주주의 국가, 반소·반공의 보루, 평등한 사회, 모범적 예수교 국가, 그리고 문명부강한 나라로 만드는 것이었다. 즉 그는 대한민국을 개인의 자유와 평등이 최대한으로 보장된 기독교적 자유민주주의 국가로 만들려고 했다. 그리고 그는 이러한 신국가의 구체적 정부형태로서 미국식 대통령중심제를 선호했다.[28]

이승만은 대통령이 되기 훨씬 이전부터 반공주의자였다. 그의 반공노선은 해방 후 냉전 상황에서 갑자기 형성된 것이 아니라, 청년시절부터 꾸준히 러시아에 대한 경계의식 내지 반감에 그 뿌리를 두고 있었다. 그는 이러한 맥락에서 광복 이후 반공주의를 내세웠다. 청년시절 이승만의 반러의식은 글을 통해 표출됐다. 그는 1898년 ≪협성회회보≫를 통해 "부산 절영도를 러시아에 조차해 주려는 대한제국 정부 내의 움직임을 통렬히 비판"했고, 1910년 ≪독립정신≫에서는 "러시아가 한반도에 대해 일본 못지않은 침략야욕을 지닌 위험한 이웃"으로 보았다.[29] 이승만의 반러의식은 1917년 볼세비키 혁명을 통해 공산정부가 들어서면서 반공사상으로 바뀌었다. 그는 공산주의를 "자유롭게 되기를 원하는 인간의 본성을 거역하며 국민을 지배하려는 사상체계"로 보고, 이를 따르는 정치는 반드시 실패한다고 했다.[30] 이승만의 반공사상은 1933년 모스크바 방문 때 보았던 소련 국민의 비참한 생활상을 보고 더욱 굳어졌고,

---

27) 리인수, 『대한민국의 건국』, pp.127 - 129.
28) 이주영, 「이승만과 기독교」, 『미래한국』, 2005년 4월 16일; 유영익, 『이승만의 삶과 꿈』, p.225.
29) Ibid., p.221.
30) 리인수, 『대한민국의 건국』(서울: 촛불, 1988)), p.131.

제2차 세계대전 이후 소련이 동유럽 국가들을 위성국화하는 것을 보고서는 공산주의에 대한 경각심이 더욱 커졌다.[31)]

이승만은 광복 후 귀국해서 잠시 조선공산당에 대해 유연한 입장을 취했다. 그러나 좌우익의 갈등이 심화되면서 공산당과의 대결이 불가피해지자 이승만은 1945년 12월 19일 '공산당에 대한 나의 입장'이라는 연설을 통해 "극좌 공산당원들을 소련의 전 세계적 적화 정책에 농락당한 반민족적 이기주의자"로 낙인찍고 그들과의 결별을 선언했다. 즉 이승만은 공산주의자들이 민족보다 이데올로기를 앞세워 '조국을 소련의 속국'으로 만들려 한다고 했다. 이승만은 좌우합작이란 것은 이론상 그럴듯하지만 공산당만 이롭게 한다고 믿고, 이를 따르는 자들을 경원시했다.[32)] 나아가 그는 미국이 소련과의 협조를 우선시한 나머지 한국인에게 무분별한 좌우합작을 강요하면, 한반도에 폴란드의 루블린(Lublin) 정권과 비슷한 친소 괴뢰정권이 탄생하게 될 것이고, 결국 민족주의자와 공산주의자 사이에 내전이 불가피할 것이라고 경고했다.[33)] 그는 한국에서의 반공운동을 '세계 모든 자유민들의 싸움'[34)]으로 표현했다. 이렇듯 이승만의 반공주의는 건국 후 국시(國是)가 됐고, 국군도 반공민주주의 군대로 성장했다.

---

31) 유영익, 『이승만의 삶과 꿈』, p.222.

32) 김도현, 「이승만노선의 재검토」, 송건호 외, 『해방전후사의 인식』(서울: 한길사, 1979), p.311; 『서울신문』, 1945년 12월 21일; 許政, 『내일을 위한 證言』(서울: 샘터사, 1979), pp.131 – 139.

33) Syngman Rhee, "memorandum – June 10, 1945"; "『Memorandum』 – June 11, 1945"; "Secret Agreement(dated June 13), 1945"(이화장 소장 문서); 유영익, 『이승만의 삶과 꿈』, p.202에서 재인용.

34) 김광섭 편, 『이대통령 훈화록』, p.40.

정부 수립 이후 국군은 건군의 이념적 토대로 헌법 전문에 나타난 자유민주주의, 국제평화주의, 자주독립정신, 의병·독립군·광복군의 민족 항쟁정신, 그리고 반공정신을 근간으로 삼았다.[35] 또한 국군은 군 내부에 침투한 좌익세력의 발호로 1948년 10월에 '여·순 10·19사건'이 터지자 숙군을 단행하면서 정신전력 강화에 노력했다. 이에 국군은 6·25전쟁 초기 낙동강 전선으로 밀리는 불리한 전황에도 불구하고 중국 국민당의 군대처럼 부대단위의 집단 투항과 같은 자멸적 상황을 초래하지 않았다.[36]

(2) 이승만 정부의 연합국방과 미국의 철군정책

정부 수립 이후 국방정책의 기본 방향은 연합국방(聯合國防)이었다. 이에 대해서는 국군통수권자 차원에서 강조됐다. 연합국방은 "국제공산주의 세력을 가상적으로 상정하고 이에 대비하기 위해 국방역량을 미국을 중심으로 하는 민주진영과 연합하는 것"이다.[37] 먼저, 초대 국방부장관은 그의 취임사에서 "국제 공산세력의 팽창에 대응하기 위해 미국을 중심으로 한 서방진영의 군사역량을 규합해야 하고, 한반도 전쟁에 대비해 미군의 작전지원이 가능하도록 연합국방을 기본 축으로 하기 위해 (한국은) 지상군을 육성해야 된

---

35) 건군이념은 국방정책을 수행하는 과정에서 건군 지도지침으로서 정병양성을 위한 사병제일주의로 제시됐다. 사병제일주의란 사병 개개인의 자질을 조속히 향상시켜 국군 전체의 질적 수준을 평준화함으로써 선진 민주국가의 우수한 군대와 대등한 자질을 갖도록 하는 것이다. 국방군사연구소, 『국방정책변천사 1945 – 1994』(서울: 국방군사연구소, 1995), p.33.
36) 國防部, 『國防史』① (서울: 전사편찬위원회, 1984), p.146.
37) 國防部, 『韓國戰爭史: 解放과 建軍』① (서울: 전사편찬위원회, 1967), p.310.

다."고 강조했다.[38] 김홍일(金弘壹) 장군도 "현대전의 특성은 단순한 무력전이 아니고, 정치·경제·무력·문화·외교·사상의 총력전이고…… 또 국제적으로 침략전선이 생기면 반침략전선이 생겨 경제·정치·군사 세 가지를 종합한 대립적 국제연합전투체제가 형성되기 때문에 현대전쟁은 2개 국가 간의 단순전쟁에서 집단과 집단 간의 연합전쟁으로 변천하게 된다. (따라서) 일국의 총력국방은 국제간의 연합국방으로 변형된다."고 말했다.[39] 이승만도 1948년 8월 15일 정부수립 선포기념식에서 "모든 우방들의 호의와 도움이 없이는 우리(한국)의 문제해결이 어렵기 때문에 한미(韓美)간의 친선만이 민족생존의 관건"이라고 말하면서 한미관계의 중요성을 강조했다. 반공주의에 사상적 근원을 두고 있던 그로서는 국제공산주의를 가상 적으로 하는 한국이 살아남기 위해서는 미국과의 연합국방이 절실했던 것이다.[40]

이렇듯 건국 직후의 국방정책과 전략은 반공민주주의 군대를 육성하고, 이를 통해 공산주의 세력의 팽창에 효과적으로 대처하는 것으로 결집됐다. 또한 연합국방을 통해 미국을 중심으로 자유진영 국가와의 군사역량을 규합하고, 한반도에서 전쟁이 발발할 경우를 대비하여 미군과의 공동작전을 고려해 군사외교활동을 강화했다. 하지만 이승만의 반공민주주의 군대 건설과 미국과의 연합을 상정한 연합국방도 미국의 소극적인 대한정책으로 그 목적을 달성하기 어려웠다. 이것은 미국 국방부의 전쟁계획과 국무부의 봉쇄정책이

---

38) 國防部, 『國防史』Ⅰ, p.147.
39) 白善燁, 『建軍史』(서울: 군사편찬연구소, 2002), pp.266 - 267.
40) 國防部, 『國防部史』第1輯, p.161.

지향하는 바가 달랐고, 이에 따른 한반도에 대한 낮은 전략적 평가,[41] 그리고 한반도에서의 장차전(將次戰)에 대한 전쟁 양상에 대한 오판 때문이었다.

제2차 세계대전 이후 미국은 소련의 팽창 위협에 맞서 국무부로 하여금 봉쇄정책(containment policy)을 수립하게 하고, 합동참모본부로 하여금 소련과의 전쟁을 상정한 전쟁계획(emergency war plan)을 수립하도록 했다. 미국 국무부가 마련한 봉쇄정책은 소련의 위협 및 침략에 대비코자 소련 주변부에 대소 봉쇄선을 설정하여 소련이 이 선 밖으로 침범하지 못하도록 하는 것이었다. 이러한 점에서 전후 미·소 간에 설정된 한반도의 38도선은 소련의 침략을 저지할 봉쇄선이었다.[42] 이에 반해 미국 합동참모본부가 마련한 전쟁계획에 의하면 미국은 극동에서 일본을 방어하기 위해 도서방위전략(off-shore defensive perimeter strategy)을 채택했다. 이 전략의 핵심은 알류산열도-일본-오키나와-필리핀을 연결하는 도서방위선으로 일명 극동방위선으로 지칭됐다.[43] 미국 극동방위선은 미국이 소련과의 전면전시 극동에서 소련의 공격을 막아 내는 최후 방어선으로 이는 소련과의 전면전이 발생해야만 실행에 옮겨질 수 있는 것이었다.

---

41) 1947년 4월 29일 미국 합동전략분석위원회(JSSC: Joint Strategic Survey Committee)가 작성한 '국가안보 면에서 본 미국의 대외원조'라는 보고서에 따르면, 한국은 미국의 지원 우선순위에서는 18개국 가운데 5위였고(Report by the Joint Strategic Survey Committee, "U. S. Assistance on Other From the Standpoint of National Security", *FRUS, 1947*, vol. Ⅵ, pp.736-750), 안보 우선순위에서는 16개국 가운데 15위였으며, 이 둘을 종합한 우선순위에서 한국은 16개국 가운데 13위였다(JCS 1769/1, "United States Assistance to Other Countries from the Standpoint of National Security", *FRUS 1947*, Vol. Ⅰ: General; The United Nations, pp.738-750).

42) 남정옥, 「미국의 국가안보체제 개편과 한국전쟁 시 전쟁정책과 지도」, p.65.

43) Ibid., p.49.

따라서 미국 봉쇄정책에 나타난 봉쇄선인 38도선과 미 합참의 전쟁계획상에 나타난 극동방위선 간에는 개념 차이가 있었다. 미국 봉쇄선은 소련과의 전면전이 아닌 상태에서도 터키나 그리스에서처럼 소련의 세력 팽창을 저지하는 선인 반면, 극동방위선은 전쟁이 일어났을 때에만 효력이 발생되는 군사방어선이었다. 한국에서 주한미군이 철수한 것도 전쟁계획상에 소련과의 전면전쟁이 벌어지면 미국은 한반도의 봉쇄선인 38도선을 점령하는 것이 아니라 극동방위선을 점령하도록 되어 있었기 때문에 미국은 한국에 군대를 주둔시킬 필요가 없었다.[44]

또한 6·25전쟁 이전 미국의 고위 정책 및 전략가들은 한국 안보에 대한 위협을 외부에 의한 전면적인 군사적 침공이 아니라, 당시 태평양상의 모든 국가가 안고 있는 전체주의 세력에 의한 전복 활동이나 침투 등을 더 우려했다.[45] 이는 미국 국무장관 애치슨이 1950년 1월 12일 연설에서, "태평양 지역의 다수의 나라들이 직접적인 군사적 공격보다는 내부의 경제적 곤란, 사회적 혼란 때문에 공산권으로부터의 전복 행위, 침투행위에 취약할 것이다."라고 말하고 있는 데에서 잘 알 수 있다.[46] 즉 애치슨 국무장관은 미국의 극동방위선에서 한국과 대만을 포함시키지 않은 대신에 태평양 지역에서 한국 등 대부분의 아시아 국가들은 외부의 침략위협보다는 내부의 경제적 혼란과 전복 및 침투 등과 같은 국내의 내부혼란을 더 위협적인 것으로 평가했다.[47]

---

44) Ibid., pp.65 - 66.

45) Ibid., p.64.

46) Dean G. Acheson, "Crisis in Asia - An Examination of U. S. Policy", *Department State Bulletin*, vol.22, 551, January 23, 1950, p.116.

그러므로 한국 문제에 직접적인 관련이 있던 미국 국무부와 육군부(Department of Army)는 주한미군 철수정책을 수립하는 과정에서 한국에 대한 전략적 평가와 아울러 미국의 한국에 대한 군사목표를 설정하는 데 있어 이와 같은 태평양상의 전략적 환경을 고려하지 않을 수 없었다. 이는 주한미군 철수 이후 한국 안보에 결정적인 영향을 미치게 됐다. 미국은 이러한 전략적 인식에 바탕을 두고 한국의 안보 문제를 해결하고자 했다. 미국은 한국을 방위하는 데 있어 전면전쟁과 같은 외부의 대규모 침공을 위해서가 아니라, 치안유지와 38도선에서의 무력충돌과 같은 소규모 국경분쟁에 대처할 수 있는 정도의 한국군을 육성하고자 했다.[48]

그 결과 미국은 주한미군 철수 후 외부의 침략공격에 필요한 무기를 지원하지 않고 내부의 혼란을 유지하는 데 필요한 소극적인 군사원조만을 실시하게 됐다. 또한 군사력을 건설하는 데 있어서도 소규모 국경충돌 내지는 치안유지에 적합한 방어적 성격의 군대 육성에 중점을 두었다. 이를 위해 미국은 주한미군을 철수하면서 한국군의 훈련에 필요한 군사고문단만 남겨 놓게 됐고, 무기 및 장비에 대한 원조도 전투기나 전차 등과 같은 공격용 무기가 아닌 방어용 위주의 군사원조를 실시했다. 특히 미국은 미국 스스로가 한반도를 전략적으로 낮게 평가해서 철수한 한국에 대해 소련이 장차 미국과의 전면전을 치를지도 모를 침략전쟁을 감행하지 않을 것이라고 판단했다.

---

47) 남정옥, 「미국의 국가안보체제 개편과 한국전쟁 시 전쟁정책과 지도」, p.65.
48) Ibid., p.64.

(3) 주한미군 철수 이후 이승만의 방위전략구상

한국은 정부 수립과 함께 미국과의 연합을 의미하는 연합국방을 수립하여 미국과의 군사우호동맹을 맺고자 노력했다. 그러나 이러한 이승만의 노력은 1949년 6월 말 주한미군 전투부대의 완전 철수로 새로운 전환점을 맞게 됐다. 주한미군의 철수는 전쟁 이전 수립된 미국의 전쟁계획에 따라 이루어졌다. 미국 합동참모본부가 수립한 전쟁계획에 한반도가 전쟁지역에서 제외됨에 따라 한반도의 전략적 가치는 낮게 평가될 수밖에 없었고, 이에 따라 제2차 세계대전 이후 동원해제로 병력이 부족했던 미국의 입장에서는 전략적 우선순위가 보다 높은 지역으로 병력을 전환했다.

주한미군 철수문제는 미국의 국가안보회의(NSC: National Security Council)에서 여러 차례에 걸쳐 논의와 수정을 거치며 결정됐다. 최초 주한미군 철수 결정은 1948년 4월 2일 국가안보회의가 NSC – 8에서 그해 12월 31일까지 철군을 완료하도록 결론을 내렸다.[49] 그후 구체적인 철군계획은 9월 15일에 시작하여 이듬해 1월 15일에 완료하도록 수정됐으나, 철군은 계획대로 1948년 9월 15일부터 시작됐다.[50] 그러나 철군 과정 중에 여·순 10·19사건이 일어나자 미국은 한국 안보에 다소 불안을 느꼈고, 이승만을 비롯한 정부 및

---

49) *FRUS, 1948*, vol. Ⅵ, pp.1163 – 1169.

50) 미 육군부의 최초 '주한미군 철수계획(CRAPAPPLE)'은 1948년 8월 15일부터 시작하여 12월 15일까지 완료한다는 것이었다(*FRUS, 1948*, vol. Ⅵ, p.1209). 여기서 철수기점인 8월 15일은 한국 정부가 7월 1일에 수립될 것이라는 판단에 따른 것이었으나, 실제로 8월 15일 정부가 수립되자 미 육군부는 철군일자를 30일 연기하도록 결정했다. 따라서 주한미군 철수는 9월 15일 시작하여 1949년 1월 15일 완료되도록 수정됐다(*Plan CRABAPPLE*, 18 June 1948, DA, P&O 091 Korea TS(18 June 48), RG319, NA).

국회에서도 이때를 놓치지 않고 미군 주둔을 다시 요청하게 됐다.[51]

이에 따라 미국 육군부는 1948년 11월 15일에 미 극동군사령관 맥아더(Douglas MacArthur) 원수에게 1개 연대 규모의 전투부대만 무기한 잔류시키되 7,500명을 넘지 말라고 지시했다.[52] 그러나 1948년 12월 12일 유엔총회가 한국을 승인하고, 그해 12월 25일 소련군이 북한에서 철수를 완료했다는 성명이 발표되자 미국도 주한미군 철수를 다시 논의하게 됐다. 그 결과 미국 국가안보회의는 1949년 3월 22일 NSC - 8/2를 통해 1949년 6월 30일까지 주한미군 철수를 완료하는 대신 한국에 군사장비 이양과 함께 군사고문단 설치, 100,400명(육군 65,000명, 해군 4,000명, 경찰 35,000명)의 병력을 지원하기로 결정했다.[53]

미국은 NSC에서 결정된 주한미군의 철수사항을 1949년 5월 17일에야 무초(John J. Muccio) 대사를 통해 이승만에게 알려 줬다.[54] 이때 이승만은 한국의 안보에 필요한 방위전략 구상을 무초 대사에게 제의했다. 이승만은 자신의 구상이 주한미군을 대신할 만한 충분한 가치가 있는 것으로 인식했고, 미국의 이러한 조치가 실현될 경우 전쟁억지력을 갖게 될 것으로 판단했다.[55]

51) 『동아일보』, 1948년 11월 20일 · 21일.

52) Saltzman to Wedemeyer(1948.11.9), *FRUS, 1948*, vol. Ⅵ, p.1324.

53) NSC - 8/2(1949.3.22), *FRUS, 1949*, vol. Ⅶ, Part.2, pp.969 - 978.

54) 1949년 5월 17일 무초 대사는 로버츠 군사고문단장과 드럼라이트 참사관을 대동하고 이승만을 예방했고, 대통령과 환담하는 자리에는 한국의 국무총리, 외무부장관, 국방부장관이 배석해 있었다. 이 자리에서 무초 대사는 이승만에게 1949년 6월 30일 주한미군 1개 연대 전투단이 완전 철수하게 될 것이라는 말 대신에 앞으로 수주일 내에 철수하게 될 것이라고 말했다. The Ambassador in Korea (Muccio) to the Secretary of State (1949.5.17), *FRUS, 1949*, vol. Ⅶ, Part.2, p.1029.

55) 이승만은 무초로부터 주한미군 철수 통보를 받기 약 1개월 전에 주한미군 철수에 대한 대비책을 생각하고 있었다. 이승만은 주한미군 철수 대가로 미국에게 20만 군대를 무장시킬

이승만의 전략구상은 첫째, 대서양조약(Atlantic Pact)과 유사한 태평양조약(Pacific Pact)의 체결, 둘째, 한·미 또는 다른 국가를 포함한 상호방위(mutual defense)협정의 체결, 셋째, 1882년 조미수호통상조약(朝美修好通商條約) 가운데서 미국의 우호조항(amity clause)을 재확인해 줄 것을 요구했다.[56]

이승만이 태평양동맹을 본격적으로 추진한 것도 주한미군 철수가 임박해질 때 나온 북대서양조약 때문이었다. 이승만은 서유럽에서 소련의 침략에 대한 집단안전보장책으로 미국과 캐나다를 포함한 유럽 16개국이 1949년 3월 18일 북대서양조약(North Atlantic Treaty)을 체결한 데 이어,[57] 그해 4월 4일 워싱턴에서 북대서양조약에 대한 조인식을 하자 태평양동맹을 실현하고자 노력했다.[58] 이승만은 이미 대통령 개인특사로 미국에 간 조병옥(趙炳玉)과 주미 한국대사 장면(張勉)에게 태평양동맹 결성을 미국 정부에 제안하도록 지시한 데 이어,[59] 대통령 자신도 이의 실현을 위한 활동

장비와 1백 대의 비행기를 요청하는 동시에 북으로부터 공격이 있을 경우 한국의 독립과 안전을 보장하는 한·미 간의 협정체결을 요구했다. ≪동아일보≫, 1949년 4월 15일.

56) The Ambassador in Korea(Muccio) to the Secretary of State(1949.5.17), *FRUS, 1949*, vol. Ⅶ, Part.2, pp.1029 - 1030.

57) 「北大西洋條約 다음에 올 것」, 『朝鮮日報』, 1949년 3월 25일.

58) 『朝鮮日報』, 1949년 5월 3일.

59) 조병옥은 대통령 개인특사 겸 유엔대표단장으로 1949년 3월 14일에 미국에 파견됐고(『朝鮮日報』, 1949년 3월 25일), 초대 주미한국대사로 임명된 장면은 1949년 3월 25일 트루먼 대통령에게 신임장을 봉정했다. 이 두 사람은 이승만의 지시로 미국과의 군원 교섭을 비밀리에 진행했다. 이들의 특별임무 속에는 태평양동맹 교섭도 있었다. 조병옥은 3월 24일 애치슨 국무장관을 만나 군사원조 내용을 서면으로 제출했고, 장면과 조병옥은 4월 2일 웨드마이어 장군을 예방하고 한국방위문제와 대한군사원조를 역설했다. 4월 5일에는 미하원외교분과위원장 키(Kee)를 만나 대한군원과 태평양동맹을 제안했다. 장면 대사는 이승만의 지시로 6월 27일 트루먼 대통령을 예방하고 주한미군의 주둔 필요성과 태평양조약 체결을 요청했다. 朴實, 『韓國外交秘史』(서울: 麒麟苑, 1980), pp.92 - 99; 서울신문특별취재팀 편, 『韓國外交秘錄』(서울: 서울신문사, 1984), pp.205 - 210.

에 들어갔다.

이승만은 1949년 5월 2일 트루먼 대통령에게 한미방위군사협정 체결과 함께 북대서양조약과 같은 태평양동맹을 요청했다.[60] 5월 11일에는 주미 자유중국대사가 태평양동맹 결성을 애치슨 국무장관에게 정식으로 제의했고, 여기에 태평양 연안국가인 필리핀과 호주의 유엔대표들도 동조하고 나섰다. 그중 필리핀의 유엔대표 로물로(Carlos P. Romulo) 준장과 필리핀 대통령 키리노(Elpidio Quirino)가 태평양동맹 결성에 열성적이었다.[61] 한국에서도 그해 5월 18일과 5월 20일에 임병직(林炳稷) 외무장관과 이승만이 각각 반공진영의 결성체로서 태평양동맹의 필요성을 강조하고 나섰다.[62]

한편 태평양동맹 결성에 적극성을 보인 사람은 중국의 국공내전(國共內戰)에서 공산군에 밀려 패색이 짙어 가고 있던 장개석(蔣介石) 국민당 총재였다. 장개석은 태평양동맹 결성을 위하여 직접 관련국을 방문하는 외교활동을 벌였다. 장개석은 1949년 6월 12일 개인 자격으로 필리핀을 방문하여 키리노 대통령과 태평양동맹에 관한 의견을 교환했다. 그해 7월 6일에는 한국을 비공식 방문하여 진해에서 이승만과 태평양동맹에 관해 논의했다.[63] 그해 7월 10일 장개석은 키리노 대통령의 초청을 받고 필리핀을 방문하여 피서지 바기오(Baguio)에서 아시아 반공블록으로서의 태평양동맹 결성을 제의했다.[64]

---

60) 『朝鮮日報』, 1949년 5월 3일.
61) *FRUS, 1949*, vol.Ⅶ, Part.2, pp.1123 - 1128, 1142 - 1143.
62) 『朝鮮日報』, 1949년 5월 19일; 『朝鮮日報』, 1949년 5월 21일.
63) 『朝鮮日報』, 1949년 7월 8일.
64) The Charge in the Philippines(Lockett) to the Secretary of State(1949.7.8), *FRUS*,

장개석-키리노의 태평양동맹 회담에 가장 고무된 사람은 이승만이었다. 이승만은 그해 8월에 장개석과 키리노를 한국에 초청했다. 태평양동맹 문제로 한국·필리핀·자유중국은 긴밀한 관계를 유지하게 됐고, 이 과정에서 한국과 자유중국은 정식으로 외교관계를 수립하게 됐다.[65] 장개석은 이승만의 초청으로 1949년 8월 6일 진해(鎭海)를 방문하여 이승만과 태평양동맹을 논의했다.[66] 그러나 8월 6일 미국 정부가 「중국백서(the White Paper on China)」를 발표하여 무능하고 부패한 장개석 정부를 더 이상 원조할 가치가 없다고 함으로써 이 회담에 찬물을 끼얹었다. 이에 이승만-장개석 회담은 태평양동맹이 국제공산주의 저지에 크게 공헌할 수 있다는 공동성명서만 남기고 8월 8일 끝났다.[67] 그 후 미국의 간섭으로 필리핀의 키리노 대통령과 로물로 유엔대표가 태평양동맹에서 빠지자 이승만과 장개석이 주도했던 태평양동맹은 힘을 잃게 됐다.[68]

한편 이승만은 주한미군 철수에 따른 한반도에서 안보 공백을 메우기 위해 진해를 미국의 해군기지로 제공하겠다고 제의했다. 이

1949, vol.Ⅶ, Part.2, pp.1151 - 1152.

65) 「韓·中關係의 新 展開」, 『朝鮮日報』, 1949년 7월 17일. 한편 1949년 7월 28일 주한초대 중국대사 소육린(邵毓麟)이 이승만에게 신임장을 봉정했다. 이승만은 신임장을 받은 뒤 소육린 대사를 별실로 안내하여 장개석의 방한문제를 협의했다. 이 자리에서 장개석의 방한일정이 8월 6일부터 8일까지, 그리고 장소는 진해로 결정됐다. 또 태평양동맹에 관한 추진계획과 장개석의 밀서도 전달됐다. 朴實, 『韓國外交秘史』, p.110.

66) 이승만과 장개석 간의 진해회담에 관해서는 다음의 문헌을 참고할 것. 오진근·임성채 공저, 『해군창설의 주역 손원일 제독: 가슴 넓은 사나이의 사랑이야기』(상)(서울: 한국해양전략연구소, 2006), pp.260 - 271; 朴實, 『韓國外交秘史』, pp.108 - 117; 서울신문특별취재팀 편, 『韓國外交秘錄』, pp.187 - 197; 邵毓麟, 「使韓回憶錄」, 『政經研究』 164호(1978.10), 165호(1978.11).

67) The Ambassador in Korea (Muccio) to the Secretary of State (1949.8.8, 1949.8.12), *FRUS, 1949*, vol.Ⅶ, Part.2, pp.1184 - 1185; The Ambassador in Korea (Muccio) to the Secretary of State (1949.9.19), *FRUS, 1949*, vol.Ⅶ, Part.2, pp.1080 - 1082.

68) 李昊宰, 『韓國外交政策의 理想과 現實』, pp.304 - 311.

승만은 진해항 교섭을 위해 그의 정치고문인 윌리엄스(J. J. Williams)를 앞세웠다. 윌리엄스는 1949년 6월 초순 미국 퇴역 해군제독 코프만(Kauffman)을 만나 진해 해군기지의 재건립과 한국 해군장교 양성을 지도해 달라고 요청했으나 거절당했다. 그 후 윌리엄스는 미국 해군참모총장 덴펠드(Louis E. Denfeld)와 진해 해군기지 문제를 놓고 교섭했으나 실패했다.[69] 이승만은 여기서 끝내지 않고 1949년 7월 8일 빈포드(T. H. Binford) 제독이 이끄는 태평양함대 소속의 미군함대의 한국방문을 기회로 손원일(孫元一) 해군총참모장에게 태평양함대사령관 래드포드(Arthur W. Radford) 제독 앞으로 편지를 쓰게 했다. 손원일 제독은 7월 18일 래드포드 제독에게 미함대의 방문에 감사를 표시하면서 진해를 비롯해 부산과 인천 등의 항구를 기지로 제공하겠다고 했으나, 이것마저도 실패했다.[70]

또한 이승만은 1949년 5월 2일 북대서양조약 결성에 즈음하여 "미국이 한국과 군사방위동맹을 체결할 경우 한국의 국내치안 유지에 크게 도움이 되고, 아시아에서의 반공투쟁에도 좋은 영향을 줄 것"이라고 말했다. 그러나 미국은 "방위동맹을 체결할 의사가 없다."고 밝혔다.[71] 나아가 무초도 5월 7일 기자회견을 통해 "미국은 제퍼슨(Jefferson) 대통령 이래 어느 국가와도 상호방위동맹을 체결한 일이 없다."라고 말함으로써 동맹체결의 가능성을 부정했다.[72] 이 문제는 1950년 1월 12일 애치슨 국무장관이 한국이 미국의 극동방위선에 포함되지 않았다고 발표하자, 그해 3월 8일 이승

<hr>

69) Ibid., pp.296 – 297.
70) 朴實, 『韓國外交秘史』, pp.95 – 96.
71) 『朝鮮日報』, 1949년 5월 3일.
72) 『朝鮮日報』, 1949년 5월 9일.

만은 "국무부는 현재의 미국 방위선 개념을 바꾸어 한국을 포함시켜야 한다."고 주장했다.[73]

이 외에도 이승만은 북한과 우리 국민에 미칠 심리적 효과를 고려하여 각 군이 방위하는데 필요할 만큼의 전력을 갖추게 해 달라고 요청했으나,[74] 미국은 한국의 산악지형에 전차가 적합하지 않을 뿐만 아니라,[75] 이승만이 기도하는 북진통일에 이들 무기가 악용될 것을 우려하여 제공하지 않았다. 1950년 1월 로버츠(William L. Roberts) 군사고문단장은 성명을 통해 "한국이 북한을 공격한다면 미국은 경제·군사원조를 모두 중단할 것이다. ……미군이 철수할 때 한국군에게 이월한 무기는 전차와 비행기를 제외한 소구경의 대포를 포함한 방어무기들로서 이는 남한이 무력통일을 위해 전쟁을 일으키는 것을 방지하기 위한 것"[76]이라고 발표함으로써 이를 입증하고 있다.

이렇듯 이승만의 한반도 방위전략구상은 미국의 오해 및 무관심으로 실현되지 못했다. 전쟁 이전 이승만은 아무런 대비 없이 그저 전쟁을 기다리고 있었던 것이 아니라, 전쟁억지를 위해 국군을 아시아 최고의 반공 군대로 육성하고, 주한미군 주둔연장을 요청했다. 그러나 미국의 소극적인 대한 정책과 전략으로 이의 실현이 불가능해지자 태평양동맹과 한미동맹, 진해기지 제공, 그리고 국군 증강을 위해 노력했다. 그러나 이 모든 노력이 미국의 반대로 이

---

73) 로버트 올리버 저·황정일 역, 『신화에 가린 이승만』, p.317.

74) Ibid..

75) 1949년 10월 한국 국방장관은 미국에 M-26전차 189대를 요청했으나 한국의 지형과 도로 조건을 들어 반대했다(Appleman, *South to the Naktong, North to the Yalu*, p.16).

76) Report of UNTOCK covering period 15 December 1949-4 September 1950, UN Document, A/1350 (New York, 1950), p.10.

루어지지 못했다. 결국 이승만의 전쟁 이전 한반도 방위전략 구상은 전쟁을 거치며 모두 실현되었는데, 이는 이승만의 현실 국제정치인식에 따른 정확한 판단과 위기관리능력을 확인해 주는 증좌(證左)라 아니 할 수 없다.

3. 전쟁 발발 후 이승만의 전쟁목표와 수행방식

(1) 이승만 대통령의 전쟁수행목표

이승만이 북한의 기습남침으로 시작된 전쟁에서 얻고자 했던 것은 무엇이었을까? 이승만은 평생을 국권회복과 수호를 위해 노력했다.[77] 이승만에게 있어서 국권회복은 일제강점기로부터 건국 이전까지의 목표였고, 국권수호는 대한민국 정부 수립 이후부터 한반도에서 통일된 자주 민주국가가 건설될 때까지의 목표였다. 이승만은 국권수호 이외의 문제들은 모두 부차적인 것으로 보았다. 국민의 복리증진도 주권이 굳건해진 다음에야 가능하다고 생각했다. 또한 한반도에 영향력을 행사하는 외국정부도 모두 자국의 이익에 우선하여 행동한다는 점에서 북한을 차지한 소련도 일본이 한국을 점령했을 때와 다르지 않다고 보았다. 따라서 신탁통치나 군정을 독립이 보장되지 않는 외세의 착취수단으로 여겼다.[78]

---

77) 로버트 올리버 저·황정일 역, 『이승만: 신화에 가린 인물』, p.309.
78) Ibid.

이승만은 국권회복을 위해 대통령이 되기 이전에는 항일독립운동을 했고, 또 광복 이후 미·소의 냉전구도하에서는 한반도의 완전한 자주·민주·통일국가의 수립이 어렵다고 보고 남한만의 단독정부 수립을 통한 국권회복에 노력했고, 대통령이 된 후에는 국권을 지키고자 노력했다. 즉 이승만은 정부수립 이후 추진되었던 연합국방에 기초를 두고서 주한미군 주둔, 한미동맹, 태평양동맹, 국군의 전력증강, 그리고 미국으로부터 한국방위보장의 선언을 얻고자 노력했다. 물론 이승만의 완전한 국권수호는 유엔의 한반도통일안이자 미국의 대한정책목표인 한반도에서의 통일·자주·독립된 한국(a united, self-governing, sovereign Korea)이었다.[79]

이렇게 볼 때 이승만의 국권수호는 크게 두 가지로 구분할 수 있다. 먼저, '협의의 국권수호'는 유엔감시하에 남한지역에서 실시되어 수립된 대한민국의 국권을 공산침략으로부터 지키는 것이고, '광의의 국권수호'는 대한민국이 주체가 되어 한반도에 통일된 자주 민주국가를 수립하는 것이다. 이는 제헌헌법에 명시된 '대한민국은 민주공화국(헌법 제1조)'이라는 국체와 정체를 포함할 뿐만 아니라, "대한민국의 영토는 한반도와 그 부속도서로 한다(헌법 제4조)."는 헌법 정신에도 부합되는 것이다.

북한의 불법남침으로 전쟁이 일어나자 이승만은 광의의 국권수호(북진통일)를 전쟁수행목표로 설정하고 이를 위해 매진했다. 이승만이 국가원수로서 또는 국군통수권자로서 전쟁을 통해 얻고자 했던 국권수호는 그의 전쟁지도의 핵심이었다. 한반도 통일을 지향

---

79) The Position of the United States with respect to Korea the Problem, NSC-8 (1948.4.2), p.1.

하는 이승만의 국권수호라는 전쟁목표는 북진정책 또는 북진통일로 정립됐다.[80] 이승만은 북진통일을 달성하기 위해 국군에게 내린 38도선 돌파명령, 38도선 무용론, 압록강 및 두만강으로의 진격, 국군단독의 북진 등은 이러한 배경에서 나왔다. 그렇기 때문에 이승만은 이에 대해서는 조금도 양보하지 않았다. 여기에는 미국이나 유엔, 그리고 유엔군으로 참전한 자유 우방국도 예외가 되지 못했다. 이승만이 전쟁수행 과정에서 보여 준 북진통일에 대한 지나칠 정도의 집념과 무리수를 둔 외교 행보가 부담이 되기도 했다. 영국의 전 수상 처칠(Winston Churchill)은 "영국이 이승만을 위한 북한 정복전쟁에 나서서는 안 된다."고 주장했고, 미국이 이승만의 북진정책에 동조할 때는 "미국을 좌지우지하면서 미국을 자신의 정치 쇼에 이용하고 있다."고 비난했다.[81]

하지만 이승만이 전쟁수행목표를 달성한 데에는 근본적으로 한계가 있었다. 그것은 대한민국 건국의 후견인이자 전쟁의 주도국으로 한국을 물심양면으로 지원했던 미국의 전쟁수행정책과 전략 속에 담긴 정책적 제한 요소 때문이었다. 미국이 전쟁에 참전하면서 표방했던 전쟁목표는 전쟁 이전 상태의 회복이었다.[82] 그러나 미

---

80) 주한미군 철수 이후 이승만에게 있어 북진통일은 국가의 운명이 걸린 국가 생존전략이었다. 당시 전차나 전투기 등을 보유하고 있지 않은 한국의 전력으로 볼 때 이승만의 북진정책 내지는 북진통일론은 허황된 것이었다. 그럼에도 불구하고 이승만이 북진통일을 내세웠던 것은 두 가지 이유에서이다. 그 하나는 북한과의 정통성 경쟁에서 우위를 차지하기 위한 정치적 선전도구로 활용하기 위함이었고, 다른 하나는 주한미군이 철수하는 시점에서 철군에 따른 미국의 보장 및 군사지원을 얻기 위한 고육지책(苦肉之策)이었다. 북진통일은 미국의 반발과 경계를 불러오는 역효과를 가져왔다. 김일영, 「6·25전쟁 직후 한미동맹의 성립과 의의」, 국가보훈처 편, 『학술논문집: 나라사랑 국가수호정신』(서울: 국가보훈처, 2005), pp.354-356. 따라서 이승만의 실현성 없는 이러한 북진정책을 '공갈(恐喝, Bluff)'정책으로 혹평하기도 한다. 李昊宰, 『韓國外交政策의 理想과 現實』, pp.359-360.

81) 로버트 올리버 저·황정일 역, 『이승만: 신화에 가린 인물』, p.342.

82) UN Security Council res. 82(S/1501), 25 June 1950; UN Security Council res.

국의 전쟁수행의 전제조건은 제3차 세계대전의 방지였고, 미국은 이를 벗어나지 않으려고 했다.[83]

미국의 전쟁지도부도 소련과의 전면전을 피하기 위해 북진할 때도 "소련이나 중공이 개입할 징후가 없을 경우에만 국한한다."라는 단서를 달았다.[84] 인천상륙작전 이후 38도선을 돌파할 때 미국의 전쟁지도부는 "소련이나 중공의 개입이 없을 경우에 한해서 북진을 실시하도록 했고, 그것도 소만 국경지역에서는 한국군이 전담하도록" 지시했던 것도 이러한 배경에서이다.[85]

그러나 중공군이 개입하자 미국의 전쟁수행목표는 "미국이 한국에서 최종적으로 달성하고자 한 통일·자주·민주 한국이 현실적으로 어렵다고 보고, 대신 38도선을 확보할 수 있는 선에서 휴전협정을 체결한 뒤 적당한 시기에 한국군을 제외한 외국군을 철수시키되 북한의 남침에 대비하여 한국군의 전력을 증강시킨다."는 것으로 선회했다.[86] 실제로 미국은 한국 정부의 강력한 휴전반대

83(S/1511), 27 June 1950; Sydney D. Bailey, *The Korean Armistice*(New York: St. Martin's Press, 1992), pp.209 – 210.

83) The Position and Actions of the United States With Respect to Possible Further Soviet Moves in the Light of the Korean Situation, NSC – 73, July 1, 1950.

84) A Report to the National Security Council by the Executive Secretary on United States of Action with respect to Korea, NSC – 73/4, August 25, 1950.8.25; *FRUS, 1950*, Vol. I , pp.375 – 389; James F. Schnabel and Robert J. Watson, *A History of the Joint Chiefs of Staff, 1950 – 1951*, vol. III : *The Korean War* (Washington, D.C.: Office of Joint History, Office of the Chairman of the JCS:1998), p.97.

85) Division of Historical Policy Research, Department of State, *American Policy and Diplomacy in the Korean Conflict*, Part.6, p.118; *FRUS, 1950*, Vol.VII, p.785; The Secretary of Defense(Marshall) to the Commander in Chief, Far East (MacArthur), September 29, 1950, *FRUS, 1950*, Vol.VII, p.826.

86) United States Objectives, Polices and Courses of Action in Asia, May 17, 1951, *FRUS, 1951*, Vol.VII, pp.439 – 442.

에도 불구하고 이러한 종전정책에 따라 공산 측과 휴전협정을 체결하게 됐다.

이렇듯 이승만의 북진통일로 대표되는 전쟁수행목표는 미국의 전쟁목표에서 제시하는 조건에 따라 직접적인 영향을 받았다. 즉 미국의 전쟁목표를 수행함에 있어서 소련이나 중공이 개입할 징후가 없을 경우에는 한미 양국이 공동의 전쟁목표를 달성하기 위해 38도선 돌파 및 한만국경으로의 북진을 결행했다.

그러나 중공의 직접적인 개입 또는 소련이 제3차 세계대전을 감수할 의도가 있다고 판단될 때 미국은 한반도에서의 철수 내지는 38도선에서의 휴전정책을 추구함으로써 한미 간 갈등요인이 되었다. 그러나 이승만은 국군 단독으로 실현가능성이 없는 북진통일을 포기하는 대가로 미국으로부터 전후 한국의 안보를 보장받을 수 있는 한미상호방위조약과 한국군 증강에 대한 지원을 얻어 냈다.

(2) 이승만 대통령의 전쟁수행방식

6·25전쟁은 대한민국의 존립을 위협하는 중차대한 국가적 위기뿐만 아니라 안보 및 경제적 측면에서 자주성을 확보하지 못하고 있던 통수권자 이승만에게 크나큰 위기였다. 그는 북한의 침공을 받고 대한민국의 힘만으로는 '협의의 국권수호'마저도 어렵다고 생각했고, 미국의 참전과 유엔의 협력을 얻고자 노력했다. 그는 이것을 국가원수로서 할 수 있는 가장 중요한 일이라고 판단하고, 그가 할 수 있는 일에 최선을 다했다. 이를 위해 이승만은 전쟁 당일

부터 전쟁 해결의 근본적 치유책이 될 미국의 군사지원을 얻는 데 힘썼다. 이승만은 국내문제 및 군사상의 작전지도에 대해서는 국방장관과 육군총참모장에게 위임했고, 자신은 미국의 지원을 얻기 위한 전시외교에 심혈을 기울였다. 이승만은 무초 미국대사, 장면 주미대사와 한표욱(韓豹頊) 참사관, 미 극동군사령관 맥아더 장군 등과 긴밀한 접촉을 통해 한국사태를 해결하고자 노력했다.

이승만은 전쟁 당일인 6월 25일 오전 11시 35분에 무초 미국대사의 방문을 받고 전쟁사태에 관한 중요한 의견을 교환했다. 이승만은 전쟁 발발 약 7시간 만에 전쟁을 어떻게 수행해야 될 것인지를 무초와의 회담에서 밝혔다. 그는 "국군에게 시급히 필요한 소총과 탄약을 미국에게 요청하면서 서울에 계엄령을 선포하고 국민들을 총력전 태세로 지도하겠다."고 말했다. 특히 그는 "한국이 제1차 세계대전의 배경이 되었던 제2의 사라예보(Sarajevo)가 되어서도 안 되겠지만 이 위기를 이용하여 절호의 기회가 될 '한국의 통일문제'를 해결해야 한다."는 입장을 표명했다. 그리고서 그는 "미국의 여론이 공산주의 침략에 더욱 강력하게 대응하고 있다."고 덧붙였다. 다음은 무초 대사가 이승만과의 대화 내용을 그날 14시에 전문을 통해 국무장관에게 보고한 것이다.

내(무초)가 보기에 대통령(이승만)은 상당히 긴장한 듯 보였으나 태연한 태도를 잃지 않았다. 나는 대통령에게 (경무대에) 오기 직전에 육군본부를 방문했는데 이 사태를 해결하고자 참모부와 미고문단이 분주하게 움직이는 것을 보았다고 말했다. 나는 10시에 연합군최고사령관(SCAP: Supreme Commander Allied Powers)에게 한국 상황을 알려 주었다. 대통령은 나에게 한국은 더 많은 무기, 즉 소총과 탄약이 필요하다고 말했다. 대통령은 한국 정부에는 암호장비가 없기 때문에 맥아더 장군에게 (이 사실을) 알리지 못했다고 말했다.

…… 나는 대통령에게 미고문단이 38도선의 모든 한국군 사단에서 함께 근무하고 있기 때문에 한국군의 사기에 도움을 줄 것이라고 말했다. 대통령은 이 사태를 논의하기 위해 14시에 국무회의(a cabinet meeting)를 개최할 것이라고 말했다. 또한 대통령은 서울에 계엄령(martial law) 선포를 고려하고 있으며, 국민들에게 이 사실을 알려야겠다고 말했다. 대통령은 필요할 경우 모든 남녀와 어린아이들까지도 돌멩이나 몽둥이라도 들고 나와 싸워야 한다는 것을 호소해 왔다고 말했다. 대통령은 국민들이 이런 방식을 택해서라도 그를 지지할 것으로 생각하는 것 같았다. 대통령은 무기와 탄약이 가용하다면 국민들의 사기가 올라갈 것이라고 말했다.

…… 대통령은 한국이 제2의 사라예보가 되는 것을 피해야 하고, 현재의 위기가 한국 문제를 해결할 수 있는 단 한 번뿐인 '절호의 기회(best opportunity)'를 제공하게 될 것이라고 말했다. (그리고서) 대통령은 미국 여론은 공산주의 침략에 대해 더욱더 강력하게 대응하고 있다고 말했다.[87]

무초 미국대사와 회담을 마친 이승만은 13시경 국제전화로 주미대사관의 한표욱 참사관과 장면 대사에게 "저놈들이 쳐들어 왔어. 우리 국군은 용맹스럽게 싸우고 있다. 그러나 우리의 힘으로 격퇴할 수 있을지 걱정이다. 우리는 끝까지 싸울 결심과 각오를 가지고 있다. 어떻게 하든 미국의 원조가 시급히 도착하도록 노력해야겠다."라고 지시했다.[88] 이때 장면 대사와 한표욱 참사관은 국무부와 긴밀한 협조체계를 유지하고 있었다.

이승만의 지침을 받은 장면 대사는 6월 25일 14시 10분(워싱턴 시각 25일 01시)에 국무부를 방문하고 한국의 지원요청 내용을 전달했다. 이때 미국은 "이 문제를 유엔에 제기하기 위해 안전보장이사회 소집을 요구했다."고 알려 줬다.[89] 한편 미국이 공식 요청한

---

87) The Ambassador in Korea(Muccio) to the Secretary of State(1950.6.25), *FRUS, 1950*, Vol.Ⅶ, pp.129 - 131.

88) 韓豹頊, 『韓美外交요람기』, pp.76 - 77.

89) Ibid., pp.76 - 78.

안전보장이사회가 6월 26일 새벽 3시(미국시각 25일 14시)에 개최됐다.90) 개회와 더불어 유엔사무총장이 유엔한국위원단의 보고서를 인용해 "유엔군 침략에 직면한 한국의 평화와 안전을 회복하기 위한 조치를 취해야 한다."라고 강조했다. 다음에는 유엔주재미국대표인 그로스가 무초 대사의 보고서를 토대로 사태를 설명하고 결의한 초안을 낭독한 후, 피해 당사국인 한국대표의 호소를 듣자고 제안했다. 장면 대사는 "북한의 우리에 대한 침략은 인류에 대한 죄악이다. 한국 정부수립에 유엔이 큰 역할을 했는데 평화유지에 기본 책임을 지닌 안보리가 침략을 적극 저지하는 것은 당연한 의무이다."라는 요지의 성명문을 낭독했다.91) 장면 대사의 유엔 연설은 미국의 적극적인 지원 덕분이었다.

이승만은 6월 26일 새벽 3시에 맥아더 장군에게 전화를 걸어 "오늘 이 사태가 벌어진 것은 누구의 책임이요. 당신 나라(미국)에서 좀 더 관심과 성의를 가졌더라면 이런 사태까지는 이르지 않았을 것이요. 우리가 여러 차례 경고하지 않았습니까? 어서 한국을 구하시오."라고 말했다.92) 이승만은 미국의 지원과 참전을 얻어 내기 위해 다방면으로 노력했다. 그러나 한국의 전선 상황은 더욱 어렵게 되어 가고 있었다. 북한군이 6월 27일에는 서울 북쪽 외곽까지 진출해 있었고, 주한 외국인들과 군사고문단도 철수하고 있었다. 상황이 급박하게 돌아가자 이승만은 6월 27일 01시경(미국시각 26일 12시) 두 번째로 주미대사관에 전화를 걸어 "일이 맹랑하

---

90) 韓豹頊, 『韓美外交요람기』, p.81.
91) Ibid., pp.80 - 84.
92) 프란체스카 여사, 「6·25와 이승만 대통령」(1), 『중앙일보』, 1984년 6월 24일.

게 되어 가고 있다. 우리 국군이 용감히 싸우긴 하나 모자라는 게 너무 많다. 즉각 장(張) 대사를 모시고 트루먼 대통령을 만나 군사 원조의 시급함을 설명하고 협조를 요청하라."고 지시했다.[93]

장면 대사는 그날 15시(한국시각 27일 04시경)에 백악관으로 트루먼 대통령을 예방했다. 이때 트루먼 대통령은 "한국 정부·국민·국군이 용감하게 싸우고 있으며 국민들이 여러 가지 고난을 당하고 있는 것을 잘 알고 있다. 미국 독립전쟁 때 미 독립군이 무기·식량난에 어려움을 겪으며 낙담하고 있을 때 프랑스의 라파예트 (de La Fayette, 1757~1834) 장군이 우리를 도와준 적이 있다. 또 1917년 유럽 제국이 독일의 침공을 받아 존망의 어려움을 겪었을 때 미국은 그 지원에 나선 적이 있다."라고 말하면서 장면을 격려했다.[94] 이는 트루먼이 한국의 지원을 우회적으로 표명한 것이었다.

이승만의 전쟁수행방식의 1차 목표는 미국을 한국 전선으로 끌어들이는 것이었다. 이를 위해 대미 외교에 매진했다. 결국 이승만의 노력으로 트루먼은 역사적 사례를 들어가며 한국의 지원을 장면 대사에게 시사했던 것이다. 트루먼의 한국지원은 서울이 함락된 다음 날 그 일단이 드러나기 시작했다. 트루먼 대통령은 6월 29일 NSC에서 "나는 북한군을 38도선 이북으로 격퇴하는 데 필요한 모든 조치를 취하기를 원한다. ……나는 우리(미국)의 작전이 그곳 (한국)의 평화를 회복하고 국경을 회복하는 것이라는 것을 명확히 이해해 주기를 원한다."[95]라고 말하면서 미국의 참전의지와 전쟁

---

93) 韓豹頊, 『韓美外交요람기』, p.86.
94) Ibid., pp.86 – 87.
95) Truman, *Years of Trial and Hope*, Vol. Ⅱ, p.388.

정책을 밝혔다. 미국은 이러한 전쟁정책과 목표를 달성하기 위해 6월 25일과 27일 유엔 안전보장이사회의 결의안 채택에 따라 해·공군을 먼저 파병했고, 뒤이어 6월 30일 국가안보회의의 결정에 따라 지상군 파병을 결정했다.[96] 또한 미국의 전쟁지도부는 참전 결정과정에서 "제3차 세계대전을 방지하면서 한국에서의 전쟁은 유엔을 통해 해결한다."고 밝혔다.[97] 미국은 이승만의 뜻대로 참전을 하게 됐다.

이승만은 미국의 참전과 유엔의 한국지원을 획득한 다음에는 총력전으로 전쟁을 지도했다. 6·25전쟁은 정규군만으로는 전쟁을 치를 수 없을 정도로 치열했고, 전장은 독일의 루덴도르프(Erich von Ludendorff)가 말한 전후방이 따로 없는 전형적인 총력전 양상을 띠고 있었다.[98] 6·25라는 민족 최대의 국가적 위기상황을 맞이했던 한국인은 남녀노소 할 것 없이 거동할 수 있는 사람은 모두가 자발적으로 군대에 입대함은 물론이고, 각종 조직을 결성하여 혈전의 현장으로 달려갔다. 여기에는 15세부터 17세까지의 소년지원병과 학생신분의 학도의용군, 미군의 군복에 한국군 계급장을 달고 싸운 카투사, 미군 전투병력 10만 명의 파병을 절약해 준 지게부대인 노무자, 40여 개에 이르는 국군 및 유엔군 통제하의 유격대, 우익청년들로 구성된 대한청년단, 국립경찰, 여군, 반공인사들로 구성된 자생 유격대, 그리고 예비전력으로서 국민방위군 등 다

---

96) 남정옥, 「6·25전쟁 초기 미국의 정책과 전략, 그리고 전쟁지도」, 『軍史』 59호(서울: 국방부군사편찬연구소, 2006.), pp.59 - 60.

97) 남정옥, 「6·25전쟁 초기 미국의 정책과 전략, 그리고 전쟁지도」, p.59.

98) Ian F. W. Beckett, "Total War," in Clive Emsley, Arthur Marwick and Wendy Simpson at the Open University, *War, Peace and Social Change in Twentieth - Century Europe* (Milton Keynes·Philadelphia: Open University Press, 1989), p.26.

양한 참전단체 및 국민들이 동참하여 누란의 위기에 처한 국가를 위해 전선에 뛰어들었다.[99)

이렇듯 이승만은 6·25라는 국가적 위기를 오히려 호기로 판단하고 전쟁을 지도해 나갔다. 미국을 비롯한 유엔은 이승만이 바라는 대로 한국을 지원하기 위해 참전했고, 이승만은 전쟁 당일 무초 미국대사에게 말했던 것처럼 전 국민이 동참하는 총력전하에서 전쟁을 수행해 나갈 수 있게 됐다. 그는 비로소 마지막 기회가 될 완전한 국권수호를 위해 할 수 있는 모든 준비를 갖추게 됐다. 그에게는 유엔군의 일원으로서 자신의 전쟁목표인 북진통일을 위한 힘찬 행군만이 남아 있었다.

4. 전쟁 중 이승만의 전쟁지도

이승만의 전쟁지도 관점에서 볼 때 6·25전쟁은 크게 2단계로 구분할 수 있다. 그것은 북한의 기습남침과 미국 지상군의 참전 이후이다. 시기구분은 6·25전쟁 양상의 변화적인 측면과 한국 정부, 즉 이승만의 전쟁지도라는 측면에서 한국이 전쟁을 통해 추구하고자 했던 전쟁목표와 전쟁수행정책의 일관성을 고려한 것이다.

먼저, 전쟁 양상의 변화라는 측면에서 볼 때 6·25전쟁은 최초 북한의 기습남침으로 일어난 '사변(事變) 또는 동란(動亂)'의 성격

---

99) 하재평, 「한국전쟁 시 국가총력전 전개양상: 참전단체 및 조직의 활동을 중심으로」, 『戰史』 3호(서울: 국방부 군사편찬연구소, 2001), pp.2 - 3.

을 띤 북한과 한국 간의 양자대결이었으나, 유엔의 결의에 따라 북한이 국제평화를 파괴한 '불법 침략자'로 낙인찍히면서 미 지상군이 참전하면서부터 전쟁 양상은 국제전 양상을 띠게 됐다. 이러한 국제전 성격은 중공의 개입 이후 더욱 뚜렷해졌다. 이승만의 전쟁목표는 이 두 시기 전쟁수행방식에서 방법만 달리했을 뿐 완전한 국권수호와 북진통일로 불변했다.

둘째, 6·25전쟁을 통해서 나타난 이승만의 전쟁지도는 일관성을 유지했다. 일견(一見), 6·25전쟁에서 이승만의 전쟁지도가 없었다거나, 있었다 하더라도 미군 참전 이후 또는 이승만이 부산으로 떠난 이후 그리고 이승만이 유엔군사령관에게 한국군 지휘권을 이양한 이후에는 통수권 차원의 전쟁지도를 하지 못했다는 반론도 있다.[100]

그렇지만 이승만이 6월 25일 오전 무초 미국대사의 예방을 받고 전쟁에 대한 대책을 논의하는 자리에서 '북한의 남침이 통일을 위한 절호의 기회'가 될 수 있을 것이라고 말한 데에서도 알 수 있듯이, 이승만의 전쟁목표는 한반도 통일이었고 그 방식은 힘에 의한 북진통일이었다. 그의 이러한 전쟁목표는 전쟁수행방식만 달리했을 뿐 전쟁기간 내내 유지됐다. 다만 전쟁 초기 이를 달성하기 위한 단기목표로 그는 미군과 유엔군의 지원을 얻는 데 총력을 기울였고, 미국이 참전한 이후에는 전쟁 국면의 변화와 관계없이 북진통일을 위해 매진했다.

---

100) 이에 대해 온창일 박사는 미군 참전 이후 이승만의 전쟁지도 부재론을 주장하고 있다. 그는 "이 대통령이 대전을 떠나던 날('50. 7. 1)로부터 전쟁이 종결될 때까지 그가 실시한 전쟁지도는 정치적인 문제와 연관이 있는 군사조치나 군사작전에 국한되어 실시했다."고 말했다. 온창일, 「전쟁지도자로서 이승만 대통령」, p.219.

(1) 북한 남침 이후부터 미국 지상군 참전 이전까지
   ('50. 6. 25~6. 30)

이 시기는 6월 25일 04시 북한의 기습남침으로부터 개전 당일 서울의 관문인 개성과 동두천이 함락된 데 이어 4일 만에 수도 서울이 함락되고 병력과 장비의 절반을 상실한 국군이 한강 남쪽으로 밀려나 최후의 방어선을 편성한 6월 30일까지의 상황이다. 북한군은 1950년 6월 25일 04시를 전후하여 전 전선에 걸쳐 포격을 개시했고, 동해안에서는 특수훈련을 받은 부대를 강릉일대와 부산지역으로 상륙시키려고 했다.[101]

6월 25일 10시부터는 벌써 북한 비행기가 김포와 여의도 공군기지를 정찰한 후 정오경에는 야크(YAK) 전투기 4대가 서울상공에 출현하여 용산역과 통신소 등 서울시내 주요 시설에 기총소사를 하고 폭탄을 투하함으로써 육상·해상·공중 등 3면에서 공격을 감행해 왔다.[102]

특히 북한은 이날(6월 25일) 오전 11시경 평양방송을 통해, "북한군은 자위조치로써 반격을 가하여 정의의 전쟁을 시작했다."고 하면서 선전포고를 했고,[103] 13시 35분에 김일성은 "남한이 북한의 모든 평화통일 제의를 거절하고 이날 아침 옹진반도에서 해주로 북한을 공격했으며, 이는 북한의 반격이라는 중대한 결과를 가

---

101) 국방부군사편찬연구소, 『북한의 전면남침과 초기방어전투』2(서울: 군사편찬연구소, 2005), p.55.

102) 합동참모본부, 『한국전사』(서울: 합동참모본부, 1984), p.787.

103) Muccio to the Secretary of State, June 25, 1950, *FRUS 1950*, Vol. Ⅶ, p.132.

져왔다."고 남침은폐용 방송을 했다.104) 이렇게 시작된 북한의 기습남침으로 국군은 개전 4일 만에 수도 서울을 빼앗기고 '한강 이남에서 삼척을 연하는 선'에서 급편방어를 하게 됐다.

그러면 이 기간 북한의 기습남침을 받은 대한민국 전쟁지도부는 어떻게 조치하고 있었는가? 먼저 전쟁지도부의 유무에 대해서 살펴본 다음, 전쟁 상황을 가장 먼저 인지한 육군총참모장과 국방장관 그리고 대통령의 작전 및 전쟁지도에 대해 고찰하겠다.

첫째, 6·25전쟁 당시 한국에도 미국의 국가안보회의와 같은 기능을 가진 전쟁지도부가 있었는가? 대한민국 정부 수립 이후 한국에는 미국의 전쟁지도부에 해당하는 국가안보회의와 같은 체계적인 전쟁지도기구를 갖고 있지 않았다. 하지만 전쟁 이전 한국에도 이와 유사한 기능을 하는 국방기구가 설치돼 있었다. 그것은 대통령 직속기구로 설치된 최고국방위원회이다.105)

6·25전쟁 이전 이승만이 최고국방위원회를 운영했음이 미 군사고문관에 의해 확인됐다. 육군총참모장(陸軍總參謀長·1956년 참모총장으로 개칭) 고문이었던 하우스만(James H. Hausman) 대위는 "1주일에 한 번 이상 이승만 주재로 열린 국방회의(최고국방위원회)에 참석했다."고 회고했다. 여기에는 대통령을 비롯하여 국방장관, 육군총참모장, 주한미군사고문단장, 육군총장고문관 등 5명이 항상 참석했다.106) 하우스만 대위는 대통령의 군사고문 역할도 했다. 이승만은 하우스만을 불러 "(요즘) 군의 형편은 어떤가. 자네는

---

104) 북한사회과학원역사연구소, 『조선전사』 25권, 1981, pp.69-72.
105) 국군조직법 제4조; 國防部, 『國防史』1, p.449.
106) 짐 하우스만·정일화 공저, 『한국대통령을 움직인 美軍 대위』, p.216.

군대 증강 일에만 열심히 한다지. 군인이 정치에 관심을 두면 안 돼."라고 충고를 했다. 이처럼 이승만은 수시로 하우스만을 불러 군사관계를 묻고 했기 때문에 육군 대위 계급이면서도 대통령을 자주 만날 수 있었다.[107]

이렇듯 이승만 대통령은 주 1회 이상 '한미연합국방연석회의'를 통해 한국군 전력 증강을 위한 무기지원, 한국군의 훈련 상태 등을 수시로 점검하고 확인하였던 것으로 판단된다. 비록 최고국방위원회가 미국 NSC와 같은 국가전략을 다루지는 않았지만 최소한 미국의 최신 군사정보를 비롯해 한국군 간부의 동향 및 한국군의 작전능력을 수시로 점검할 수 있는 기회의 장(場)으로 활용하였던 것으로 판단된다.

둘째, 육군총참모장 채병덕 소장(少將)과 국방장관 신성모(申性模)의 동향 및 조치이다. 채병덕 총장은 전날(6월 24일) 밤 있은 육군회관 개관 축하 연회 때문에 늦게 귀가하여 취침 중에 기습남침보고를 받고, 그날(6월 25일) 05시에 "전군에 비상을 발령하고 각 국장을 비상소집하라."는 구두명령을 하달했다.[108] 그러고서 그는 국방장관 비서와 함께 신 국방장관의 관사로 가서 07시경 북한의 침공상황을 보고했다.[109] 신 국방장관은 10시 30분경에 경무대에 도착해서 대통령에게 "개성이 함락되고 탱크를 앞세운 공산군

---

107) Ibid., pp.163 - 164.

108) 육군총참모장실 주한미군사고문관인 하우스만 대위도 "6월 25일 새벽 5시쯤 육군본부에서 걸려온 전화소리에 잠이 깼다."고 했다. 그는 "육군본부는 서빙고에 있었으며, 우리 집과는 불과 100m밖에 떨어져 있지 않았기 때문에 금방 도착할 수 있었다. (내가 도착했을 때) 채병덕 육군총참모장을 비롯한 몇몇 참모가 이미 나와 있었고, 옹진의 제17연대 춘천 제6사단, 의정부의 7사단 등에서 요란하게 전화가 오고 있었다."고 증언했다. 짐 하우스만·정일화 공저, 『한국대통령을 움직인 美軍 대위』, p.196.

109) 국방부, 전사편찬위원회, 『한국전쟁사』 제1권, p.577.

이 춘천 근교에 도착했다."라고 보고했다.110) 이로써 북한의 기습 남침 상황은 전쟁 발발 6시간 만에 육군총참모장과 국방장관(국무총리서리로서 국무총리 겸직)을 거쳐 대통령에게 보고됐다.111)

이후 채병덕 육군총장은 28일 수도 서울이 피탈될 때까지 서울의 관문인 의정부 전선을 7차례나 방문하는 등 전쟁 전반에 따른 작전지도보다는 일부 전선에 치중하는 국지적인 작전지도를 함으로써 '나무만 보고 숲을 보지 못하는 우'를 범하게 됐다. 이처럼 전반적인 전황을 파악하여 작전적 또는 전략적 차원의 적시적인 지휘결심을 해야 될 위치임에도 불구하고 전방지역 전선시찰, 비상국무회의, 비상국회, 국방수뇌회의, 군사경력자 회의 등 각종 비(非)작전적인 회의에 불려 나감으로써 전반적인 작전지도에 차질을 가져오게 했다.112)

즉 채병덕 육군총장은 지상 작전을 총괄하는 육군 총수로서 주요 전투지역을 방문하여 현장지휘를 하는 것은 당연한 일이겠으나,

---

110) 중앙일보사 편, 『민족의 증언』 제1권(서울: 중앙일보서, 1973), p.18.

111) 경찰은 내무부장관 지시로 25일 6시 30분에 전국경찰에 비상경계령을 하달했다. 아울러 시민들의 동요와 불순분자들의 만행을 방지하고 적기의 공습에 대비해 「치안명령 제26호」를 하달해 통행금지 시간 연장과 등화관제를 실시토록 했다. 또한 정부는 「대통령 긴급명령 제1호」(비상사태하의 특별범죄에 관한 특별 조치령)와 「대통령 제377호」(비상시 법령 공포식의 특례에 관한 건)를 발표했다. 이에 대법원에서는 26일 09시에 대통령 긴급명령 제1호(별첨)에 따라 각급 법원의 일반 민·형사 재판을 이날 09:00를 기하여 무기한 연기하고 긴급명령에 따른 특별범죄 재판에 만전을 기하도록 지시했다. 국방부정훈국, 『한국전란1년지』, pp.C48 – C49.

112) 전쟁 개시 이후 채병덕 총참모장과 국방장관의 행적은 다음과 같다. 6월 25일 14시(비상 국무회의 출석, 중앙청), 26일 10시(군사경력자회의 참석, 중앙청), 26일 11시(비상 국회 출석), 27일 01시(비상 각료회의 참석, 이어서 비상국회 참석), 27일 11시(육군수뇌회의 주재, 육본 참모 및 재경부대장 참석), 27일 13시(육군본부 시흥으로 철수), 27일 14시(신성모 국방장관 수원으로 철수), 27일 18시(육본, 다시 용산으로 복귀), 27일 19시(채병덕 총참모장 7차 미아리 전선 시찰), 28일 02시(채병덕 총장과 장경근 국방차관, 시흥으로 철수), 28일 03시(육군본부 참모부장, 정보 작전국장 대동하고 시흥으로 철수). 안용현, 「수도권 방어의 낭패와 교훈」, 『군사연구』 제90집(서울: 육군본부 군사연구실, 1979), p.36.

대부분의 시간을 오로지 의정부 축선에만 매달림으로써 타 지역의 전선 상황은 알 수도 없었고 적절한 조치도 내리지 못했다. 그가 초전 3일 동안 수행했던 일은 전쟁 전체 국면을 보고 작전을 지도하는 육군 총수로서의 역할이 아니라 의정부지역의 1개 전선사령관 역할이었고 신 국방장관의 조급증을 해소해 주는 연락장교 역할에 불과했다. 3일 동안 밤낮없이 오로지 의정부의 현장지도에만 매달려 온 그에게 남는 것은 전신을 가누지 못할 피로뿐이었다.[113] 김홍일(金弘壹·육군중장 예편) 소장은 "채 총장은 수일의 피로를 못 이겨 담화 중에도 코를 골며 잠꼬대를 하는 처지이니 작전을 지도할 정신적·체력적 여력이 없었다."고 말했다.[114]

특히 이승만 대통령의 판단을 흐리게 했던 것은 두 사람의 발언이었다. 6월 25일 10시 30분경 이 대통령에게 드린 최초 보고에서 신 국방장관은 "적이 38도선을 넘어 남침하고 있으나 걱정하실 것 없습니다. 각하의 신금(宸襟)을 어지럽혀 드린 일은 송구스럽기 짝이 없으나, 충용무쌍(忠勇無雙)한 국군은 적을 격퇴하여 수일 내에 북한을 수복해 보일 것입니다."라고 호언했다.[115]

6월 25일 14시에 개최된 비상국무회의에서 채병덕 총장도 "북한군이 전면 남침을 하였으나 격퇴가 가능하다."고 발언했다. 다음 날 26일 11시 비상 국회에 참석한 신 국방장관은 "3~5일 내에 평양을 점령하겠다."고 주장했고, 채병덕 총장도 이에 가세하여 "의정부에서 적을 격퇴하고 있으니, 3일 내에 평양을 점령하겠다."고 허

113) 최용호, 「한국전쟁 초기작전 연구」, 『군사연구』 117집(충남 논산: 육군본부 군사연구실, 2001), p.395.
114) 김홍일, 「나의 6·25 서전(緖戰) 회고」, 『월간조선』, 1968.
115) 중앙일보사 편, 『민족의 증언』 제1권(서울: 중앙일보사, 1973), p.18.

세를 부렸다. 6월 27일 01시 비상 각료회의에 이어 열린 비상국회에 참석한 신성모 국방장관은 의정부가 함락된 상황을 고려하여 "정부의 수원 철수가능성을 제시"했음에도 불구하고, 채병덕 총장은 오히려 "백두산에 태극기를 꽂겠다."며 호기를 부렸다.[116)

이러한 채병덕 총장에 대해 하우스만 대위는 신랄히 비판하고 있다. 그는 "채병덕은 6월 25일 국회에 불려 나가 증언석에서 졸다가 국회의원들에게 호통을 맞았고, 의정부 전선 시찰 때도 입에 전날 먹은 술 때문에 술 냄새를 풍기고 있었다. 더욱 한심한 것은 그의 반격론이었다. 국회 증언과 육본 발표를 통해 '국군은 서울을 사수한다. 지금 국군은 반격 중이다.'라고 거짓 발표를 해 서울을 아무런 피난 준비도 못 하게 한 채 고스란히 적 수중에 던져 넣었다."고 비판했다.[117)

채병덕 총장과 신성모 국방장관의 전시지도능력에 대해 하우스만의 증언은 매우 분석적이다. 하우스만은 증언에서 "채병덕과 신성모는 모두 한국전과 같은 미증유의 전쟁을 감당하기에는 부족한 인물들이었다. 그 자리에 누가 있었다 해도 막강한 탱크 병력을 앞세우고 무적의 황무지를 달리듯 쳐내려오는 북한군을 성공적으로 막기는 어려웠을 것이지만, 그렇다고 해서 채병덕 총장이나 신성모 국방장관이 이것만은 잘했다는 업적을 남기지도 못했다."고 비판했다.[118) 강문봉(姜文奉・육군중장 예편) 장군도 채병덕 총장에 대해 "채병덕의 결함은 치명적인 결함이라 하겠다. 특히 군인으

---

116) 안용현, 「수도권 방어의 낭패와 교훈」, p.36.

117) 짐 하우스만・정일화 공저, 『한국대통령을 움직인 美軍 대위』, p.254.

118) Ibid., p.216.

로서 최고의 작전지휘관으로서 그렇다. 그것은 그의 전술능력의 부족…… (즉) 군사전문지식의 결여…… 작전지휘관으로서의 전술능력의 부족이다. 전술능력의 부족은 패장을 낳게 하고 패장에 대한 평가는 혹평에 그치기가 일수이다."라고 혹평했다.[119]

셋째, 국군 통수권자인 이승만 대통령의 동정 및 전쟁지도이다.[120] 본론에 앞서 그 당시 이승만의 통치스타일을 확인할 필요가 있다. 이는 이승만의 전쟁지도를 이해하는 데 도움을 줄 뿐만 아니라 건국 이후 국무위원들의 능력이 어느 정도인지를 가늠할 수 있기 때문이다. 이승만 대통령은 정부수립 초기부터 경험과 훈련이 부족한 각료들에게 얼마만큼의 책임을 맡길 수 있을지를 놓고 고심했다. 건국 초기 각료들은 자신들이 해결할 문제들을 미루고 대통령의 최종 결정만을 기다렸다. 여기에는 이승만의 성품에서 비롯된 것도 있고 잦은 각료교체로 자신의 분야에 경험이 부족한 탓도 있지만, 간과할 수 없는 것은 정부수립 후 짧은 기간 동안 최고통치자의 결정이 아니고는 해결이 불가능한 문제들이 많았기 때문이다.[121] 이러한 문제점은 전쟁 발발 이후 비상 국무회의에서 그대로 나타났다. 그러나 전쟁 초기 이승만은 국내 문제는 국무총리서리 겸 국방장관인 신성모와 각료들에게 맡기고 자신은 미국의 지

---

119) 姜文奉, 「戰時 韓國軍 主要 指揮官의 統率에 關한 硏究」, 연세대학교 박사학위논문, 1983, p.140.

120) 이승만의 일상은 단조로웠다. 이승만은 밤 10시에 저녁 기도 후 취침에 들어가 아침 7시에 일어났다. 아침식사는 프란체스카 여사와 함께하면서 성경을 읽어 주었다. 아침식사 후 1시간 정도 긴급한 문제를 해결한 후 아침 9시 금붕어를 돌보고 산책을 했다. 9시 30분부터 각료들과의 회의 및 각종 서류들을 검토했다. 오후에는 매일 30분씩 장작을 팼으나, 전쟁 이후에는 중단했다. 저녁에는 독서 대신 1~2시간 정도 서예를 즐겼고, 때로로 프란체스카 여사가 국제문제를 다룬 현대서적을 읽어 주었다. 로버트 올리버 지음·황정일 역, 『신화에 가린 인물 이승만』, pp.294-296.

121) 로버트 올리버 지음·황정일 역, 『신화에 가린 인물 이승만』, p.297.

원을 얻는 데 필요한 외교적 노력에 심혈을 기울였다.

이승만 대통령은 25일 10시경에 전쟁 발발 소식을 듣고, 이때부터 전쟁지도에 들어갔다. 즉 이승만은 6월 25일 10시경에 비원 내의 반도지에서 낚시를 하고 있을 때 경무대경찰서[122] 서장 김장흥(金長興) 총경으로부터 '북한의 대거남침' 상황을 보고받고 경무대 관저로 돌아왔다.[123] 이승만은 10시경에 경무대에 도착한 신성모 국방장관으로부터 최초의 전황을 10시 30분경에 보고받고 임시국무회의의 소집을 지시했다.[124] 이때 이승만 대통령은 한국군 단독으로는 북한의 남침을 막는 데 한계가 있다는 것을 깨닫고 미국의 지원과 유엔의 개입을 위한 전시외교에 주력했다.

이승만 대통령은 25일 11시 35분에 무초 미국대사의 방문을 받고 이에 대한 대책을 논의한 후,[125] 13시에 주미대사관에 미국의 원조를 얻어 내도록 지시했다. 이어 14시에는 비상 국무회의를 주재하고 사태를 논의했으나 전차나 전투기를 막을 수 있는 뾰족한 수단을 강구하지 못한 채 산회했다.[126] 그 후 전선 상황이 계속 악

---

122) 경무대경찰서는 6·25전쟁 당시 서울시경찰국 산하에 편제된 정식 경찰서 명칭이다. 경무대경찰서는 1949년 2월 23일 경무대 지역을 관할하던 창덕궁경찰서를 폐지함과 동시에 '국가원수와 중앙청 경호경비'를 담당하기 위해 설치됐다. 경찰청, 『警察50年史』(서울: 警察史編纂委員會, 1995), pp.106 - 107.

123) 프란체스카 여사, 「6·25와 李承晩 대통령」①, 『중앙일보』, 1983년 6월 24일.

124) 프란체스카 여사, 「6·25와 李承晩 대통령」①, 『중앙일보』, 1983년 6월 24일; 중앙일보사, 『민족의 증언』 제1권. p.18.

125) 무초 미국대사는 이승만과의 대화 내용을 25일 14시에 워싱턴의 국무장관에게 보고했다(The Ambassador in Korea(Muccio) to the Secretary of State(1950.6.25), *FRUS 1950*, Vol. Ⅶ, pp.129 - 131). 또한 무초 대사는 이승만을 경무대로 방문하기 전인 25일 10시에 '한국에 대한 북한의 전면공격'을 알리는 전문을 국무장관에게 보고했다(The Ambassador in Korea(Muccio) to the Secretary of State(1950.6.25), *FRUS 1950*, Vol. Ⅶ, pp.125 - 126).

126) 부산일보사 편, 『臨時首都千日』 上(부산: 부산일보사, 1985), p.20.

화되자 이승만 대통령은 25일 밤 10시에 무초 미국대사를 경무대로 불러 대책을 논의했다. 여기에는 이범석과 신성모 등 전·현직 국무총리가 자리를 함께했다. 이 회의에서 이 대통령이 "대전으로의 천도를 밝히자 무초 대사는 이를 반대하면서 자신은 대통령이 서울을 떠나더라도 떠나지 않겠다."고 말했다.[127] 이는 이승만이 '서울 천도'를 내세워 미국의 신속하고도 적극적인 지원을 얻기 위한 외교적 제스처로 판단됐다.[128] 이승만은 미국이 이제까지 한국 지원에 대한 공식적인 입장을 표명하지 않자 이를 압박하기 위한 것으로 해석할 수 있다.

이승만 대통령은 6월 25일 밤을 앉은 채로 꼬박 세웠다. 경무대 비서들도 눈을 붙이지 못했다. 북한 야크기는 이날 밤에도 서울 상공을 선회했고 그때마다 공습경보가 요란하게 울렸다.[129] 그런 상황에서도 이승만 대통령은 미국의 지원을 끌어내기 위해 혈안이 됐다. 이승만은 26일 03시에 맥아더 장군에게 한국에서의 전쟁사태에 대한 미국의 책임을 묻는 전화를 했고,[130] 04시 30분에는 무초 대사에게 전화를 해서 "극동군사령관과 참모장에게 한국군에게 필요한 전투기와 탄약 등을 요청하려고 전화했는데 받지 않는다."고 말했다. 이에 무초 대사는 05시에 이 대통령과의 통화내용을 국무장관과 맥아더에게 알리고 신속한 지원을 요청했다.[131]

---

127) The Ambassador in Korea(Muccio) to the Secretary of State(1950.6.26), *FRUS 1950*, Vol. Ⅶ, pp.141 - 143.

128) 온창일, 「전쟁지도자로서 이승만 대통령」, p.215.

129) 부산일보사 편, 『臨時首都千日』上, p.24.

130) 프란체스카 여사, 「6·25와 이승만 대통령」[1], 『중앙일보』, 1984년 6월 24일.

131) Muccio to the Secretary of State, June 26, 1950, *FRUS 1950*, Vol. Ⅶ, pp.147 - 148.

그러고서 이승만 대통령은 이날(6월 26일) 아침에 치안국을 방문해 경찰계통으로 들어온 전황을 확인했다.[132] 한편 이날 10시에는 이승만의 지시에 따라 신성모 국방장관이 주재하는 군사경력자회의가 중앙청에서 열렸으나,[133] 신 장관과 채 총장의 낙관론에 밀려 한강선 결전방어 등의 좋은 의견이 나왔음에도 서울 고수로 결정됐다.[134]

6월 26일 13시경 서울의 관문인 의정부가 함락된 이후 이승만 대통령의 피난문제가 나왔다. 그러나 이를 실행하는 과정에서 많은 시행착오를 겪었다. 이는 전황 보고가 뒤죽박죽인데다 신성모 국방장관이 "계속 걱정하실 것 없다."는 말로 사태를 흐리고 있었기 때문이다. 이날 16시께 프란체스카 여사는 비서들에게 기밀서류를 챙기게 한 뒤 자신이 교통장관에게 특별열차를 대기하도록 연락했다. 그런데 신성모 국방장관이 경무대로 들어와서 "각하 별일 없습니다, 사태는 호전돼 가고 있습니다."라고 말하자, 프란체스카 여사는 피난준비를 취소시켰고, 이 대통령도 내일 아침(27일) 국무회의를 소집하라고 지시했다. 그런데 이날(6월 26일) 밤 10시가 넘자 비서들이 피난열차를 대기하도록 교통장관에게 연락했다.[135] 이 대통령은 다음 날 새벽 1시에 주미대사관에 전화를 걸어 군사원조의

---

132) 군사편찬연구소, 『북한의 전면남침과 초기방어전투』②, p.81.

133) 군사경력자회의에는 채병덕 육군총장, 김정렬 공군총장, 김영철 해군총장 대리, 김홍일 소장, 송호성 준장, 前 통위부장 유동열, 前 국무총리 이범석, 前 광복군사령관 이청천, 前 1사단장 김석원 준장 등이 참석했다. 군사편찬연구소, 『북한의 전면남침과 초기방어전투』②, p.67.

134) 군사편찬연구소, 『북한의 전면남침과 초기방어전투』②, p.67.

135) 프란체스카 여사, 「6·25와 이승만 대통령」(1), 『중앙일보』, 1984년 6월 24일; 부산일보사 편, 『臨時首都千日』上, p.24.

시급함을 트루먼에게 알리고 지원을 요청하라고 지시했다.[136)

이 무렵 조병옥(趙炳玉) 씨와 서울시장 이기붕(李起鵬)이 허둥지둥 뛰어 들어와서 "각하, 사태가 여간 급박하지 않습니다. 빨리 피하셔야겠습니다."라고 말하자, 이 대통령은 "날보고 서울을 버리고 떠나란 말인가? 서울시민은 어떻게 하란 말인가?"라고 말했다. 조병옥은 프란체스카 여사와 비서들에게 "각하의 고집을 꺾어야 합니다. 빨리 서둘러 피난을 보내셔야 합니다."라고 말했다.[137) 프란체스카 여사의 설득에 대통령도 할 수 없이 서울역으로 가서 기차를 탔다.[138) 이승만 대통령은 27일 11시 40분에 대구에 도착했으나, 대통령의 지시로 기차를 다시 돌려 16시 30분에 대전에 도착했다. 이때 미 대사관의 드럼라이트(Everett F. Drumright) 참사관이 와서 유엔안보리에서 소련이 거부권을 행사하지 못한 경위와 그 결과로 얻어진 유엔의 결의, 그리고 미국의 공식적인 태도를 밝히면서 "이제는 각하의 전쟁이 아니라 우리들의 전쟁이다."라고 말했다.[139)

이승만 대통령은 이 말을 듣고 대전 역장실에서 충남지사 관사로 자리를 옮겼다. 이 대통령은 27일 밤 12시께 전쟁 이후 처음으로 잠자리에 들었다. 이때 이 대통령이 권총을 꺼내 베개 밑에 넣는 것을 본 비서가 "각하, 무슨 일입니까?" "어, 자네가 보았구면. 권총이야." 이 대통령이 내민 소형 모젤 권총엔 탄환이 장전돼 있었다. "내 아까 누구보고 얘기하여 한 자루 구해 달라고 했지. 급

136) 韓豹頊, 『韓美外交 요람기』, p.86.
137) 부산일보사 편, 『臨時首都千日』上, p.24.
138) Ibid., p.26.
139) 대통령비서실 황규면 비서관 증언록; 프란체스카 여사, 「6·25와 이승만 대통령」①, 『중앙일보』, 1984년 6월 24일.

해지면 나도 한두 놈쯤 거꾸러뜨릴 수 있지 않겠어. 마지막 남는 총알은 우리 몫이고……." 이승만 대통령은 이때부터 부산 피난시절 3년 동안 권총을 침대머리 시트 밑에 숨겨 놓고 잠자리에 들었다.[140] 이는 국란을 맞이한 전쟁지도자로서 이승만의 사생관(死生觀)을 알 수 있는 대목이다.

6월 27일 저녁부터 7월 1일 부산으로 이동할 때까지 이승만 대통령은 대전에서 전쟁을 지도했다. 28일 아침 이승만은 충남도지사실에서 임시 각료회의를 열었고, 이날 회의에서 총무처장관이 신성모 국방장관을 경질하고 이범석 장군을 임명하자고 건의했으나 채택되지 않았다.[141] 29일 8시 30분에 무초 대사는 충남지사로 이 대통령을 예방하고 맥아더 장군의 내한 소식을 전했고, 이튿날 이 대통령은 수원비행장에서 맥아더 장군과 회동했다. 이승만은 맥아더를 소령 때부터 알았다. 맥아더의 장인이 한국우호연맹(League of Friends of Korea)의 고참 멤버로 이승만이 독립운동할 때부터 도와주었다는 것이다.[142] 맥아더 장군의 한강방어선 시찰은 전쟁의 흐름을 바꾸어 놓았다. 맥아더의 한국전선 결과 보고서가 미 지상군 참전에 결정적인 영향을 주었기 때문이다. 미국은 6월 30일 한국전선에 미 지상군을 참전하기로 결정했고, 여기에 맥아더 장군의 미 극동군이 참전하게 됐다.

이로써 이승만 대통령의 미국의 지원을 얻어 내기 위한 피눈물 나는 전시 외교노력은 미국의 참전으로 그 결실을 맺게 됐고, 한

---

140) 프란체스카 여사, 「6・25와 李承晩 대통령」②, 『중앙일보』, 1984년 6월 25일; 부산일보사 편, 『臨時首都千日』 上, p.41.

141) 프란체스카 여사, 「6・25와 이승만 대통령」(1), 『중앙일보』, 1984년 6월 24일.

142) Ibid.

국군은 이제 강력한 미국의 군사적 지원을 받게 됐다. 이승만은 이제 미국의 참전과 유엔군의 지원에 힘입어 북진통일을 위한 힘찬 거보를 내딛게 됐다.

(2) 미국 지상군 참전 이후부터 휴전협정 체결까지
('50. 7. 1 ~ '53. 7. 27)

이 시기는 미국 지상군의 참전과 유엔안전보장이사회의 유엔군 사령부설치 결의안 채택, 인천상륙작전과 38도선돌파, 북진, 중공군 개입 및 대공세에 따른 유엔군의 37도선 이남으로의 철수, 38도선에서의 전선 교착과 휴전협상 개시, 그리고 휴전협정 체결까지를 포함하고 있다. 이러한 전쟁의 흐름은 미국의 전쟁정책을 바꾸어 놓았다. 즉 참전 이후부터 낙동강 방어선 전투까지 미국의 전쟁목표는 '전쟁 이전 상태의 회복'이었고, 인천상륙작전 이후에는 '국제평화와 그 지역의 안전유지 및 통일한국'이 정책목표였다. 이는 이승만의 북진통일과 일치했다. 그런데 중공군 개입 이후 미국은 한반도에서 철수를 고려했고, 전선이 38도선에서 다시 교착되고 휴전협상이 시작되자 전쟁 초기 목표인 전쟁 이전 상태의 회복으로 회귀했다. 미국은 이러한 정책변화 속에서 전쟁을 지도하고 수행해 나갔다.[143]

그렇지만 이승만 대통령의 전쟁지도는 미국의 전쟁정책의 변화에 관계없이 오로지 북진통일과 국권수호였다. 그렇기 때문에 이승

---

143) 남정옥, 「미국의 국가안보체제 개편과 한국전쟁 시 전쟁정책과 지도」, pp.187 - 188.

만의 전쟁지도는 미국의 정책과 주기가 맞을 때는 공조체제를 유지하며 한미(韓美) 간에 문제의 소지가 없었으나, 그렇지 않을 경우에는 한미 간에 심각한 갈등기류가 형성되었다. 특히 이승만 대통령이 주도하는 휴전반대, 한국군의 단독북진, 반공포로 석방 등과 같은 미국의 정책에 반하는 행동을 할 때 미국은 이승만 제거계획을 수립하여 시행 여부를 판단하기까지 했다.

본고에서는 이러한 점을 염두에 두고, 이승만 대통령의 전쟁지도를 고찰했다. 이승만은 전쟁 동안 헌법상의 비상대권을 통해 전쟁지도를 수행했다. 이승만 대통령의 전쟁지도의 범주에는 대통령의 취임선서에 있는 국가보위, 긴급처분 및 명령권, 국군통수권, 계엄선포권, 그리고 주요 군인사권 등이 포함돼 있다.

첫째, 대통령이 취임선서 때 행하는 국가보위는 대통령이 재임 기간 중 준수해야 될 가장 중요한 책무이다. 대통령의 국가보위는 국권수호와 그 맥을 같이한다. 이렇게 볼 때 국가보위는 이승만이 대통령으로서 전쟁을 통해 달성하고자 했던 북진통일과 그 궤를 같이하고 있다. 전쟁기간 이승만의 국가보위는 북진통일과 한미상호방위조약 체결이었다. 이승만은 1950년 7월 10일 국군과 미군이 힘겨운 지연작전을 전개하고 있을 무렵에 "이제 38도선은 자연 해소됐다."고 외쳤다.[144] 또 7월 13일에는 "북한의 공격으로 과거의 경계는 완전히 사라졌으며, 분단된 한국에선 평화와 질서가 유지될 수 없다."고 이승만은 발표했다.[145] 7월 13일 맥아더도 동경을 방문한 합참

---

144) 외무부, 『한국외교 30년』(서울: 외무부 1979), p.105.

145) The Secretary of State to the Embassy in Korea(1950.7.14), *FRUS, 1950*, vol. Ⅶ, p.387.

요원에게 "북한군을 38도선 위로 몰아내는 데 그치지 않고 완전히 격파하여 한반도의 통일을 가능하게 할 생각"이라고 말했다.

얼마 후 미 국무부 내부에서도 참전 목적을 놓고 열띤 논의가 벌어지자, 7월 17일 트루먼은 NSC에 "유엔군이 38도선에 도달할 경우 어떻게 할 것인지를 연구하라."고 지시했다.[146] 그 결과 작성된 NSC-81/1에서는 "유엔군은 북한군을 38도선 이북으로 몰아내거나 이 군대를 섬멸하기 위해 38도선 이북에서 군사작전을 위한 합법적인 토대를 가져야 한다. 미 합참은 가능한 한 북한 점령을 계획하도록 맥아더에게 전권을 주어야 한다."고 결정했다.[147] 이승만도 인천상륙작전 직후인 9월 19일 부산에서 "유엔군은 38도선에서 진격을 멈출 수도 없고, 또 그래서는 안 된다."고 주장했다.[148]

전선이 호전되어 동해안의 국군이 38도선에 도달하자 이승만은 기다렸다는 듯이 정일권(丁一權·육군대장 예편) 총참모장을 불러 '북진명령'을 내렸다. 이때 맥아더의 유엔군사령부는 아직 유엔 결의가 없으니 명령이 있을 때까지 38도선을 넘지 말라고 했다. 따라서 정일권 총장은 이때를 "내 생애 3번 있은 위기 중의 하나"라고 말했다.[149] 이후 이승만 대통령은 평양 및 원산탈환 환영대회에 참

---

146) William Stueck, *The Road to Confrontation: American Policy toward China and Korea, 1947-1950*(Chapel Hill: University of North Carolina Press, 1981), pp.203-204; Memorandum by the Executive Secretary of the National Security Council(Lay) to the National Security Council, "Future United States Policy with Respect to North Korea", 17 July 1950, *FRUS, 1950*, vol.Ⅶ, p.410.

147) US Courses of Action with Respect to Korea(1950.9.9), NSC-81/1, *FRUS, 1950*, vol.Ⅶ, pp.712-721.

148) 구영록·배영수 공저, 『한미관계, 1882-1982』(서울: 서울대학교 미국학연구소, 1983), pp.87-88.

149) 짐 하우스만·정일화 공저, 『한국대통령을 움직인 美軍 대위』, p.228.

석하여 통일의 의지를 다졌다. 그러나 통일의 막바지에서 벌어진 중공군의 개입은 이승만의 북진통일에 쐐기 역할을 했다. 왜냐하면 미국은 중공군의 개입 이후 미국의 정책은 "미국이 한국에서 최종적으로 달성하고자 한 통일된 자주·민주 한국이 현실적으로 어렵기 때문에 우선 38도선을 확보할 수 있는 선에서 휴전협정을 체결한 후 적당한 시기에 한국군을 제외한 외국군은 철수시키되 북한의 남침에 대비하여 한국군의 전력을 증강시켜야 한다."는 것이었다.150)

이에 따라 한국 정부와 이승만의 강력한 반대, 특히 반공포로 석방이라는 초강경대응에도 불구하고 미국은 휴전협정을 체결하게 됐다. 그 과정에서 미국은 휴전협상에 걸림돌 역할을 하는 이승만을 전쟁 중 두 차례에 거쳐 제거하고자 계획했으나 실행에 옮기지는 않았다.151) 그러나 이승만은 비록 북진통일이라는 전쟁 목표는 달성하지 못했지만 한미상호방위조약이라는 전쟁 이전, 아니 1882년 조미수호통상조약 이후 한국이 갈망해 왔던 미국과의 군사동맹을 체결했고, 한국군의 전력증강을 실현하게 됐다.

둘째, 이승만 대통령의 국군통수권자로서 전쟁지도이다. 이승만은 통수권자로서 작전지휘권을 유엔군사령관에게 위임했고, 이를 보완하기 위해 한국군사사절단을 편성했으며, 헌법상에 명시된 국

---

150) NSC-48/5, *FRUS, 1951*, vol. Ⅶ, pp.439-442.

151) 미국의 이승만 제거계획(Plan Everready)은 1952년 부산정치파동 때 맨 처음 계획됐고 (*FRUS, 1952-1954*, Vol.15, Part.1, pp.965-968), 두 번째는 1953년 5월 휴전협상에 이승만이 반대하자 다시 거론됐다(State Department-Joint Chiefs of Staff Meeting (1953.5.29), *FRUS, 1952-1954*, Vol.15, Part.1, pp.1114-1119). 그러나 이들 계획은 실행되지 않았다. 휴전협정 체결 후 이승만이 1953년 12월 12일 판문점에서의 예비회담이 성과 없이 끝나고, 26일 미국이 주한미군 8개 사단 중 2개 사단 철수 발표에 심한 반발을 나타내자 이를 적극 검토했으나 실행하지 않았다(*FRUS, 1952-1954*, Vol.15, Part.2, p.1767).

군총사령관 임명을 비롯해 전쟁 이전 현역 및 예비역을 합쳐 14명에 불과했던 장성들을 부대증편과 지휘구조에 맞춰 대장(大將)으로 임명하는 등의 군 인사권을 행사했다.

이승만 대통령은 맥아더 장군이 한국전선 시찰 때 총참모장 교체 제의와 전쟁 초기 실패 책임을 물어 채병덕 장군을 그 직에서 해임하고 정일권(丁一權) 육군준장을 소장으로 승진시켜 육군총참모장 겸 육·해·공군 총사령관에 임명했다.[152] 정일권의 총참모장 기용은 이승만에 의해 전격적으로 이루어졌다. 이승만은 1950년 6월 30일 18시경 임시 집무실로 사용하고 있는 충남도청 도지사실로 호출했고, 정일권 장군은 수원에서 출발하여 대전에 그날 21시에 도착했다. 이승만 대통령이 정일권 장군에게 임명장을 수여할 때 신성모 국방장관이 배석했다. 이승만 대통령이 준 임명장에는 대통령 친필로 다음과 같이 쓰여 있었다. "임명장. 육군준장 정일권, 명(命) 육군소장. 보(補) 육·해·공군총사령관 겸 육군총참모장. 1950년 7월 1일 대통령 이승만"이라고.[153] 이승만이 정일권 장군을 육·해·공군총사령관에 임명한 것은 헌법 제72조에 명시된 '국군총사령관 임면(任免)'에 근거를 두고 실시한 인사였다.[154]

이승만 대통령은 1950년 7월 7일 유엔안보리에서 유엔군창설결의안이 채택되고, 다음 날 맥아더 원수가 유엔군사령관에 임명되자, 그는 한국군의 작전통제권을 맥아더 장군에게 위임했다. 이승만 대통령은 7월 15일 맥아더 유엔군사령관에게 보낸 개인 서신에

---

152) 해롤드 노블 著·박실 譯, 『비록 戰火속의 大使館』, p.105; 짐 하우스만·정일화 공저, 『한국대통령을 움직인 美軍 대위』, p.213.
153) 정일권, 『6·25비록 전쟁과 휴전』, p.38.
154) 「제헌헌법」 제72조 7항.

서 '현재의 전쟁상태가 계속되는 동안(during the period of the continuation of the present state of hostilities)' 한국의 육·해·공군에 대한 지휘권을 맥아더 장군에게 위임한다고 밝혔다.[155] 이틀 후인 7월 17일 맥아더 장군은 워커(Walton H. Walker) 미 제8군사령관에게 한국군에 대한 지휘권을 행사할 것을 지시했고,[156] 7월 18일 맥아더 장군은 주한미국대사 무초를 통해 이승만 대통령에게 답신을 보냈다. 그러나 미 제8군사령부의 한국군에 대한 작전통제는 미 제8군과 한국의 육군본부가 상하관계라는 위치 때문에 작전을 하는 데 있어 복잡한 문제를 야기할 수도 있었다. 이에 미 제8군사령관 워커 중장은 작전을 실시함에 있어서 한국의 육군본부에 명령하기보다는 요청하는 형식을 취함으로써 한국군과 조화를 이루며 효율적인 관계를 유지해 나갔다.[157]

그러나 중공군 개입 이후 이승만 대통령은 유엔군과 작전수립과정에서 한미(韓美) 간에 갈등이 발생하자 이를 해결하기 위해 유엔군부사령관을 한국군 장성으로 임명해 줄 것을 요청했다. 그러나 미국이 언어장벽 및 작전상의 혼선을 들어 한국군 부사령관 임명에 반대하자 대신 작전계획 수립과정에서 한국의 의견을 반영할 '한국군사사절단(Korean Liaison Group)'을 편성하여 유엔군사령부에 파견했다.[158]

---

155) The Korean President Syngman Rhee to the American Embassy(1950.7.15), 국방부 전사편찬위원회 편, 『국방조약집, 1945－1980』 제1집(서울: 전사편찬위원회, 1981), pp.629－631; 서울신문사, 『駐韓美軍 30年』(서울: 서울신문사, 1979), p.169.

156) Schnabel, *Policy and Direction*, p.102.

157) Roy Kenneth Flint, "The Tragic Flaw: MacArthur, The Joint Chiefs, and the Korean War", Ph.D. dissertation, Duke University, 1976, p.98; 백선엽, 『군과 나』, p.183.

이승만 대통령은 6·25전쟁 이전 일부 육군대령(大領)들로 보직했던 사단장을 육군준장(准將) 또는 육군소장(少將)으로 격상하여 미군과 그 격을 맞추었다. 그렇게 함으로써 장성들도 전쟁 이전에는 현역과 예비역 등 총 14명에 불과했으나,[159] 미군 참전 이후 육군본부 국장급 참모 및 야전 사단장에 보직된 대령들을 장군으로 진급시켰다.

여기에는 김백일(육군중장 추서), 백선엽(육군대장 예편), 김종오(육군대장 예편), 이성가(육군소장 예편), 송요찬(육군중장 예편), 이종찬(육군중장 예편), 백인엽(육군중장 예편), 장도영(육군중장 예편), 강문봉(육군중장 예편), 이한림(육군중장 예편), 유승열(육군소장 예편) 등이 준장으로 진급했고, 나중에는 전쟁 초기 군단 참모장과 연대장을 지낸 대령들이 장군으로 진급하면서 사단장으로 진출했다.

이들로는 최영희(육군중장 예편), 최덕신(육군중장 예편), 김익열(육군중장 예편), 박임항(육군중장 예편), 김동빈(육군중장 예편), 유흥수(육군소장 예편), 최창언(육군중장 예편), 함병선(육군중장 예편), 김웅수(육군소장 예편), 강영훈(육군중장 예편), 최석(육군중장 예편), 백남권(육군소장 예편), 민기식(육군대장 예편), 김종갑(육군중장 예편), 박병권(육군중장 예편), 김점권(육군소장 예편), 신상철(공군소장 예편), 김용배(육군대장 예편), 임충식(육군대장 예편), 오덕준(육군소장 예편), 임부택(육군소장 예편), 윤춘근(육군소장 예편),

---

158) 김정렬, 『金貞烈回顧錄』, pp.151-153.
159) 전쟁발발 시 장성은 육군이 현역 10명(채병덕 소장, 김홍일 소장, 이응준 소장, 신태영 소장, 유재흥 준장, 이형근 준장, 송호성 준장, 원용덕 준장, 정일권 준장, 이준식 준장)과 예비역 1명(김석원 준장) 등 11명, 공군이 2명(김정렬 준장, 최창덕 준장), 해군이 1명(손원일 소장) 등 14명이었다. 「장교자력표」, 군사편찬연구소 소장자료.

송석하(육군소장 예편) 등이 있다.

그리고 군단장 보직을 받은 유재홍(육군중장 예편)과 김백일이 준장에서 소장으로 진급했다. 이 외에도 나중에 군단장에 보직된 장군으로는 백선엽, 이형근(육군대장 예편), 정일권, 강문봉 장군 등이 역임했다.[160]

육군총참모장 가운데 육군은 채병덕, 정일권, 이종찬, 백선엽 장군이 역임했고, 해군은 손원일(해군중장 예편) 제독이, 그리고 공군은 김정렬(공군중장 예편)과 최용덕(공군중장 예편) 장군이 역임했다. 한편 국군 최초의 중장은 1951년 2월 22일부로 중장으로 진급한 정일권 장군이었고,[161] 최초의 대장(大將)은 백선엽 장군이 차지했다. 그는 1953년 1월 31일 대장으로 진급했다. 미군은 병력 20만 명당 1명의 대장을 두는 것을 원칙으로 하고 있었으나, 당시 국군으로서는 대장 승진을 전혀 생각하지 못하고 있던 때였다.[162] 1953년 2월 백선엽 대장이 육군총참모장으로 재임 시 밴플리트 장군 후임으로 온 미 제8군사령관 테일러 장군은 중장이었다. 이는 이승만 대통령이 아니고는 할 수 없는 인사였다.

또한 국군도 대폭적인 전력 증강을 이루었다. 육군은 휴전 무렵 8개 사단에서 18개 사단으로 증설되고, 병력도 94,000명에서 55만 명으로 증강됐다.[163] 즉 1950년 7월 5일과 7월 15일 사이에 제1·제2군단을 창설했고 8월부터 11월까지의 사이에 개전 초에 해편(解

---

160) 「장교 자력표」, 군사편찬연구소 소장 자료.
161) 정일권, 『6·25비록 전쟁과 휴전』, p.300. 두 번째 중장 진급은 1952년 1월 12일부로 진급한 이종찬 육군총참모장, 손원일 해군총참모장, 백선엽 제2군단장 등 3명이었다(백선엽, 『군과 나』, p.230).
162) 백선엽, 『군과 나』, p.262.
163) 國防部, 『國防史 1950.6-1961.5』② p.337.

編)됐던 제2·제5·제7사단 등 3개 사단을 재창설했다. 이어 제9·제11사단을 창설했으며, 10월 16일에는 제3군단을 창설했다. 그 후 제2·3군단은 중공군의 침공으로 큰 손실을 입고 해체됐다가 제2군단은 1952년 4월 5일에, 제3군단은 1953년 5월 1일에 재창설됐다. 해군은 전쟁 당시 4개 정대에 33척의 함정으로 보유하고 있었다. 그러나 휴전 무렵 해군은 6개의 전대를 기간으로 한 1개의 함대를 창설했고, 병력도 6,954명에서 12,000명 수준으로 증강됐다.[164]

공군도 1개의 전투비행단과 1개의 훈련비행단 등 2개의 비행단으로 성장했고, 비행기도 F-51전투기 80대를 포함하여 총 110대의 항공기를 보유했다. 병력도 1,897명에서 11,000명으로 증원됐다.[165] 이는 이승만이 휴전에 반대하지 않는다는 조건으로 미국으로부터 얻어 낸 일종의 '전리품'이었다.[166]

셋째, 이승만 대통령은 헌법에 보장된 계엄선포와 긴급조치 및 명령권을 행사하여 민심을 수습하고 치안을 유지했다. 이 대통령은 헌법 제64조 및 계엄법 제1장(계엄의 선포) 제1조에 의하여 계엄을 선포했다. 1950년 7월 8일 계엄령선포 시 이승만 대통령은 계엄법에 의거 선포의 이유는 "북한의 전면적 불법 무력 침구(侵寇)에 의하여 군사상의 필요와 공공의 안녕질서를 유지하기 위하여" 선포한다고 했고, 계엄의 종류는 비상계엄으로서 '전라남도와 전라북도를 제외한 남한 전역'을 대상으로 했다. 계엄사령관에는 '육군

---

164) 국방부 전사편찬위원회, 『韓國戰爭 要約』(서울: 전사편찬위원회, 1986), p.81.
165) 국방부 전사편찬위원회, 『韓國戰爭 要約』, p.85.
166) CINCUNC to Joint Chiefs Staff(1953.6.28), *FRUS 1952-1954*, Vol.15, Part.2, pp.1280-1282; Rhee to Eisenhower(1953.7.11), *FRUS 1952-1954*, Vol.15, Part.2, pp.1368-1369.

총참모장 육군소장 정일권'을 임명했다.[167] 계엄사령관은 7월 8일 '포고 제1호'에서 "국내의 모든 체제를 전시체제로 전환함으로써 과감한 작전수행을 도모하고 신속한 승리를 확보하기 위하여 헌법 및 계엄법에 비상계엄을 선포"하게 되었음을 국민들에게 알렸다.[168] 이승만 대통령도 7월 15일 '계엄선포에 대한 대통령 특별담화'를 통해 "작전지역에는 계엄령을 선포하였으니 관민을 막론하고 말을 삼감으로써 무근한 풍설(風說)로 민심을 동요시키거나 국방치안에 손해를 주어서는 안 된다."고 강조했다.[169] 또한 대통령은 전쟁을 당하여 헌법에 보장된 긴급명령 및 처분권을 행사했다.

특히 이승만 대통령은 6월 25일 전쟁 당일부터 휴전 무렵까지 대통령으로서 군사·경제·치안과 관련된 각종의 비상조치를 공포하여 국가원수로서 전쟁을 지도했다. 이를 살펴보면 다음과 같다.

비상사태하의 범죄처벌에 관한 특별조치령(대통령 긴급명령 제1호, 1950.6.25)

비상시 법령공포식의 특례에 관한 건(대통령령 제377호, 1950.6.25)

계엄령 선포(포고 제1호, 1950.7.8)

철도 수송화물 특별조치령(대통령령 긴급명령 제3호, 1950.7.16)

금융기관 예금대불에 관한 특별조치령(대통령 긴급명령 제4호, 1950.7.19)

비상시 향토방위령(대통령 긴급명령 제7호, 1950.7.22)

비상시 경찰관 특별징계령(대통령 긴급명령 제8호, 1950.7.22)

---

167) 국방부 전사편찬회, 『한국전란 1년지』, p.C49.

168) 「계엄령 선포」(포고 제1호, 1950. 7. 8), 국방부 전사편찬회, 『한국전란 1년지』, p.C3.

169) 「계엄령선포에 대한 이승만 대통령 특별담화(1950. 7. 15)」, 국방부 전사편찬회, 『한국전란 1년지』, p.C3.

징발에 관한 특별조치령(대통령령 긴급명령 제5호, 1950.7.26)

징발에 관한 특별조치령 시행규칙(국방부령 제1호, 1950.7.26)

계엄하 군사재판에 관한 특별조치령(대통령 긴급명령 제6호, 1950.7.26)

비상시 향토방위령(대통령 긴급명령 제9호, 1950.8.4)

피난민수용에 관한 임시조치령(법률 제145호, 1950.8.4)

징발 보상령(대통령령 제381호, 1950.8.21)

육군보충장교령(대통령령 제382호, 1950.8.28)

국군 임시계급에 관한 건(대통령령 제384호, 1950.9.16)

비상계엄 해제에 관한 건(1950.11.7)

계엄선포에 관한 건(1950.11.7)

부역행위 특별처리법(법률 제157호, 1950.12.1)

국민방위군 설치법(법률 제172호, 1950.12.21, 폐지 1951.5.12)

감형령(減刑令, 대통령령 제426호, 1950.12.28)

방공법(법률 제183호, 1951.3.22)

계엄병 시행령(대통령령 제598호, 1952.1.28)

전시근로 동원법(법률 제292호, 19536.3)

민병대령(대통령령 제813호, 1953.7.23) 등.[170]

이렇듯 이승만 대통령은 국가원수 및 행정수반으로서 전시 필요한 조치를 통해 전시 공공의 안녕질서를 유지해 나갔다.

---

170) 국방부전사편찬회, 『한국전란 1년지』, pp.C47－C85; 국방부전사편찬회, 『한국전란 2년지』, pp.C215－C238; 국방부정훈부, 『한국전란 3년지』, pp.C120－C177.

5. 결론: 전쟁지도자로서 이승만 대통령 평가

이승만 대통령은 건국 대통령으로서 북한의 공산침략으로부터 자유민주주의 체제의 대한민국을 지켜 낸 국권수호의 대통령이었다. 이승만은 광복 이후 숱한 간난(艱難)을 무릅쓰고 어렵게 이룩한 자유민주주의 체제의 대한민국의 초대 대통령으로 취임한 지 2년도 채 안 되어서 공산권 종주국인 소련과 중공으로부터 막대한 무기와 병력을 지원받은 북한의 기습적인 공격을 받았다. 그 당시 이승만의 대한민국은 주한미군 철수와 미국에 의해 국경충돌 방지 및 치안유지에 적합한 경비대 수준의 군대로 육성된 국군을 보유하고 있는 것과는 달리, 소련제 전차와 전투기 등 현대전에 적합한 무기로 무장하고 독·소 전쟁에서 풍부한 전투경험을 쌓은 소련 군사고문단이 수립한 전쟁계획과 이에 따른 사단(師團)급 기동훈련까지 끝마친 북한군의 전면적인 기습공격을 받았다.

개전 당시 비록 국군이 반공사상으로 철저히 무장됐다고는 하나, 전략적 기습공격과 남북한의 병력 및 무기지수 면에서 2 : 1이라는 현격한 전력 차이를 고려할 때 전쟁의 승패는 북한의 승리를 의심치 않을 수가 없었다.[171] 이에 대해 개전 초부터 휴전까지 3년 1개월 동안 중요 전투를 거의 독자적으로 이끈 백선엽(육군대장 예편·육군참모총장 역임) 장군은 "국군의 전력이 북한군의 절반 수준도 안 된 상태에서 이루어진 기습으로 허망하게 당할 수밖에 없

---

171) Robert T. Oliver, "Why War Come in Korea", in *Current History*, Vol.19, No.107 (July 1950), pp.142 - 143.

었다."고 술회했다.[172] 전쟁 초기 국군 수뇌부는 북한군의 병력·무기·전술 등을 분석하고, 여기에 대처할 국군의 병력·무기·전술 등을 계산할 여유를 갖지 못했다. 소련제 전차와 소련이 마련한 전쟁계획으로 시작된 6·25를 불과 2년 밖에 안 되는 한국 정부가 막아 낸다는 것은 불가능한 일이었다. 따라서 이승만 대통령도 6·25전쟁 초기 어려웠던 상황을 "제갈량(諸葛亮)이 국무총리였어도 공산군의 장총대포(長銃大砲)와 전차를 막을 수 없었을 것이고, 또 정부가 이에 대한 대책을 미리 세우지 못한 것은 미국의 군사물자가 오지 않아 그렇게 된 것이다."[173]라는 분석을 내놓았다.

이렇듯 당시 한국 정부의 능력으로는 현대전을 지도하고 수행할 수 있는 전쟁관리능력이나 위기관리능력이 축적되지 않은 채 남침을 당했다.

그러기 때문에 이와 같은 열악한 안보상황에서 한반도의 공산화를 막고 미국과 군사동맹을 체결하고 한국군을 70만 대군으로 성장케 한 전쟁지도자로서 이승만의 전쟁지도력을 높이 평가하지 않을 수 없다. 또한 전쟁 이전 한반도에서 전쟁억지력을 갖추고자 구상했던 한반도 전략구상이라는 이승만의 전략적 혜안(慧眼)은 범인(凡人)의 능력을 초과하는 것이었다. 이러한 점을 고려하여 전쟁지도자로서 이승만에 대해 다음의 평가를 내렸다.

첫째, 이승만 대통령은 6·25전쟁 이전 북한의 전력증강에 즈음하여 이에 대한 대책으로 한반도 전략구상에 따른 한미동맹결성

---

172) 짐 하우스만·정일화 공저, 『한국대통령을 움직인 美軍 대위』, p.245.
173) 「계엄령선포에 대한 이대통령특별담화」(1950.7.15), 국방부전사편찬회, 『한국전란일년지』, pp.C5 - C6.

및 안전보장 선언, 태평양동맹, 한국군전력증강, 해군기지제공 등을 제의했고, 이를 위해 조병옥을 대통령특사로 미국에 파견하고 장면 주미대사로 하여금 미국의 군원(軍援)을 얻고자 노력했던 것이다. 그렇지만 이승만 대통령의 뜻대로 되지 않았다. 여·순 10·19사건과 38도선 충돌사건, 인민유격대남침사건 등을 겪은 이승만은 북한의 군비증강에 위협을 느끼고 미국에 전차와 전투기를 지원해 달라고 요청했으나, 미국은 이들 공격용 무기들은 한국지형과 실정에 맞지 않다는 이유로 거절했다. 그가 주장한 주한미군 철수 반대도 받아들여지지 않았고, 이를 대체할 NATO와 같은 태평양동맹이나 한미동맹 결성도 시기상조 및 미국의 전략에 부합하지 않는다는 이유로 거절당했다. 또한 진해 군항을 미국의 해군기지로 제공하겠다는 이승만의 제의도 받아들여지지 않았다. 대신 미국은 한국이 미국 극동방위선에 포함되지 않았다는 애치슨(Dean Acheson) 국무장관의 극동방위선 연설을 그 화답으로 보내 왔을 뿐이었다. 6·25전쟁은 그로부터 정확히 5개월 뒤에 터졌다. 그렇기 때문에 이승만 대통령은 미국의 그동안 처사에 그 누구보다도 억울한 입장에 있었고, 힘없는 국가의 지도자로서 비애를 맛보지 않으면 안 되었다. 하지만 그의 전쟁억지 차원의 전략적 혜안은 놀라울 정도로 선견지명적인 것이 되었다.

둘째, 6·25전쟁 발발 후 이승만 대통령은 국가원수 및 전쟁지도자로서 탁월한 전략적 선택을 했고 이것은 주효(奏效)했다. 개전 초기 전황조차 제대로 보고되지 않은 상황에서 이승만 대통령은 통수권적 차원의 역할 분담을 효과적으로 실행했다. 이승만은 미국을 끌어들이기 위한 외교적 노력에 최우선을 두고 행동했다. 즉 이승만 대통령은 무초 미국대사와 긴밀한 접촉을 유지하는 가운데 워싱턴의 한국대사에게 미국의 지원을 위한 간단없는 지시를 했고, 극동군사령관과 주한미국대사에게 한국군에게 필요한 무기와 탄약을 요청함으로써 국군에게 부족한 탄약과 무기를 지원받을 수 있었다. 대신 전선 상황에 따라 부대를 이동하여 병력을 배치하는 등의 순수한 작전사항에 대해서는 군부에 일임했다. 미군 참전 이전 전쟁지도자로서 평정을 잃지 않은 가운데 전시외교에 기울였던 이승만 대통령의 노력은 유엔의 결의와 미국의 참전으로 결실을 맺게 되었고, 이에 따라 북한은 미국이라는 '새로운 강적을 맞아 새로운 전쟁'을 치르게 됐다.

셋째, 전쟁수행과정에서 이승만 대통령은 한반도 통일과 북진통일이라는 전쟁목적과 목표를 확고히 추진했다. 이는 한국의 국권을 수호했을 뿐만 아니라 전후 미국으로부터 한미동맹과 한국군 전력 증강이라는 기대 이상의 성과를 얻었다. 전적으로 지원받는 입장에도 불구하고 이승만은 확고한 전쟁목표 아래 국군의 통수권자로서 의연하게 군림했고, 도움을 주고 있는 미국에게 오히려 큰소리를 치면서 전쟁의 주도권을 행사했다. 이는 이승만의 카리스마적인 지도력, 미국 최고 명문대학을 졸업한 학문적 배경, 그리고 정세를 읽고 판단하는 통찰력에서 나왔다. 전쟁지도자인 이승만에게 그러한 뚜렷한 국가적 목표가 없었다면 한국도 베트남전쟁에서 '자유월남'처럼 공산화되었을 것이다.

넷째, 전쟁수행 중 이승만 대통령은 유엔군의 원활한 지휘를 위해 국군의 작전지휘권을 유엔군사령관에게 위임하였으면서도, 반공포로 석방 등 그때그때의 전황에 따라 전쟁지도를 융통성 있게 실시했다. 이는 이승만 대통령이 주권의 일부를 포기했거나 또는 미국과의 대립 각을 세우는 등의 긴장관계를 유지했다고 평가할 수 없다. 그는 오로지 국가이익을 위해 처신했고 행동했다. 미국이 고분고분하지 않은 이승만을 제거할 계획까지 수립했으면서도, 미국이 이를 실행하지 않은 것은 이승만을 대신할 강력한 리더십을 갖춘 반공지도자가 없었기 때문이었다.

특히 그는 국가이익을 위해 반공포로 석방 등 전후 미국의 안전보장을 얻기 위해 고집을 피우고 완고하게 행동했지만 합리성과 국제정세를 정확히 읽고 판단할 줄 아는 견식이 풍부한 국제정치지도자로서 전쟁의 주체인 미국을 리드(lead)했다. 그렇기 때문에 그는 자신감을 갖고 미국과 여러 정책을 놓고 협의할 때도 먼저 원칙론을 내세워 강력히 주장을 펴며 충돌했지만 이는 미국으로부터 보다 많은 실리를 얻어 내기 위함이었다. 휴전협상 무렵 그가 강력히 주장했던 단독 북진통일도 한국의 힘으로 할 수 없음을 이승만 자신이 누구보다 잘 알고 있었다. 클라크 장군은 이러한 이승만을 보고 "명분을 적절히 구사해 실리를 얻어 내는 외교적 수완을 도대체 어디에서 터득했는지 알 수 없다."고 탄복했다.[174]

이렇듯 이승만 대통령은 열악한 안보환경하에서 국가원수로서, 행정수반으로서, 그리고 전쟁지도자로서 6·25전쟁을 훌륭하게 지도하며 수행해 냈다. 그는 개전 초기 어려운 상황에서 미군의 신속한 개입을 재촉하기 위해 노력했고, 미군 참전 이후에는 작전통제권을 위임하여 미국의 책임하에 전쟁이 전개되도록 만든 후 그는 오로지 민족의 숙원인 북진통일을 위해 노력했다. 그러나 중공군

---

174) 백선엽, 『군과 나』, p.277.

개입으로 미국의 대한정책이 휴전협정으로 통한 종전정책으로 바뀌자, 제2의 6·25를 방지하기 위해 미국으로부터 한미상호방위조약과 한국군 전력 증강 등 전쟁억지력 확보에 그는 혼신의 노력을 다했다. 그는 미국의 이익이 어디에 있는지를 미국보다도 먼저 깨닫고, 조국의 미래에 대한 국가이익을 위해 위국헌신(爲國獻身)했다. 진정한 애국자로서, 건국 후 국가원수로서, 그리고 6·25전쟁 때 전쟁지도자로서 그의 참모습은 죽은 뒤에 선명하게 드러났다.

이승만 대통령의 오랜 미국 친구인 보스윅(W. Borthwick)은 이승만의 영결식에서 애절한 절규로 그의 인간미와 조국에 대한 사랑을 시심(詩心)으로 기렸다. "내가 자네를 안다네! 내가 자네를 알아! 자네가 얼마나 조국을 사랑하고 있는지, 자네가 얼마나 억울한지를 내가 잘 안다네. 친구여! 그것 때문에 자네가 얼마나 고생을 해왔는지, 바로 그 애국심 때문에 자네가 그토록 비난받고 살아온 것을 내가 잘 안다네. 내 소중한 친구여……."175)

---

175) 프란체스카 도너 리 지음·조혜자 옮김, 『프란체스카 여사의 살아온 이야기』, p.204.

제4장

6 · 25전쟁 시 이승만 대통령의 국가수호노력

1. 이승만 대통령의 6 · 25전쟁 인식과 전쟁 목표

이승만 대통령은 6 · 25전쟁을 어떻게 판단했을까? 이 대통령은 임진왜란 이후 민족 최대의 위기인 북한의 기습남침을 받고도 평정심을 잃지 않고 국가지도자로서 취해야 될 조치를 취하며 태연하게 행동했다. 그가 전쟁 초기 위급한 상황에서 대통령으로서 국가수호를 위해 판단하고 내린 조치는 크게 4가지다.

첫째는 한국에서 일어난 전쟁이 세계대전의 빌미를 제공하는 장(場)이 되어서는 안 되겠다는 것이다. 둘째는 한국민은 모든 국민이 참여하는 총력전을 펼치겠다는 것이다. 셋째는 금번 북한의 불법남침을 남북통일의 절호의 기회로 삼아야겠다는 것이다. 따라서 일본군 무장해제를 위해 미 · 소에 의해 인위적으로 만들어진 38도선은 북한이 침범했기 때문에 이제 필요 없다는 것이다. 넷째는 북진통일 달성을 위해 미국과 유엔의 지원을 얻어야겠다는 것이다.

이승만 대통령의 이런 적시적절한 판단과 조치는 전쟁이 발발한 지 얼마 되지 않은 상황에서 나왔다. 그는 전쟁 발발 약 7시간 후인 1950년 6월 25일 오전 11시 35분 경무대에서 무초(John J. Muccio) 미국대사의 방문을 받고 "한국이 제1차 세계대전의 배경이 되었던 제2의 사라예보(Sarajevo)가 되어서도 안 되겠지만 이 위기를 이용하여 절호의 기회가 될 '한국의 통일문제'를 해결해야 한다."는 입장을 밝혔다.

또한 그는 북한의 전면기습 남침이 신생 대한민국에게 최대의 위기임에 틀림없으나 이에 굴하지 않고 "남녀노소 할 것 없이 온 국민이 돌멩이나 몽둥이라도 들고 나와 싸울 것이다."라며 총력전 의지를 밝혔다. 그는 이런 연장선상에서 이를 최대로 이용해 가장 어렵고 힘든 시기에 남북통일의 발판으로 삼겠다는 생각을 했던 국가지도자였다. 범인(凡人)으로서는 전쟁이라는 위급한 시기에 생각지도 못할 이 대통령의 이런 생각은 전쟁기간 동안은 물론이고 이후에도 이 대통령의 전쟁목표 내지는 평생 그가 달성해야 될 국가과업으로 여기게 되었다. 이승만 대통령의 이런 생각은 그날 14시에 무초 대사가 이승만과의 대화 내용을 미 국무장관에게 보고한 다음의 내용을 통해 상세하게 알 수 있다.

> 내(무초)가 보기에 대통령(이승만)은 상당히 긴장한 듯 보였으나 태연한 태도를 잃지 않았다. 나는 대통령에게 (경무대에) 오기 직전에 육군본부를 방문했는데 이 사태를 해결하고자 참모부와 미고문단이 분주하게 움직이는 것을 보았다고 말했다. 나는 10시에 연합군최고사령관(SCAP: Supreme Commander Allied Powers)에게 한국 상황을 알려 주었다. 대통령은 나에게 한국은 더 많은 무기, 즉 소총과 탄약이 필요하다고 말했다. 대통령은 한국 정부에는 암호장비가 없기 때문에 맥아더 장군에게 (이 사실을) 알리지 못했다고 말했다
> ……나는 대통령에게 미고문단이 38도선의 모든 한국군 사단에서 함께 근무하고 있기 때문에 한국군의 사기에 도움을 줄 것이라고 말했다. 대통령은 이 사태를 논의하기 위해 14시에 국무회의(a cabinet meeting)를 개최할 것이라고 말했다. 또한 대통령은 서울에 계엄령(martial law) 선포를 고려하고 있으며, 국민들에게 이 사실을 알려야겠다고 말했다. 대통령은 필요할 경우 모든 남녀와 어린아이들까지도 돌멩이나 몽둥이라도 들고 나와 싸워야 한다는 것을 호소해 왔다고 말했다. 대통령은 국민들이 이런 방식을 택해서라도 그를 지지할 것으로 생각하는 것 같았다. 대통령은 무기와 탄약이 가용하다면 국민들의 사기가 올라갈 것이라고 말했다.

⋯⋯대통령은 한국이 제2의 사라예보가 되는 것을 피해야 하고, 현재의 위기가 한국 문제를 해결할 수 있는 단 한 번뿐인 '절호의 기회(best opportunity)'를 제공하게 될 것이라고 말했다. (그리고서) 대통령은 미국 여론은 공산주의 침략에 대해 더욱더 강력하게 대응하고 있다고 말했다.[1]

이후 이승만 대통령은 미국의 지원을 얻기 위해 필요한 조치를 취했다. 그는 무초 미국대사와 회담을 마친 13시경 국제전화로 주미대사관의 한표욱(韓豹頊) 참사관과 장면(張勉) 대사에게 "저놈들이 쳐들어왔어. 우리 국군은 용맹스럽게 싸우고 있다. 그러나 우리의 힘으로 격퇴할 수 있을지 걱정이다. 우리는 끝까지 싸울 결심과 각오를 가지고 있다. 어떻게 하든 미국의 원조가 시급히 도착하도록 노력해야겠다."며 지시했다.[2] 이승만의 지시를 받은 장면 대사는 25일 14시 10분(워싱턴 시각 25일 01시)에 국무부를 방문하고 한국의 지원을 요청했다. 이때 미국은 "이 문제를 유엔에 제기하기 위해 안전보장이사회 소집을 요구했다."고 알려 줬다.[3]

이승만 대통령은 26일 새벽 3시에 맥아더 장군에게 전화를 걸어 "오늘 이 사태가 벌어진 것은 누구의 책임이요. 당신 나라(미국)에서 좀 더 관심과 성의를 가졌더라면 이런 사태까지는 이르지 않았을 것이요. 우리가 여러 차례 경고하지 않았습니까? 어서 한국을 구하시오."라고 말했다.[4] 이처럼 이승만은 미국의 지원과 참전을 얻어 내기 위해 다방면으로 노력했다.

1) The Ambassador in Korea(Muccio) to the Secretary of State(1950.6.25), *FRUS, 1950*, Vol.Ⅶ, pp.129-131.
2) 韓豹頊, 『한미외교 요람기』(서울: 중앙신서, 1984), pp.76-77.
3) 韓豹頊, 『한미외교 요람기』, pp.76-78.
4) 프란체스카 여사, 「6·25와 이승만 대통령」(1), 『중앙일보』, 1984년 6월 24일.

그러나 북한군이 6월 27일에는 서울 북쪽 외곽까지 진출하고, 주한 외국인들과 군사고문단이 철수하는 등 상황이 급박하게 돌아 가자, 이 대통령은 27일 01시경(미국시각 26일 12시) 두 번째로 주 미대사관에 전화를 걸어 "일이 맹랑하게 되어 가고 있다. 우리 국 군이 용감히 싸우긴 하나 모자라는 게 너무 많다. 즉각 장(張) 대 사를 모시고 트루먼을 만나 군사원조의 시급함을 설명하고 협조를 요청하라."고 지시했다.[5]

이에 장면 대사는 그날 15시(한국시각 27일 04시경)에 백악관으 로 트루먼 대통령을 예방했다. 이 자리에서 트루먼은 장면에게 "한 국 정부·국민·국군이 용감하게 싸우고 있으며 국민들이 여러 가 지 고난을 당하고 있는 것을 잘 알고 있다. 미국 독립전쟁 때 미 독립군이 무기·식량난에 어려움을 겪으며 낙담하고 있을 때, 프 랑스의 라파예트 장군이 우리를 도와준 적이 있다. 또 1917년 유 럽 제국이 독일의 침공을 받아 존망의 어려움을 겪었을 때 미국은 그 지원에 나선 적이 있다."라며 격려의 말을 했다.[6]

이승만 대통령에게 가장 긴급한 것은 미국의 참전이었다. 미국 의 참전은 곧 유엔의 참전을 의미했기 때문이다. 이를 위해 그는 대미 외교에 매진했다. 그 결과 트루먼은 6월 29일 국가안전보장 회의(NSC)에서 "나는 북한군을 38도선 이북으로 격퇴하는 데 필요 한 모든 조치를 취하기를 원한다…… 나는 우리(미국)의 작전이 그곳(한국)의 평화를 회복하고 국경을 회복하는 것이라는 것을 명 확히 이해해 주기를 원한다."[7]라고 말하면서 미국의 참전의지와 전

---

5) 韓豹頊, 『韓美外交요람기』, p.86.
6) 韓豹頊, 『韓美外交요람기』, pp.86 - 87.

쟁정책을 밝혔다.

미국은 이러한 전쟁정책과 목표를 달성하기 위해 6월 25일과 27일 유엔 안전보장이사회의 결의안 채택에 따라 해·공군을 먼저 파병했고, 뒤이어 6월 30일 국가안보회의의 결정에 따라 지상군 파병을 결정했다.[8] 또한 미국의 전쟁지도부는 참전결정과정에서 "제3차 세계대전을 방지하면서 한국에서의 전쟁은 유엔을 통해 해결한다."고 밝혔다.[9] 미국은 이승만의 뜻대로 참전을 하게 됐으나 미국의 정책은 38도선 회복이었다. 미국은 한반도 통일까지는 생각하지 않고 있었다.

미국이 참전하자 이승만 대통령은 기다렸다는 듯이 남북통일에 걸림돌이 될 38도선 무용론 내지는 폐지론을 주장하고 나섰다. 혹여 38도선이 북진통일에 장애가 되지 않을까 하는 우려에서다. 그는 이를 위해 대전 함락을 목전에 둔 7월 19일 트루먼(Harry S. Truman) 대통령에게 "소련의 후원으로 수립된 북한 정권이 무력으로 38도선을 파괴하면서 남침한 이상 이제는 38도선이 더 이상 존속할 이유가 완전히 없어졌다. (따라서) 전쟁 이전의 상태로 (다시) 돌아간다는 것은 도저히 있을 수 없는 일이다."라는 요지의 서한을 보내 유엔군이 38도선을 반드시 돌파해야 된다는 당위성을 피력하였다.[10]

---

7) Harry S. Truman, *Years of Trial and Hope*, vol.2(Garden City, NY.: Doubleday, 1956), p.388.

8) 남정옥, 「6·25전쟁 초기 미국의 정책과 전략, 그리고 전쟁지도」, 『軍史』 59호(서울: 국방부군사편찬연구소, 2006.), pp.59 - 60.

9) Truman, *Years of Trial and Hope*, vol.2, p.335.

10) 韓豹頊, 『한미외교 요람기』, pp.94 - 95. 미국의 오스틴은, 6월 30일 유엔안전보장이사회에서 "모든 미국의 군사적 행동은 한국이 6·25 이전의 상태로 돌아가도록 하자는 데 그 목적이 있다."라는 취지의 발언을 한 적이 있다.

미국의 트루먼 대통령도 1950년 9월 1일 발표한 정책연설에서 "한국은 그들이 원하는 만큼 자유롭고, 독립적이며, 통일할 권리를 보유하고 있다고 믿는다. 우리는 '유엔의 지도지침'하에 다른 나라와 더불어 그들이 그러한 권리를 향유하도록 우리의 몫을 다할 것이다."라고 천명한 데 이어 기자회견에서 "38도선 돌파는 유엔에 달려 있다."고 화답했다.[11] 이는 미국이 전쟁 초기 '전쟁 이전 상태로의 복귀'라는 최초목표에서 '38도선 돌파 및 한국통일'이라는 새로운 목표로 전환하되 유엔의 테두리 내에서 추진하겠다는 방침을 제시한 것이다.

인천상륙작전이 성공한 뒤 이승만 대통령은 통일의 의지를 다시 한 번 천명하고 나섰다. 9월 20일 이 대통령은 인천상륙작전 경축대회에서 또다시 38도선 돌파를 주장하며 압록강·두만강까지 밀고 올라가 북진통일을 이루겠다는 의지를 천명하였다. 그에게는 오직 통일만이 존재하였다.

> 지금 세계 각국 사람들이 38도선에 대하여 여러 가지로 말하고 있으나 이것은 다 수포로 돌아갈 것이다. 본래 우리의 정책은 남북통일을 하는 데 한정될 것이요······ 소련이 한국내란에 참여하여 민주정부를 침략한 것은 민주세계를 토벌하려는 것이므로 유엔군이 들어와서 공산군을 물리치며 우리와 협의하여 싸우는 것이다. 그러므로 우리가 38도선에 가서 정지할 리도 없고 또 정지할 수도 없는 것이니, 지금부터 이북 공산도배를 다 소탕하고 38도선을 압록강, 두만강까지 밀고 가서 철의 장막을 쳐부술 것이다.[12]

미국도 결국 1950년 9월 1일 수립한 국가안전보장회의문서(NSC

---

11) 국방부, 『한국전쟁사: 총반격작전』 제4권(서울: 전사편찬위원회, 1971), p.275.
12) 대한민국 공보처, 『대통령 이승만 박사 담화집』(서울: 공보처, 1953), pp.39 - 40.

81)에서 "6·27 유엔결의가 38도선 후방으로 북한군을 격퇴시키거나 그들을 격멸시키기 위해 이 선 북쪽에서 군사작전을 실시할 법적근거를 제공하고 있다."고 결론짓고, "소련이나 중공이 북한으로 그들의 군대를 투입하지 않거나 그렇게 하려는 의도를 발표하지 않는다면 유엔군사령관에게 그러한 작전을 실시하도록 인가해야 한다. 만일 이와 같은 상황, 즉 중·소의 개입이 발생한다면 맥아더 장군은 부대를 38도선에 정지시키고, 유엔안전보장이사회의 조치를 기다려야 한다."라고 밝혔다.[13] 다시 말해서 38도선 돌파는 '6·27 결의'에 의거하여 합법적이며 결의의 목적을 달성하기 위하여 북진작전을 실시해야 한다는 결정을 내렸다.

그러나 1950년 9월 29일 오전 중앙청에서 거행된 서울 환도식이 끝난 후 이승만 대통령은 유엔군사령관 맥아더 장군에게 "지체 없이 북진을 해야 합니다."라고 말했고, 맥아더 장군이 "유엔이 38도선 돌파 권한을 부여하지 않았다."며 반대의사를 표명하자, 그는 "유엔이 이 문제를 결정할 때까지 장군은 휘하부대를 데리고 기다릴 수가 있지만, 국군이 밀고 올라가는 것을 막을 사람은 아무도 없을 것이 아니오…… 내가 명령을 내리지 않아도 우리 국군은 북진할 것입니다."라고 말하였다.[14] 그러고서 이승만 대통령은 단독으로 정일권(육군대장 예편) 육군총참모장에게 북진명령을 내렸고, 이에 국군 제3사단 제23연대가 10월 1일 38도선을 돌파하게 되었다.

---

13) 국방부 전사편찬위원회, 『美合同參謀本部史 : 韓國戰爭』(上)(서울: 삼아인쇄공사, 1990), p.174.
14) 프란체스카 비망록, 「6·25와 이승만 대통령」, 『중앙일보』, 1983. 7.

이후 한반도 통일을 지향하는 이 대통령의 북진통일은 그의 전쟁목표로 정립돼 전쟁기간 내내 일관되게 추진됐다. 이승만 대통령은 이를 위해 국군 작전지휘권을 유엔군사령관에게 이양하며 미국 및 유엔에 적극적인 협조를 보냈다. 통일을 위해서라면 그는 무엇이든지 양보할 의사가 있었다. 그에게는 오로지 북진통일에 의한 남북통일만이 존재했다. 이 대통령의 이와 같은 북진통일 의지는 38도선 무용론 및 폐기론, 국군 단독의 38도선 돌파명령, 압록강 및 두만강으로의 진격, 국군의 유엔군 철수 및 국군단독 북진으로 나타났다.

따라서 북진통일에 반하는 미국과 유엔, 그리고 참전 자유우방국의 어떠한 정책과 결의에 대해서도 이승만 대통령은 조금도 양보하지 않았다. 이 대통령이 분단을 고착화하는 휴전을 결사적으로 반대한 것도 이런 연유에서다. 다시는 통일의 기회가 없을 것이라는 것을 그는 너무나 잘 알고 있었기 때문이다. 휴전협정 후 앞으로 있을 정치회담 문제를 논의하는 자리에서 이 대통령은 미 국무장관 덜레스에게 "전쟁터에서 쟁취 못 한 것을 (정치)회담의 탁자 위에서 당신네(미국)에게 양보해 주리라고 어떻게 공산당에게 기대를 걸 수가 있(겠)소?"라는 물음은 공산당의 계략을 꿰뚫는 발언이었다.[15]

이렇듯 전쟁수행 과정에서 보여 준 이승만 대통령의 북진통일에 대한 지나칠 정도의 집념과 무리수는 미국에게는 '이승만 제거계획'까지 수립할 정도로 커다란 부담이 되었을지 몰라도, 한국 정부

---

15) 로버트 T 올리버 저, 朴日泳 역, 『대한민국 건국의 비화: 이승만과 한미관계』(서울: 계명사, 1990), p.527.

및 국민들로부터는 반드시 달성해야 될 전쟁목표로 전폭적인 지지를 받았다.

2. 유엔(미국)의 6·25전쟁에 대한 인식과 대응

6·25전쟁 이전 미국은 한국에서 전쟁이 일어나면 유엔을 통해 해결한다는 방침이었다. 1949년 애치슨(Dean G. Acheson) 미 국무장관은 이승만 대통령의 특사자격으로 미국을 방문한 조병옥(趙炳玉) 박사와의 회담에서 "북한으로부터 남한이 침공당했을 경우 한국 정부는 유엔총회나 유엔안전보장이사회에 도움을 호소해야 될 것"이라며 미국의 입장을 밝혔다.[16] 미국의 최고 정책결정권자인 트루먼 대통령도 이와 같은 견해를 갖고 있었다. 그는 병력증강과 군사원조를 요청한 이승만 대통령의 개인적 서한에 대해 "한국경제가 감당하기 힘든 군사력의 유지는 한국경제사정을 더욱 악화시켜 오히려 공산주의자들의 활동영역을 더 넓혀 준다."는 점을 지적하면서 "내부적인 경제개혁과 정치적 안정의 중요성"을 강조하였다.[17]

특히 1950년 1월 12일 애치슨(Dean G. Acheson) 국무장관은 전국기자클럽에서 행한 연설에서 미국의 극동방위선에 대해 언급하면서 한국과 대만을 이 선에 포함시키지 않았다. 그는 이 연설에

---

16) The Secretary of State to the Embassy in Korea, December 14, 1949, *FRUS*, vol.Ⅶ, p.1059.

17) President Truman to President Rhee, September 26, 1949, *FRUS*, vol.Ⅶ, pp.1084–1085.

서 "태평양에 위치한 다른 지역의 군사적 안보에 관해서 어느 누구도 안전을 보장할 수 없다. 그러한 군사공격이 발생했을 경우 최초에는 이에 맞서 싸우는 당사국민의 역량에 의존할 수밖에 없고 다음에는 유엔 헌장에 따라 전 문명세계의 개입으로 사태를 안정시킬 수밖에 없다."라고 밝혔다.[18]

미국의 정책결정자들 중 아무도 이러한 정책표명에 대해서 이의를 제기하지 않았다. 미국 합동참모본부도 한국에 미군 병력과 기지를 유지해야 할 하등의 이유를 발견하지 않고 있었으며 어떠한 경우에도 한국에서 미국의 단독행동을 상정하지 않았다. 그리고 한국군을 중무장시키는 것에 반대 입장을 표명했다. 한국에서의 군정과 한국의 안전에 대한 직접적인 책임을 맡고 있던 맥아더 장군도 "미국의 방위선이 필리핀에서 류큐 열도를 지나 일본, 알래스카에 이르고 있다."라고 밝히면서 한국을 포함시키지 않았다.[19]

이와 같이 미국은 한국 문제는 미국 단독의 문제가 아닌 유엔의 문제로 이관시켜 놓고 있었다. 그렇기 때문에 북한이 남침했을 때 미국과 유엔은 신속히 조치를 취할 수 있었다. 한국에서 전쟁 발발 소식을 듣고 유엔사무총장 리(Trygve Lie)가 "그것은 유엔헌장의 위반이야!(That's violation of the United Nations Charter!)"라고 소리쳤던 것도 이러한 연유(緣由)다. 그렇기 때문에 한국에서 평화를 회복하기 위해 유엔안전보장이사회를 통해 해결하고자 했다. 왜냐하면 북한의 남침은 유엔 헌장 제7장에 규정된 평화의 침해(breach of

18) Speech, Dean Acheson to the National Press Club, January 12, 1950, in *MacArthur Hearings*, pp.1812 ~ 1813; Dean G. Acheson, *Present at the Creation*(New York: W. W. Norton & Company, 1969), pp.357-358.

19) *The New York Times*, March 2, 1949.

peace) 및 침략행위(act of aggression)였기 때문이다. 이에 따라 유엔 안보리는 북한에 대한 제재와 한국에 대한 군사지원을 결의함으로 써 유엔회원국이 군대를 파견할 수 있는 법적 근거를 마련하였다.

<표> 유엔헌장 제7장(평화 위협, 파괴, 침략행위에 관한 조치)

구 분	내 용
제39조	• 유엔안보리는 국제평화 위협, 파괴, 침략행위 여부 결정 • 국제평화와 안전을 유지 또는 이의 회복을 위해 권고 • 그리고 제41조와 제42조에 의거 어떤 조치를 취할지를 결정
제41조	• 무력 사용을 제외한 유엔 안보리 조치를 규정(경제제재, 외교관계 단절 등)
제42조	• 유엔안보리의 무력 사용을 규정, 제41조 조치가 이행되지 않을 경우 • 유엔회원국의 육·해·공군에 의한 시위·봉쇄 이외의 작전 실시

유엔안보리는 유엔헌장의 규정에 따라 수순을 밟아 나갔다. 유엔안보리는 6월 25일 14:00(한국시각 26일 04 : 00)에 개최된 회의에서 유엔사무총장은 유엔한국위원단의 보고를 근거로 "북한이 유엔헌장을 위반했다."고 말하고, "이 지역에서 평화와 안전을 재확립하는 데 필요한 조치를 취하는 것이 유엔안보리의 임무"라고 말했다.[20] 유엔안보리는 유엔헌장 제7장 제39조와 제41조 규정에 따라 결의했다. 즉 북한의 남침을 국제평화를 위협하는 침략행위로 규정하면서 즉각 전투행위를 중지하고, 38도선 이북으로 군대를 철수할 것을 권고함과 동시에 유엔회원국은 유엔에 적극적인 지원을 하되 북한정권에 대한 원조를 삼가도록 결의했다.[21]

---

20) U.N. Security Council, Fifth Year, Official Records, No.15, 473rd Meeting, June 25, 1950, p.3; Paige, *The Korean Decision: June 24-30, 1950*, p.116에서 재인용.

21) Security Council res. 82(S/1501), 25 June 1950; The First United Nations Security Council Resolution, June 25, 1950, *Us Policy in the Korean Crisis*, pp.44-45; Resolution Adopted by the United Nations Security Council Resolution, June 25,

그러나 북한이 무력공격을 중지하고 않고 침략행위를 계속하자, 유엔안보리는 6월 27일 15시(한국시각 28일 04시)에 회의를 개최했다. 유엔안보리는 북한의 침략행위가 중지되지 않고 있는 것에 사태의 심각성을 느끼고 "유엔회원국은 그들의 육·해·공군에 의한 시위, 봉쇄 이외의 작전을 실시할 수 있다."는 유엔헌장 제42조에 기초하여 한국에 대한 군사지원을 결의했다.[22]

유엔안보리 2차 결의안이 통과되자 유엔사무총장은 유엔회원국에게 6·27 결의의 준수를 촉구하는 서한을 각국 정부에 보내 협조를 구했다. 이를 접수한 각국 정부는 유엔사무총장 또는 유엔안보리의장에게 유엔안보리의 결의에 전폭적으로 지지한다는 답신을 보냈다.[23] '6·27유엔안보리 결의'는 '6·25 유엔안보리결의'와 함께 유엔이 창설된 후 국제평화 파괴행위를 군사적 제재를 통해 해결하려는 유엔 최초의 집단안전보장조치였다.

유엔안보리 결의에 따라 유엔회원국이 군대를 파견하게 되자 7월 7일 유엔안보리는 이를 통합 지휘할 '통합군사령부 설치에 대한 결의안'을 채택함으로써 유엔군사령부가 설치됐다. 이 결의안에서 "유엔안보리는 북한군이 무력으로 대한민국을 공격한 것을 평화의 파괴행위로 확정하고, 군사력과 기타 지원을 제공하는 모든 회원국이 미국 책임하의 통합군사령부가 그러한 군사력과 기타지원을 운용하도록 할 것을 권고하며, 미국이 그러한 군사력을 지휘할 사령관을 지명하도록 요청하고, 통합군사령부가 미국의 재량으

1950, *FRUS, 1950*, vol.Ⅶ, pp.155-156.

22) United Nations Document S/1508, Rev. 1, June 27, 1950.

23) 韓國弘報協會, 『韓國動亂』(서울: 한국홍보협회, 1973), pp.381-421.

로 북한군에 대한 작전 중 유엔기를 여러 참전국의 국기와 함께 사용하도록 승인했다. 그리고 미국은 통합군사령부의 책임하에 취해진 작전경과에 관한 적절한 보고서를 안전보장이사회로 제출하도록 요청한다."고 했다.[24]

이에 따라 역사상 최초로 유엔군을 통합 지휘할 유엔군사령부가 창설됐다. 이 대통령은 7월 14일 유엔군사령관에게 한국의 육·해·공군에 대한 작전지휘권을 이양했다. 이로써 유엔회원국이 아닌 국군은 유엔군사령관에게 작전지휘권을 이양함으로써 유엔군의 일원으로 싸우게 됐다.

한편 유엔의 한국에서의 전쟁목표는 1950년 10월 7일까지는 전쟁 이전 상태의 회복, 즉 38도선 회복이었다. 그러나 인천상륙작전 이후 유엔총회는 "한국의 통일·독립·민주 정부수립을 위하여 유엔의 후원하에 선거실시를 포함한 모든 합헌적 조치를 취하는 것"을 골자로 한 '10.7통한(統韓)결의'를 내놓았다. 이는 38도선 돌파를 승인하고 북진통일을 인정하는 것이었다. 이 결의에 대해 한국 정부는 임병직 외무부장관을 통해 "북한에서의 선거실시는 환영하나 남한에서 새로이 선거를 실시하는 것에는 반대한다."는 입장을 천명하였다.[25] 한국 정부는 유엔 감시하의 선거에 의해 수립되었으며, 유엔의 승인을 받은 합법정부이므로 다시 선거를 필요로 하지 않는다는 뜻이었다.

---

24) James F. Schnabel and Robert J. Watson, *History of the Joint Chiefs of Staff: The Joint Chiefs of Staff and National Policy 1951-1953*, vol.Ⅲ, Part.1(Washington D.C.: Office of the Chairman of the Joint Chiefs of Staff, 1998), pp.56-57; UN Document, S/1588.

25) 국방부 정훈국 전사편찬회, 『한국전란 1년지』, 1951, pp.A18-A19.

이는 이승만 대통령의 유엔외교활동 지침에 따른 것이었다. 이 대통령은 유엔외교활동 지침으로 다음의 다섯 가지 원칙을 하달하였다. 첫째, 유엔군은 38도선을 돌파해야 한다. 둘째, 한국은 한반도의 유일 합법정부이다. 셋째, 38도선을 넘은 다음 유엔감시하에 총선거가 실시되어야 한다. 넷째, 38도선 이북에 신탁통치를 하는 것은 절대반대다. 다섯째, 다만 유엔군이 잠정 주둔하는 것은 반대하지 않는다.[26]

3. 유엔의 휴전회담과 이승만의 대응

6·25전쟁에서 중공군의 개입은 전쟁을 전혀 새로운 국면으로 치닫게 했다. 북진통일을 앞두고 있던 국군과 유엔군으로서는 청천벽력과 같은 것이었다. 이에 유엔군 측 전쟁지도부는 중공의 참전이라는 새로운 상황을 맞아 확전·철군·휴전 등의 방안을 놓고 대응책 강구를 위한 다각적 검토를 벌였다. 이의 일환으로 1950년 12월 4일~8일에 워싱턴에서 개최된 미·영 정상회담에서는 유엔의 후원하에 전쟁 이전 현상에서 휴전을 모색함이 최선의 방안이라는 데 공동인식을 갖게 되었다.

1950년 12월 5일 유엔에서 아시아·아랍 13개국 그룹이 중공과 북한에 그들의 군대가 38도선을 넘지 않도록 제의하는 한편, 쌍방에 이 선에서의 휴전에 대한 의사타진을 하였다. 트루먼 대통령과 애틀

---

26) 한표욱, 『한미외교요람기』, pp.91 - 98.

리 수상은 이에 동의했으나 북경이나 평양에서는 아무런 응답이 없었다.27) 아시아 · 아랍 13개국은 12월 6일 "유엔군은 다시는 38도선을 넘어서는 안 된다."는 내용의 충격적인 성명을 발표했다.28)

이 무렵 한국 정부도 미국이 전쟁을 휴전으로 가고 있다는 것을 느끼고, 이승만 대통령은 장면 주미대사에게 그 저의를 파악하도록 지시했다. 장면 대사는 12월 4일 국무부를 방문하고 러스크(Dean Rusk) 극동담당차관보에게 "본국 정부의 지시에 따라 한국 국민은 공산주의와 대항하여 끝까지 싸울 것이며, 우리에게 휴전이란 있을 수 없다. 우리에게 전선으로 나가기를 열망하는 50만 명의 반공 청년이 있다. 지금 필요한 것은 이들 50만 명의 무장이다. 그것을 지원해 달라."고 요구하였다. 또한 그는 "미국이 중공군에 유화정책으로 대하는 것을 강력하게 반대한다."며 미국 측에 불만을 제기하였다.

베빈(Ernest Bevin) 영국외상이 미국과 중공 간 군사적 충돌을 막기 위하여 한반도에 완충지대 설치안을 제의했다는 보도에 대해서 머첸트 국무부 부차관보에게, "한국 정부는 한국영토 안에 완충지대가 설정되는 데 대해 찬성할 수 없다. 우리는 끝까지 싸울 것이다. 미국과 유엔은 공산침략자를 끝까지 격퇴하려는 결의를 굳혀 주었으면 좋겠다. 이 같은 한국의 입장을 트루먼 대통령에게 전달해 주기 바란다."며 정부의 입장을 전달하였다.29)

한국 전선에서는 중공군의 압력을 못 견디고 유엔군이 철수를

---

27) 국방부 전사편찬위원회 역, 『美合同參謀本部史 : 韓國戰爭』(上), pp.299 - 300. 13개국은 아프가니스탄, 버마, 이집트, 인도, 인도네시아, 이란, 이라크, 레바논, 파키스탄, 필리핀, 사우디아라비아, 시리아, 예멘이다.

28) 한표욱, 『한미외교요람기』, p.128

29) 한표욱, 『한미외교요람기』, p.125.

계속하여 1950년 12월 12일부터 38도선 부근에 방어선을 형성하기 시작하였다. 이러한 상황에서 12월 11일에 아시아・아랍 13개국은 외교적 노력을 계속하여 한국 문제 해결을 위한 두 개의 결의안을 유엔총회에 제출하였다. 첫 번째는 휴전을 추진할 '정전 3인위원회(Cease–Fire Group Of 3 Persons)' 설치안이며, 두 번째는 휴전 후 극동문제를 다룰 평화회의의 신속한 개최 요구안이었다.[30]

'정전 3인위원회' 설치안은 유엔총회 의장을 포함한 3명으로 위원회를 구성하여 한국전쟁을 종식시키기 위한 대책을 지체 없이 마련할 것을 내용으로 한 것이며, 평화회의 개최 요구안은 한국에서 적대행위 정지와 정전(停戰) 경계선을 설정한 후 아시아 문제를 다룰 7개국[31] 평화회담 개최를 요구한 내용이었다. 전자는 조건 없는 휴전을 요구하는 미국을 만족시킬 수 있었고, 후자는 한국 문제를 아시아의 제반 현안문제와 결부시켜 해결하려는 중공을 휴전협상에 끌어들이려는 방책이었다.

이때 미국도 정전위원회가 결의안을 총회에 상정한 12월 11일 국가안전보장회의를 열어 휴전을 고려하기로 방침을 정하고 휴전 조건을 논의하였다. 그것은 "유엔군에게 군사적 불이익을 부과하지 않고 정치적 양보를 내포하지 않아야 하며 휴전에 관한 세부사항은 유엔군의 안전을 확보하기 위하여 휴전을 수락하기 전에 협상해야 한다."는 원칙하에 구체화되었다.[32] 이는 사실상 유엔의 새 전쟁지도 지침으로 전쟁의 휴전화 정책이 확정단계로 접어들고 있

---

30) 국방부 전사편찬위원회 역, 『美合同參謀本部史 : 韓國戰爭』(上), p.300.
31) 7개국: 미국, 소련, 영국, 프랑스, 인도, 이집트, 중공. 정일형, 『유엔과 한국문제』(서울: 신명문화사, 1961), pp.28–29.
32) 국방부 전사편찬위원회 역, 『美合同參謀本部史 : 韓國戰爭』(上), p.310.

음을 의미하였다.

이때 국무총리로 내정된 장면 주미대사는 이임 인사차 트루먼 대통령을 예방하고 50만 명의 한국 청년 무장에 대한 지원 문제를 꺼냈다. 그는 트루먼에게는 50만 명을 100만 명으로 늘려 말했다. 그는 "100만 명의 청년이 훈련을 받으며 무기지급을 기다리고 있다. 미국의 지원을 간곡히 부탁한다."고 요청했다. 그러나 트루먼은 이 문제는 마셜 국방방관이나 브래들리 합참의장과 상의하는 것이 좋겠다며 대답을 피하였다. 12월 11일 유엔에서 38도선 재획정 문제가 논의될 때 그는 다시 미 국무부를 방문하고 "한국으로서는 38도선의 재획정을 절대로 반대한다. 압록강 이남에 완충지대를 설치하는 것도 잠정적이건 아니건 적극 반대한다."고 못 박는 등 정부의 반(反)휴전 의지를 강력히 천명하였다.[33]

한편 1950년 12월 14일 개최된 유엔총회에서는 '아시아·아랍 13개국'이 제출한 두 개의 결의안 중 후자는 부결하고, 전자(정전위원회 설치안, 38도선 재설정의 바탕 위에 휴전 모색)는 미국지지 속에 51 대 5표로 가결되었다.[34] 이로써 유엔총회 의장인 이란의 엔테잠(Nasrollah Entezam)은 자신을 포함해 인도 대표 라울(Benegal N. Raul)과 캐나다 대표 피어슨(Lester B. Pearson)으로 '정전 3인위원회'를 구성하고 총회의 승인을 받았다. 동 위원회는 곧 중공에 대하여 한국 전역에서의 군사행동 중지와 38도선에 약 20마일의 비무장지대 설치를 골자로 하는 휴전협정의 체결을 제의하였으나,

---

33) 한표욱, 『한미외교요람기』, p.129.
34) 로버트 T 올리버 저, 朴日泳 역, 『대한민국 건국의 비화: 이승만과 한미관계』(서울: 계명사, 1990), p.420.

군사적 성공에 들떠 있던 중공으로부터 1950년 12월 21일에 수신된 답변은 "중공의 참여가 없이 취해진 유엔의 모든 조치는 불법"이라는 이유로 거절하였다.

중공은 이에 앞서 12월 초순에 당시 유엔본부에 머물고 있던 중공특별대사 오수권(伍修權)을 통해 유엔사무총장을 비롯한 인도·영국·스웨덴의 유엔대표가 한국전쟁의 휴전조건에 대한 중공의 입장을 타진해 옴에 따라 이와 같은 조건을 마련한 다음 12월 7일에 스탈린에게 보고하여 그의 동의를 받음과 동시에 그로부터 "이는 서울을 점령한 다음에 추진해도 늦지 않다."라는 요지의 대(對)유엔전략 지침을 받았다.[35]

한편 1951년 1월 3일 캐나다 대표 피어슨은 "대한민국의 해체, 잠정기간 중 유엔의 한국통치, 그리고 미국·영국·소련·중공으로 구성될 4대국 감시위원회가 동의하는 방법으로 실시되는 선거를 통하여 비로소 한국을 통일시킨다는 것 등을 약속함으로써 휴전이 모색되어야 한다."고 유엔에 건의하였다.[36]

유엔의 휴전문제에 이승만 대통령은 흥미가 없었다. 그에게는 지금 휴전이 문제가 아니라 38도선을 넘어 남진하고 있는 공산군을 물리치는 것이 더 급선무였다. 그래서 그는 1951년 1월 5일 맥아더 장군에게 50만 명의 한국 청년을 무장시킬 소총과 기타 무기들을 요청하는 서한을 보낸 데 이어, 다음 날에는 트루먼 대통령에게도 한국청년의 무장을 재차 요청하는 서한을 보냈다. 그는 트루먼에게 유엔의 무능함을 질타하면서 공산군의 남진을 막기 위해

---

35) 외무부, 『한국전쟁 관련 소련극비외교문서』(3), pp.126 - 127.
36) 로버트 T 올리버 저, 朴日泳 역, 『대한민국 건국의 비화 : 이승만과 한미관계』, p.420.

서 미국이 앞장서야 하며 나아가서는 원자탄 사용도 불사해야 할 것이라고 말했다.

> 1개월 전 중공 오랑캐의 침략 이후 유엔군은 북변 국경선에서부터 계속 후퇴하여 지금은 적군이 수원까지 내려와 있습니다…… 만일 적군이 지금과 같은 속도로 내려오도록 내버려 둔다면 그들은 짧은 시간 안에 대구와 부산에 도달하게 될 것입니다…… 그 결과는 생각만 해도 몸서리가 쳐집니다…… 더욱 불행한 것은 이와 같은 참화가 공산당의 한국 침략을 저지하려고 용기 있게 노력하여 온 각하와 다른 위대한 지도자들에게 미치게 될 광범위한 영향입니다. ……유엔은 또 하나의 세계대전으로부터 자신은 물론 다른 어느 나라도 구원할 수가 없고, 이 전쟁을 더욱 비참하게 만들 뿐일 것입니다. 이러한 사태를 구해내기 위하여 우리들은 우리의 전력을 다하여 지금 공산침략자들을 때려 부셔야 합니다. 한국인들에게 무기를 대주고 그들의 유격전술에 따라 전쟁을 수행하도록 허용해 주시고, 맥아더 장군으로 하여금 공산침략을 어디서나 막을 수 있는 무기와 심지어는 원자탄마저도 사용할 수 있게 권한을 주어야 합니다. 모스크바에 폭탄 몇 개 터뜨리는 것만으로도 공산세계를 뒤흔들어 놓을 것입니다.[37]

중공군 참전으로 위급한 상황을 당한 이승만 대통령은 대한민국 국군의 군비 필요성과 함께 대한민국 정부 및 국민의 항전의지를 재차 천명하였다. 그러면서 그는 유엔의 무능과 유엔이 향후 무엇을 해야만 되는가를 제시하였다.

> 우리는 끝까지 싸우다 죽든가 아니면 우리의 적을 쳐부수고 전멸시킬 것이오. 이것이 우리들의 결심이며 유엔은 여기에 반대할 아무 이유도 없기를 바라오. 그들은 이번 동란과 같은 세계적 위기를 다루어 나갈 능력이 없음을 입증하였소. 지금이라도 유엔이 이러한 상황을 구출하기 원한다면 맥아더 장군에게 필요한 무기를 사용할 권한을 주어야 할 것이오. 만일 지금 그렇게 하지 못하면 민주주의에 등을 돌려 소련을 지원했다는 비난을 면할 수가 없을 것이오.[38]

---

37) 로버트 T 올리버 저, 朴日泳 역, 『대한민국 건국의 비화: 이승만과 한미관계』, pp.421 – 422.

38) 로버트 T 올리버 저, 朴日泳 역, 『대한민국 건국의 비화: 이승만과 한미관계』, p.424.

이승만 대통령의 이러한 반(反)유엔적 태도에 미국의 정치가와 군인들의 반향은 각기 달랐다. 그러나 대체로 그들은 이 대통령의 입장을 이해하고 그를 한국의 위대한 애국자로서 인정하고 존경하였다. 비록 트루먼 대통령이 "대한민국 정부는 자기네(한국)의 각종 청년단체에게 무기를 줄 것을 끈질기게 주장하였다. 나는 합동참모부에 대하여 정치집단과 같은 조직을 무장하는 일에 찬성하지 않는다."고 말했을 뿐이다. 하지만 대체로 군인들은 그에게 좋은 평가를 하였다. 클라크(Mark W. Clark) 장군은 "완고한 이승만 노인은…… 자기의 전략적 구상에 방해되는 사람이면 누구에게나 흥분을 잘 하였다…… 나는 그를 찬양하지 않을 수 없었다…… 나는 그를 존경하였다." 미 육군참모총장 콜린스(J. Lawton Collins) 장군은 '이승만을 용감한 노병'으로 보았고, 그의 정책은 거부하면서도 그를 좋아하고 찬양하였다. 미 공화당의 반덴버그 상원의원은 "이 대통령이 유엔이나 워싱턴 당국과 이모저모로 불화 관계에 있는 것을 보기가 안타까웠지만…… 분명히 그는 위대한 애국자이다."[39]라고 하였다.

유엔 정전3인위원회는 1951년 1월 11일에 새로운 평화계획을 유엔총회 정치위원회에 제출하였다. 이는 그동안 중공이 집요하게 요구해 온 조건의 토의를 위한 장치나 기구의 설치를 포함해 다음과 같은 5단계의 과정을 밟도록 계획되었다.[40]

---

39) 로버트 T 올리버 저, 朴日泳 역, 『대한민국 건국의 비화: 이승만과 한미관계』, pp.424 - 425.
40) *FRUS, 1951*, vol.Ⅶ, Part.1, p.64.

1) 불필요한 생명과 재산의 파괴를 막기 위하여 즉각적으로 휴전을 해야 한다.
2) 휴전이 되면 공식협정이나 적대행위의 소강을 이용하여 평화회복 조치를 모색해야 한다.
3) 통일・독립・민주국가 건설을 위한 유엔총회의 결의가 수행되도록 외국군의 철수와 더불어 한국국민이 자신들의 장차 정부와 관련해 자유의사를 표현할 수 있도록 적절한 조치를 마련한다.
4) 위 항에 언급한 조치가 완결될 때까지 행정과 평화 및 안전보장의 유지를 위해 유엔의 원칙하에 잠정협정을 체결한다.
5) 휴전합의 동시에 대만문제, 중국의 유엔대표권과 같은 극동문제를 해결하기 위하여 미국・영국・소련・중국 대표를 포함한 적절한 기구를 설치한다.

이 안은 유엔정치위원회에서 미국이 찬성하고 소련이 반대하는 가운데 신속히 승인되어 유엔사무총장을 통해 중공에 통보되었다. 중공은 1951년 1월 17일 회신을 통하여 정치적 협상이 없는 휴전이란 전적으로 수락할 수 없다고 천명하고, 대안을 내놓았는데 그것은 그들의 종전 주장을 되풀이한 것이었다. 즉 한국전쟁 휴전 대가로 자신들의 유엔가입과 대만으로부터 미군 철수를 요구하였다.

미국으로서는 받아들일 수 없는 조건이었다. 미국 하원은 1951년 1월 19일과 23일 유엔이 중공을 침략자로 규정짓고 적절한 행동을 취해야 한다고 의결함으로써 철수를 주장하는 이와 같은 돌격적인 제안에 제동을 걸었다. 미국의 유엔대표 오스틴도 유엔은 1950년 10월 7일자 결의를 지키며 중공을 한국에서 몰아내고 유엔 감시에 의한 선거를 통해 한국을 통일시키라고 강경한 주장을 폈다.[41] 중공은 이 평화계획을 반대한 대가로 1951년 2월 1일 유엔총회에서 '한국전쟁의 침략자로 낙인(Naming Communist Chineses as Aggressors in Korea)' 찍혔다.[42]

---

41) 로버트 T 올리버 저, 朴日泳 역, 『대한민국 건국의 비화: 이승만과 한미관계』, p.420.

1951년 2월 15일 이승만 대통령은 "국가를 통일하고 우리의 영토를 회복하여 한반도 경계 안에 어느 곳도 분단된 곳이 없도록 한다."는 자신의 입장을 밝혔다.[43]

> 우리의 입장이 그들의 입장이고 우리의 전쟁이 그들의 전쟁이기 때문에 정당한 생각을 가진 유엔의 모든 회원국들은 우리가 목표로 삼아 싸우고 있는 원칙을 튼튼하게 지켜 나갈 것으로 우리는 절대 확신하오. 겉으로는 민주주의를 지키는 척하면서 사실은 자유세계의 적을 지지하고 있는 국가들에 의해 회원국들이 영향을 받도록 되지 않기를 희망하오.[44]

이후에도 이승만 대통령은 한국 안보문제와 관련된 발언들을 쏟아 놓았다. 1951년 2월 20일 그는 한국의 "국가적 생존은 공동안보를 위한 국제협약에 일부 달려 있고 또 일부는 이웃 나라가 한국을 쉽게 넘보지 못하도록 우리 자신의 군비에 달려 있다."고 강조하였다. 그는 "태평양 조약 또는 동맹체를 결성하는 제안은 모든 태평양 국가에게 이로운 것이지만, 마치 우리가 자기 안전을 보장받기 위하여 남의 나라를 끌어들이려고 애쓰고 있는 것 같은 인상을 주는 것을 바라지 않기 때문에 정부가 이 점에 대하여 선수를 치고 싶은 생각은 없다."고 말했다. 그는 샌프란시스코에서 대일강화조약과 관련하여 "한국이 자체방위를 위해 필요한 모든 인력을 가지고 있지만 어떻게 해서든지 미국을 설득하여 필요한 무기와 장비를 공급받도록 해야 한다."고 역설하였다.[45] 그는 효과적인 상

---

42) 정일형, 『유엔과 한국문제』, p.53.

43) 로버트 T 올리버 저, 朴日泳 역, 『대한민국 건국의 비화: 이승만과 한미관계』, p.429.

44) 로버트 T 올리버 저, 朴日泳 역, 『대한민국 건국의 비화: 이승만과 한미관계』, p.429.

45) 로버트 T 올리버 저, 朴日泳 역, 『대한민국 건국의 비화: 이승만과 한미관계』, p.429.

비군을 한국에 확보하는 것이 한국을 침공하려는 이웃 나라들의 유혹을 덜게 함으로 동양평화를 정착시키는 데 도움이 된다."는 점을 피력하였다.[46]

한국전선에서 뚜렷한 승리의 기색이 보이지 않는 가운데 인명피해가 늘어 가고 있던 1951년 3월 중순 유엔을 대행해 한국전쟁을 지도하고 있던 미국은 새로운 극동정책(NSC 48/2)을 입안하였다. 1951년 3월 15일에 입안된 이 정책은 대한정책 목표를 정치와 군사로 분리하여, 정치적으로는 통일·독립국가를 추구하되 군사적으로는 침략을 격퇴하고 평화를 회복한다는 것이었다. 무력에 의한 통일을 시도해서는 안 되며 군사작전에서 38도선에 도달하면 이 선에서의 휴전을 추구해야 한다는 것이었다.[47]

하지만 한국인의 무장과 전 한국이 통일될 때까지 전쟁을 계속해야 한다는 이승만 대통령의 주장은 굽힐 줄 몰랐다. 이 때문에 이 대통령은 미국에서, 세계 언론에서, 그리고 유엔주재 외교관의 모임에서 신랄한 공격을 받았다. 이에 올리버(Robert Oliver) 박사는 이 대통령에게 "각하도 잘 아시다시피 어느 일각에서는 각하와 정부를 불신임하려는 뚜렷한 움직임이 있습니다. 각하가 피난민 구호라든가 농민들을 내년 봄까지 농촌으로 돌아가게 하는 귀농계획, 그리고 금년 봄의 토지개혁 시행 등에 최대의 노력을 기울인다면 도움이 클 것으로 믿습니다. 또한 포로들에 대한 관용과 경찰 통제 등은 항상 언론보도에 좋게 나갑니다."라는 편지를 썼다.[48]

---

46) 로버트 T 올리버 저, 朴日泳 역, 『대한민국 건국의 비화: 이승만과 한미관계』, p.430.

47) 국방부 전사편찬위원회 역, 『美合同參謀本部史: 韓國戰爭』(上), p.413.

48) 로버트 T 올리버 저, 朴日泳 역, 『대한민국 건국의 비화: 이승만과 한미관계』, p.429.

그러나 이승만 대통령의 휴전반대에도 불구하고 전선이 38도선 일대에서 고착될 무렵인 1951년 5월 17일 미국은 새로운 대한정책을 확정하였다. 이는 한반도 문제를 당면목표와 최종목표로 분리하여 단계적으로 해결하되 당면목표인 전쟁의 해결은 전쟁 전 현상에서 휴전으로 해결하고, 최종목표인 통일국가 수립은 유엔기구를 통해 계속 추구한다는 것이었다.[49] 이는 미국과 유엔의 최초 목표인 전쟁 이전 현상으로의 복귀를 의미하는 것이었다. 더욱이 휴전을 정책으로 채택한 미국과의 막후 협상 끝에 유엔 소련대표인 말리크가 1951년 6월 23일 휴전협상 제의를 하게 되면서 통일한국은 이 대통령에게 지난한 일이 되어 버렸다. 이승만 대통령으로서는 받아들일 수 없는 것이었다.

소련의 유엔대표 말리크의 연설이 있은 후 미국은 리지웨이 (Matthew B. Ridgway) 유엔군사령관과 무초 미국대사를 통해 미국의 휴전방침을 이승만 대통령에게 통보하였다. 이 대통령은 청천벽력과 같은 통보를 받고 긴급 국무회의를 소집하고, "소련이 휴전을 제의한 것은 패배를 자인한 것이다. 무력으로 성취할 수 없던 것을 이제 와서 양면외교를 통해 이루어 보려는 흉계임에 틀림없다. 그런 소련의 제안은 평화안으로 인정할 수 없다."고 기본 입장을 설명했다. 이 대통령은 이어 "한반도의 통일은 우리로서는 최소한의 요구다. 휴전회담이 있을 때 한국의 입장이 무시되어서는 결코 안 된다."라는 성명을 발표했다.[50] 그는 통일을 결코 포기하지 않

---

49) *FRUS, 1951*, vol.Ⅶ, Part1, p.440; 국방부 전사편찬위원회 역, 『美合同參謀本部史 : 韓國戰爭』(上), pp.376 – 377.
50) 한표욱, 『한미외교요람기』, p.135.

겠다는 것이었다. 이 대통령의 심정은 전쟁 발발 1주년 기념연설을 통해 나타났다. 이 대통령은 "모든 공산당을 압록강 너머로 몰아낼 때까지 유엔은 자기들이 공언한 사명에 충실해 줄 것을 요구한다…… 유엔은 지금의 진격을 멈추지 않기를 우리는 바라고 있습니다."라고 말했다.[51]

하지만 세계적인 반응은 이승만 대통령을 무시하고 소련의 말리크가 던진 빵조각을 받아먹으려고 허둥대는 꼴이었다. 극동에서 네루는 전쟁중지를 요구하기 위하여 동남아시아 국가들을 끌어 모으려고 하였다. 중동에서 옛 아랍 연맹은 중공에 대한 더 이상의 압력을 거부한다고 하였다. 1951년 7월 4일 독립기념일 연설에서 트루먼 대통령은 미국 국민에게 "한국은 보다 광범위한 투쟁의 한 부분에 지나지 않음을 기억하라고 충고하고, 충분한 정보를 가지고 있는 대통령만이 거기에 관해서 현명한 결정을 내릴 수 있는 것"이라고 하였다. 영국 언론은 한국으로부터 유엔군 철수를 용이하게 하도록 꾸며 낸 지독한 반이승만 노선을 채택하였다.[52]

이승만 대통령은 '유엔의 문제아'라는 비난을 받으며 국제적으로 고립되면서도 끝까지 휴전을 반대하였으나 대세는 휴전으로 치닫고 있었다. 1953년 4월 상병포로교환이 이루어지자 이 대통령은 상황이 여기에 이르자 이제 휴전은 성립되지 않을 수 없는 정세라고 판단하기 시작하였다. 이때 이 대통령은 휴전협상과 관련해 협상 초기부터 제시한 중공군 완전철수, 북한군 무장해제, 한반도에

---

51) 로버트 T 올리버 저, 朴日泳 역, 『대한민국 건국의 비화: 이승만과 한미관계』, pp.434-435.

52) 로버트 T 올리버 저, 朴日泳 역, 『대한민국 건국의 비화: 이승만과 한미관계』, p.435.

관한 국제회의에 한국이 참석하는 조건 이외에 새로운 한미군사동맹, 전후 경제부흥, 한국군 증강, 미국 해·공군의 한국 계속 주둔 등을 내놓기 시작하였다.[53]

이승만 대통령은 약소국 입장에서 미국에 순응하여 휴전협정에 협조하면 칭찬을 받을 수 있을지 모르나, 결국은 자살을 재촉하는 행위밖에 안 된다고 보았다.[54] 이제 이승만 대통령의 관심은 휴전을 주는 대신 미국을 상대로 필요한 것을 모두 얻어 내는 '흥정'만이 남았다. 이승만 대통령은 전후 한국에 가장 필요한 한미상호방위협정을 휴전 이전에 체결할 것을 주장하였으나 미국이 긍정적인 반응을 보이지 않자 반공포로 석방을 통해 "그가 무엇을 할 수 있는지"를 미국에게 경고했다. 덜레스 국무장관은 잠자고 있는 아이젠하워 대통령을 깨워 가며 "이렇게 되면 최악의 경우 전면전이 될 것 같다. 전쟁이 확대되면 원자무기를 사용해야 할지 모른다."고 말했을 정도로 워싱턴의 충격은 예상외로 컸다.[55] 이 대통령의 첫 번째 흥정에서의 승리였다. 결국 이 대통령은 미국에게 휴전을 반대하지 않겠다는 약속 대신 미국으로부터 상호방위조약 체결과 경제원조 등의 약속을 얻어 냈다.

---

53) 한표욱, 『한미외교요람기』, p.158.
54) 한표욱, 『한미외교요람기』, p.160.
55) 한표욱, 『한미외교요람기』, pp.166-167.

4. 제네바 정치회의와 이승만의 대응

휴전협정은 정치회담을 3개월 이내에, 즉 1953년 10월 27일 이전에 개최토록 규정하고 있다.[56] 그러나 1953년 8월 17일 개최된 유엔 임시총회에서는 개회 시작부터 정치 회담 참가국 문제로 양측은 의견이 대립되었다. 이때 유엔총회 옵저버로 참석하고 있던 변영태(卞榮泰) 외무장관이 8월 24일 정치안보위원회 연설을 통하여 "한국은 한국 문제의 공정한 해결과 정치 회담 참가를 희망하나, 한국 문제 해결은 대공 유화로서는 불가능하며, 따라서 정치회담에 인도 대표의 참가를 반대한다."라고 주장하면서, "오늘날 분주히 선전하고 있는 한국의 중립화 또는 비무장화의 관념은 그 출처 여하를 막론하고, 대한민국 내 군사적 진공상태를 조작하고자 하는 공산도당들의 생각과 완전히 부합되는 것이다. 본 대표단의 의견으로서는 이 문제가 극히 경계되어야 할 것으로 생각한다."고 말했다.[57]

한국대표의 연설을 계기로 정치안보위에서는 한국 문제 정치 회담 참가국 문제로 열띤 논쟁을 거듭하다가 마침내 1953년 8월 28일 유엔총회는 "한국에 파병한 유엔군 측은 유엔의 요청에 의하여 한국 파병국 중에서 대한민국과 함께 참석코자 하는 국가를 참가국으로 정한다. 참가국 정부는 회담에서 독자적으로 완전 자유로운 행동을 취할 것이며, 그들이 고수하는 결정이나 협정에 대해서만 제약을 받을 것이다. 미국정부는 정치회담 참가국과 협의 후 雙方

---

56) 국방부 정훈국, 『한국전란4년지』, p.C16; 국방부 전사편찬위원회, 『한국전쟁 휴전사』, 1989, pp.337 – 338.
57) 육군본부, 『판문점』(하권), pp.678 – 687.

이 만족할 만한 시간과 장소에서 가능한 한 조속히 정치회담을 개최하되, 1953년 10월 28일 이내에 개최하는 데 관하여 상대방과 협의한다."라는 요지의 결의안을 채택하였다.[58]

이러한 경위를 거쳐 휴전 후 3개월 기한의 만료일인 10월 26일에 판문점에서 정치 회담을 위한 준비 회의가 열리게 되었다.[59] 유엔 총회로부터 정치회담 개최를 위한 공산 측과의 교섭을 위임받은 미국은 '정전 협정 제60항과 1953년 8월 28일자 유엔총회의 결의 제711호'에 따라 관계 각국 정부 대표 간의 고위급 정치회담이 개최되기에 앞서 판문점 예비회담을 개최하였다.

그러나 판문점 예비회담은 지지부진하다가 1953년 12월 12일 공산 측이 회담과는 무관한 이승만 대통령의 6월 18일 반공포로 석방을 미국이 조정하였다고 비난하면서 회담 분위기는 험악한 상태로 빠져들었고, 상호 비난과 반박 끝에 예비회담은 무기 휴회로 들어갔다.[60] 미국 정부는 이 회담이 더 이상 계속된다 해도 하등의 성과가 없을 것이라고 판단하고 미국 대표를 본국으로 송환하였고, 이승만 대통령도 "판문점 예비회담의 원래의 목적은 정치회담의 시일과 장소를 결정함에 있다. 그러나 공산 측은 3개월 이상에 걸쳐 하등 관계없는 수많은 문제를 제의하고 불필요하게 발언함으로써 회담을 공전 상태로 이끌어 왔다. 그네들은 할 수만 있다면 앞으로도 또다시 3개월이나 또는 그 이상 회담을 끌게 될 것이다."라고 하였다.[61]

58) 「한국문제에 관한 유엔총회결의」(1953.8.28), 『한국전란4년지』, p.C120.
59) 국방부 정훈국, 『한국전란4년지』, pp.A6-7.
60) 한표욱, 『한미외교 요람기』, p.203.
61) 국방부 정훈국, 『한국전란4년지』, p.C31.

그 후 양측은 1954년 1월 18일부터 수차례 가진 예비회담 관계 연락관 회의에도 불구하고 끝내 소련의 참가자격 문제로 인하여 회담은 재개되지 못하고 결렬되었다. 그리하여 결국 한국 문제는 베를린 4상회의를 거쳐 제네바 극동 평화회의로 이관하게 되었다. 판문점 교섭이 결렬 직전에 있던 1954년 1월 25일 독일과 오스트리아의 통일 문제에 관하여 토의하기 위해 독일의 베를린에서는 4개국 외상회의가 개최되고 있었다. 동서 베를린을 왕래하면서 진행된 이 회의에서는 독일과 오스트리아 문제뿐만 아니라 한국과 인도지나(印度支那) 문제도 다루었다.

1954년 4월 18일 4개국 외상회의에서 "4월 26일 제네바에서 중공을 포함한 5대국과 관계 제국이 회합하여 한국통일 및 인도지나 휴전 문제를 토의하는 아시아 회의를 개최하게 되었다."는 공동성명을 발표하였다.[62] 이에 정부는 한국의 동의 없이 결정한 것은 부당하며 유엔을 무시한 처사라고 비난하였다. 갈홍기 공보처장은 "공산 측과의 다른 모든 회의에서와 마찬가지로 이번에 제안된 회의에서도 최종적 합의에 도달하리라고는 기대할 수 없다."고 하였다.[63]

한국 정부는 판문점 예비회담이 공산 측의 억지 태도와 미국 측의 완강한 태도 등으로 인해 결렬되자 미국이 앞으로 소위 정치회담이 불가능할 것으로 판단, 전쟁 재개 쪽으로 결심을 굳히기를 은근히 바라고 있었다.[64] 그러나 미국은 덜레스 국무장관을 대표로 파견할 것이라고 발표하는 한편, 한국 정부에 대하여 정치회담에서

---

62) 국방부 전사편찬위원회 역, 『美合同參謀本部史 : 韓國戰爭』(下), p.450; The United States, Department of State *Bulletin*, vol.30, March 1, 1954, pp.317-318.
63) 국방부 정훈국, 『한국전란4년지』, p.C46.
64) 한표욱, 『이승만과 한미 외교』, p.184.

국가이익이 침해되는 일은 절대로 없을 것이라는 점을 강조하면서 참가를 종용하였다. 그리하여 국토 통일과 중공군의 철군을 주장하며 강경히 반대하던 한국은 미국과 수차례의 외교적 마찰을 빚기도 하였으나, 결국 이를 수락하고 대표를 참가시키기로 결정하였다.

한국 정부에서 제시한 회담 참가 선결조건은 크게 2가지로, 첫째, 일정한 기간이 경과한 후에도 제네바 회의가 하등의 진전을 보지 못하는 경우에는 미국은 한국과 더불어 퇴장할 것, 둘째, 한국 문제 토의에 있어서 한국과 공동보조를 취할 것, 그리고 회의 결렬에 대비하여 국군을 대폭 증강시킬 것 등이었다.[65]

따라서 한국 정부는 1954년 4월 19일 변영태 외무부장관을 수석대표로 하는 한국대표단 명단을 발표하였고,[66] 동시에 이승만 대통령도 특별성명을 통해 한국이 제네바 회담에 참가하는 이유와 이번 회담이 평화적 통일을 도모하려는 마지막 시도임을 밝혔다.

> 한국 정부는 제네바 회담 참석을 종용하는 미국의 초청을 오늘 수락하기로 결정하였다. 우리가 왜 지금까지 이 회의에 참석하기를 오랫동안 주저하였는가 하는 것을 알고자 하는 사람들이 많을 것이다.
> 그 이유는 1) 우리는 제네바회담에서 어떠한 성과를 거두게 된다는 것을 크게 의심하여 왔고, 2) 우리는 이 회담으로 말미암아 공산군 측에 전쟁준비를 하는 시간을 더 주게 되리라는 일을 염려하였으며, 3) 이 회담이 대성공이라고 전 세계에 선전됨으로 해서 그 결과, 우리 한국 문제는 무한히 더욱 해결하기 곤란하게 될 위험이 있었기 때문이었다.
> 우리는 과거 수주일 기다리는 동안 미국으로부터 확실하고도 실질적인 보장

---

65) 국방부 정훈국, 『한국전란4년지』, p.A8.

66) 회담 참가 일행은 변영태 외무장관을 단장으로 올리버 고문, 홍진기 법무차관, 최정우 동국대 교수, 이수영 외무부 정보국장, 한유동 외무장관 비서실장, 손병식 외무부 의전과장, 유조룡 속기사, 이주범 한글 타자수 등 8명이, 그리고 미국에서 양유찬 주미대사, 임병직 유엔 대사가 합류하였다. 여기에 비해 공산 측의 일행은 북한이 1백여 명, 소련이 2백여 명, 중공이 3백여 명으로 구성되었다.

을 얻으려고 최선의 노력을 다한 것이다. 그 결과 다행히도 현재 우리가 받은 보장은 대단히 명백한 것이며, 따라서 이러한 보장 아래 우리는 이제 신념과 상당한 희망을 가지고 제네바에 가게 된 것이다.

그러나 우리가 제네바회담에 참석하기로 결정한 이유는 우리의 위대한 우방이며 동맹국인 미국과 협조적 정신을 발휘하기 원하였기 때문이다. 이번 회담이 실패로 돌아갈 때 미국은 더 이상 공산 측과 협상한다는 것이 소용없는 일임과 동시에 위험한 일이라는 것을 최종적으로, 또한 결정적으로 깨닫게 되리라는 것을 우리는 간절히 바라는 바이다.

……우리 우방들이 협상을 통하여 해결을 짓는다는 것이 얼마나 기대하기 어려우며 불가능한 것임을 일단 깨닫게 된 후에야 비로소 우리 한국이나 또는 기타 지역에 있어서 평화를 달성할 희망이 생길 것이다. 우리가 제네바회담에 참가하는 것은 바로 이러한 정신에서이며, 또한 미국에 대한 우리의 우의를 표시하기 위함에서이다.[67]

회의는 1954년 4월 26일 스위스의 제네바에서 개막되었다. 참가국은 한국과 한국전쟁 파병 15개 국가(남아프리카공화국은 불참), 그리고 북한, 중공, 소련 등 총 19개국이었다. 4월 27일 제1차 회의가 개최되자 소련의 몰로토프 외상의 사회로 한국 문제 토의로 들어갔다. 이날 회의는 한국대표단의 발언으로 시작되었다. 변영태 수석대표는 "해방 후 공산 측의 방해에 의하여 한국 통일이 달성되지 못한 연역을 소개하고 북한에서만 유엔 감시하에서 자유선거를 할 것이며, 이에 앞서 중공군의 철수를 완료하여야 한다."는 한국 정부의 입장을 밝혔다.[68]

이어 등단한 북한 외상(外相) 남일은 "전 한국위원회를 조직하여 모든 선거 업무를 관장하게 하고 그 조직은 남북한이 일대일의 평등한 대표성을 띠며, 이 위원회의 결정은 상호 합의의 기초 위에

---

67) 「제네바회담 참가 초청을 수락한 이대통령 성명서」(1954.4.19), 『한국전란4년지』, pp.C52 - C53.

68) 육군본부, 『판문점』(하권), pp.738 - 744

서만 이루어지게 하자."고 제안하였다. 또한 그는 유엔의 역할을
전혀 언급지 않고 중립국 감시위원단의 구성을 주장함으로써 유엔
의 권위와 권능을 무시하고 그 역할을 의도적으로 배제하는 발언
을 하였다.

> 조선의 민족적 통일을 신속히 회복하고 민주주의적 독립통일국가를 창건할 목
> 적으로 북한정부는 대한민국 정부에 다음과 같이 권고한다.
> 1) 통일정부를 형성할 국회 총선거를 실시한다.
> 2) 남북한 의회대표로 전 한국위원회를 조직한다.
> 3) 전 한국위원회는 총선거법 초안을 준비한다.
> 4) 전 한국위원회는 남북한의 경제 및 문화교류를 실시하고 발전시킬 조치를
>   취한다.
> 5) 중립국 감시위원단을 조직하여 총선거를 감독한다.
> 6) 6개월 이내에 모든 외국군은 철군한다.
> 7) 극동의 평화유지에 관심 있는 국가들에 의한 한국의 평화적 발전을 보장
>   한다.[69]

이는 결과적으로 한국이 주장하는 인구 비례에 의한 자유민주적
인 선거 방식과는 거리가 먼 제안이었다. 이에 한국의 공보처장은
1954년 4월 28일 "북한의 남일이 제안한 통일안은 공산주의자들
이 만든 또 하나의 함정이며, 한국으로서는 도저히 수락할 수 없
는 것"이라고 발표했고, 이승만 대통령도 자유 국가에 대해 공산주
의의 기만정책에 현혹되지 않아야 한다는 취지의 경고성명을 발표
하였다.

> ……공산주의자들은 미국에 관한 왜곡 선전에 힘써 왔으며, 그네들은 미국

---

69) 〈조선의 민족적 통일회복과 전조선적 자유선거 실시에 관하여〉(1954.4.27), 『판문점』(하
   권), p.744.

이 제국주의적이며 탐욕적인 국가라고 아시아 사람들에게 인식시키는 데 주력하고 있다. 공산주의자들은 정부체제에 관하여서는 별로 고려하지 않고 다만 과거의 전통 속에서만 살아온 인민들을 혼란에 빠뜨리기 위하여 '민주주의'와 같은 말의 의미를 왜곡 선전함으로써 결국 그들을 압제와 기아로 몰아넣고 마는 것이다. 그들은 소위 '민주주의'라는 명칭하에서 권력을 강탈하고 역사상 최악의 무자비한 폭정인 독재주의를 만들어 내고 있다.

　동시에 그들은 또한 미국이 다른 나라들의 최선의 친구가 아니라 최악의 적이라고 선전하는 데 힘쓰고 있다. 미국은 결코 침략국이 아니다. 미국사람들은 보수를 바라지 않는다. 그들은 다만 도움받는 사람들과의 우의를 유지하기를 기대하고 있을 따름이다.[70]

　한편 자유 우방국 대표들은 한국대표를 제외시킨 채 자신들만의 모임을 갖고 한국 문제에 대한 정책적 합의를 보았다. 그것은 "대한민국 정부를 해체시키고 통일국가의 새 정부를 선출하기 위하여 유엔 감시하에 전국 선거를 실시한다는 것"이었다.[71] 즉 오스트레일리아 대표는 "한국 문제의 최종적 해결을 위해 필요하다면 한국 정부 측에서 전 한국 선거에 찬성할 것을 희망한다."라고 하였고, 영국의 이든 외상은 "북한에서뿐만 아니라 남한에서도 동시에 선거를 실시하는 것이 어떻겠느냐?"고 종용했다. 뉴질랜드 대표도 "남일이 주장한 전한국위원회 같은 것을 고려하는 것이 어떻겠느냐?"고 말했다. 다른 우방국 대표들도 거의 동일한 의견을 표시하고 "북한만의 선거를 주장한 한국 정부의 입장에 어떤 변경을 요구하고 한국 문제의 평화적 해결을 위하여 이러한 변경은 불가피한 것"임을 표명하였다.[72]

　특히 한국대표단의 고문 자격으로 회의에 참석한 올리버 박사에

---

70) 「공산기만정책에 대한 이대통령의 경고성명」(1954.4.28), 『한국전란4년지』, p.C53.
71) 로버트 T 올리버 저, 朴日泳 역, 『대한민국 건국의 비화: 이승만과 한미관계』, p.535.
72) 국방부 정훈국, 『한국전란4년지』, p.A9; 한표욱, 『한미외교 요람기』, pp.221 - 222.

의하면, 1954년 5월 6일 미국 대표단의 로버트슨 국무차관보가 그를 자신의 아파트로 초대한 자리에서, "이 대통령이 이 안을 수락하도록 내(올리버)가 가능한 한 수단을 다 동원하여 설득해 달라."고 간청하였다. 그는 "공산 측이 이 안을 거부할 테니까 해가 될 일은 결코 없을 거요. 그(이 대통령)가 수락만 한다면 전 세계에 대해 유엔과 이 대통령이 긴밀하게 뜻이 맞아 일하고 있다는 사실과 우리는 모두 합리적이라는 것을 확신시키게 될 것이고, 공산 측이 찬성을 거부할 때에는 세계의 동정이 이 대통령과 대한민국에 쏠릴 터이니까 아주 좋은 일을 하게 되는 셈이오."라고 그는 말했다.[73] 그러면서 그는 "만일 이(李) 대통령이 찬성하지 않는다면 유엔 회원국들이 그를 돌보지 않게 되고 남한은 완전히 외톨이가 되고 말 것"이라고 덧붙였다. 따라서 올리버 박사는 다소 틀린 점이 있더라도 이 안은 이(李) 박사가 꼭 받아들이지 않으면 안 될 정책이라고 믿고 5월 6일 저녁에 이승만 대통령에게 전문을 보냈다.

> 각하가 접수한 선거 제안의 즉각적인 승인을 강력히 권고하기 위하여 신중히 말씀드렸는데, 이 안을 거부하거나 수락이 지연될 경우 더욱 바람직스럽지 못한 제안을 다른 국가들이 준비 중에 있음. 협력 부족이라는 비난이 대한민국에 가해질 것임. 제출 중인 제안은 공산 측이 수락하지 않을 것이기 때문에 세부사항은 중요하지 않으나 통일목표 달성을 위한 합리적인 방법의 제1순위로 이 제안은 대한민국의 조속한 수립을 위해 가장 중요한 뜻이 있음. 이상의 결론은 다수 대표 및 신문기자들을 면담한 결과에 입각한 것임. 올리버.[74]

변영태 외무부장관은 이승만 대통령이 승낙할 때에 발표할 것과

---

73) 로버트 T 올리버 저, 朴日泳 역, 『대한민국 건국의 비화: 이승만과 한미관계』, p.535.
74) 로버트 T 올리버 저, 朴日泳 역, 『대한민국 건국의 비화: 이승만과 한미관계』, p.536.

안 된다고 했을 때 발표할 것에 사용할 연설문을 올리버 박사에게 써 달라고 부탁하였다. 그러난 이 대통령의 답신은 "안 된다."였다. 그 이유는 "대한민국 정부는 유엔이 승인한 계획에 따라 탄생되었고, 그 헌법과 이를 제정한 선거는 유엔이 승인한 것이며 유엔의 승인과 자주적인 한국 국민의 의사로 보증받은 자치정부의 주권은 분명히 그 정부에 있다."는 것이었다. 그는 "공산 측이 그 계획을 수락하고 안 하고는 둘째 문제이며, 만일 대한민국 정부가 자진 해체할 것에 동의한다면 그 이후 헌법상의 주권에 대한 주장은 누가 진지하게 다룰 수 있을 것인가? 우리는 이미 유엔 감시하에 선거를 치렀다. 지금 요구하고 있는 것은 다만 북한이 그와 똑같이 하라는 것일 뿐이다."라고 말하였다.[75]

변영태 외무장관과 올리버 박사는 어떻게 할 것인가를 의논하며 5월 21일 밤을 거의 뜬 눈으로 세웠다. 왜냐하면 변영태 외무장관은 다음 날 회의에서 연설하도록 계획에 들어 있었고 유엔군 측 대표 전원은 우리에게 이번 기회가 대한민국이 자유세계의 지지를 유지하는 결정적인 마지막 기회가 되리라는 점을 애써 밝혀 주었기 때문이었다. 올리버 박사는 변영태 장관에게 "방금 접수한 훈령을 따르지 말고 우리들의 방식을 그대로 연설문에 포함시켜야 한다."고 역설했다. 두 사람은 사태를 같은 관점에서 보고 있었다. 만일 그렇게 하지 않는다면 남한은 이제 군사, 경제, 외교상의 지원 없이 완전히 혼자 남게 될 것이다. 올리버 박사가 변영태 외무장관에게 주장한 요지는 "연설이 끝난 후 우리가 그렇게 한 것이 불가피하였다

---

75) 로버트 T 올리버 저, 朴日泳 역, 『대한민국 건국의 비화: 이승만과 한미관계』, pp.536－537.

는 점"을 이승만 대통령에게 납득시키면 되지 않느냐는 것이었다.[76]
5월 22일 변영태 장관은 '북한에서만의 선거'라는 원칙에서 떠나 한국 통일에 관한 다음과 같은 14개 항목의 타협안을 제시하였다.

1) 통일·독립·민주 한국을 수립할 목적으로 유엔의 감시하에 종전의 유엔 결의에 의거하여 자유선거를 실시한다.
2) 남한과 현재까지 여사한 선거를 행사치 못했던 북한에서 대한민국의 헌법 절차에 의거하여 자유선거를 실시한다.
3) 본 제안을 채택 후 6개월 이내에 선거를 실시한다.
4) 선거 전후 및 그 기간 중 선거감시에 종사하는 유엔 감시위원은 선거 시 전 지역의 자유분위기를 유지하기 위하여 필요한 조건을 감시조정하며, 이를 위해 행동·언론 등의 완전한 자유를 향유한다. 지방당국은 감시위원에 대해서 가능한 모든 편의를 제공한다.
5) 선거 전후 및 그 기간 중 입후보자 및 그의 선거운동자와 가족 등은 행동·언론 및 기타 민주 제국에서 인정되고 보장되어 있는 인권의 완전한 자유를 향유한다.
6) 선거는 비밀투표 및 일반적인 선거권의 기초에 입각하여 실시한다.
7) 전 한국 의회의 의원수는 전 한국 인구에 비례한다.
8) 선거지역의 인구에 정확히 비례되는 의원수를 할당하기 위하여 유엔감시하에 인구조사를 실시한다.
9) 전 한국의회는 선거 직후 서울에서 개최한다.
10) 하기 문제는 전 한국의회 개회 후 제정한다.
   가) 통일한국의 대통령을 새로 선출할 것인가 안 할 것인가의 문제
   나) 대한민국 현 헌법의 수정 여부 문제
   다) 군대 해산문제
11) 대한민국의 현 헌법은 전 한국의회가 수정하지 않는 한 계속 유효하다.
12) 중공군은 선거실시일보다 1개월 전에 한국으로부터 철퇴 완료한다.
13) 한국으로부터 유엔군의 점진적 철군은 선거실시 전에 시작될 것이나 전 한국에 대한 효과적인 지배는 통일 한국 정부에 의하여 달성되며, 동 지배가 유엔에 의하여 확실히 증명되기 전에 철군을 완료해서는 안 된다.
14) 통일·독립·민주 한국의 권위와 독립은 유엔이 보장해야 한다.[77]

---

76) 로버트 T 올리버 저, 朴日泳 역, 『대한민국 건국의 비화: 이승만과 한미관계』, p.541.
77) 육군본부, 『판문점』(하권), pp.775–776.

이는 총선거에 동의하라는 유엔회원국 측의 요구를 만족시키고 동시에 대한민국 해체를 정면 거부하는 이 대통령을 만족시키는 방법을 모색하는 가운데 우리는 "자유선거에 접할 수 없었던 북한지역에 자유선거를 실시한다. 그리고 남한 역시 대한민국 헌법이 정하는 절차에 따라 선거를 실시한다."하는 방식이 우리(한국)에게 해가 안 되고 따라서 안전한 것이라고 생각되어 이를 제안했던 것이다. 우리는 이 방식을 찬성하는 설득력 있는 논리적 설명과 함께 우리 측 방식의 사본을 본국에 전문으로 보냈고 돌아온 것은 안 된다는 이 대통령의 회답이었다.[78) 이후의 상황은 올리버 박사의 회고를 통해 확인할 수 있다.

서울로부터의 반응은 고무적인 것이 못 되었다. 이 대통령은 회신을 보내오지 않았다. 그 대신 변영태 외무장관이 해임될 것이라는 낭설을 보도한 서울신문들의 오려 낸 기사를 대통령실에서 우리에게 보내주었다. 서울로부터의 침묵은 불길한 예감이 들었다. 대한민국의 양보를 묵살하는 공산 측의 침묵도 거의 마찬가지로 묵직하였다. 유엔국 측만이 이를 승인하였다. 제네바 회의는 휴회로 들어갔다. 변영태는 서울로 돌아가 외무장관 자리에서 해임되었다.
며칠 후 나도 잠시 나의 집을 돌아보고 난 뒤 서울에 도착하였다. 나는 이 대통령 사무실을 찾아 간단한 인사를 드린 후 사표를 제출하였다. 이게 무슨 뜻이냐고 그는 물었다. "우리가 그렇게 하지 않으면 안 된다고 믿었기 때문에 변영태 장관에게 각하의 훈령을 무시하고 선거제의를 하라고 역설한 것은 바로 저입니다. 그의 결심 못지않게 저의 결심도 거기에 들어 있었습니다. 그는 해임되었습니다. 그러니 저도 물러나려는 것입니다."
이 대통령은 피로에 지친 미소를 띠고 나를 바라보며 말했다. "올리버 박사, 나는 당신의 사표를 수리하지 않을 것이오. 당신과 변 장관은 아주 입장이 다르지 않소. 그 사람은 대한민국 외무장관이고 본국 정부의 정확한 훈령을 수행하는 것이 그가 서약한 임무요. 당신은 대표단 고문이었소. 당신 생각이 현명하고 적절하다고 믿어지는 어떤 권고도 그것을 제의하는 것이 당신의 임무일 것이오. 그것을 당신이 했을 뿐이오. 그러니 사표문제는 이제 잊어버리고

---

78) 로버트 T 올리버 저, 朴日泳 역, 『대한민국 건국의 비화: 이승만과 한미관계』, p.541.

가서 일이나 합시다."[79]

결국 한국 통일문제를 위한 제네바 정치회의는 공산 측의 부당한 주장과 고집으로 아무 성과 없이 결렬되고 말자, 6월 17일 한국 정부는 자유세계가 외교 협상에 의한 공산 측과의 회담은 무의미하며 공산주의자들로부터 주도권을 장악해야 할 시기에 도래하였다고 판단하고 다음과 같은 담화를 발표하였다.

> 이번 제네바에서 취하여진 유엔 16개국의 단결된 행동은 공산 침략자들에 대하여 외교협상을 통하여 피를 흘리지 않고 승리를 가져오던 시기가 이제는 종료하였다는 강력한 시사 이상의 것을 의미하는 것이다…… 만약에 제네바에서 표시된 의견의 완전일치가 앞으로도 계속되며 전 자유세계가 그의 결정을 수행할 결심을 가진다면 6월 15일 화요일이라는 일자는 전 세계를 통한 공산세력 전진의 종말을 표시하며 이 악독한 침략적 제도의 쇠퇴를 의미하는 일자로서 세계역사상에 기록될 것이다.[80]

제네바 회의는 1954년 4월 26일에 개최되어 7월 21일에 폐막되기까지 전후 87일간에 걸쳐 설전을 계속한 결과로서 중심 의제인 한국 문제에서는 아무런 결실 없이 막을 내렸다. 공산군 측은 본질적으로 자유선거와 관계되는 통일 방안의 고려를 모두 거부하였다.[81] 이에 한국은 "휴전협정은 더 이상 준수할 필요가 없는 사문서에 불과하며 단독으로라도 북진통일을 성취하겠다."라고 주장하였으며, 대공 유화가 그대로 계속되면 한국은 단독 북진도 불사한다는 강경 정책을 천명하였다.[82] 그러나 국제 정세는 한국의 단독

---

79) 로버트 T 올리버 저, 朴日泳 역, 『대한민국 건국의 비화: 이승만과 한미관계』, p.542.

80) 「제네바회담 결렬에 대하여」(1954.6.17), 『한국전란4년지』, p.C65.

81) 국방부 전사편찬위원회 역, 『미합동참모본부사: 한국전쟁』(하), p.450.

북진 주장을 용납하지 않는 가운데, 한국의 통일된 자유·민주·독립 국가 건설의 오랜 염원은 요원한 숙원으로 남게 되었고, 한반도의 재분단 상태가 지속되기에 이르렀다.[83]

5. 국가수호자로서 이승만 평가

이승만 대통령은 건국 대통령으로서 북한의 공산침략으로부터 자유민주주의 체제의 대한민국을 지켜 낸 국가수호의 대통령이다. 이 대통령은 광복 이후 숱한 간난(艱難)을 무릅쓰고 어렵게 이룩한 자유민주주의 체제의 대한민국의 초대 대통령으로 취임한 지 채 2년도 안 되어서 공산권 종주국인 소련과 중공으로부터 막대한 무기와 병력을 지원받은 북한의 기습적인 공격을 받고 이를 지켜 냈던 것이다. 오히려 그는 6·25라는 국가적 위기를 민족 분단을 종식할 수 있는 통일의 호기로 판단하고 전쟁을 지도하였다. 그는 전쟁 당일 생각했던 전쟁 목표를 위해서 초지일관되게 행동했던 민족의 지도자였다. 이 대통령은 전쟁목표를 달성하기 위해 미국을 비롯한 유엔의 참전을 이끌어 냈고, 전 국민을 총력전에 동원하여 국가적 위기를 타개해 나갔다. 그는 생애 마지막 기회가 될 통일을 위해 그리고 한국을 해체하려는 유엔 및 미국에 맞서 대한민국을 지켜 낸 호국의 대통령이었다. 이러한 점을 고려하여 국가수호

---

82) 육군본부, 『판문점』(하권), p.789.
83) 국방부 전사편찬위원회, 『한국전쟁 휴전사』, p.357.

자로서 이승만 대통령에 대한 평가를 다음과 같이 내렸다.

첫째, 이승만 대통령은 오로지 국가이익을 위해 처신했고 행동했다. 그는 미국의 이익이 어디에 있는지를 미국보다도 더 먼저 깨닫고 그에 앞서 조국의 미래 국가이익을 위해 위국헌신(爲國獻身)했다. 물론 미국이 고분고분하지 않은 이승만을 제거할 계획까지 수립했으나, 미국이 이를 수용한 것은 이승만을 대신할 강력한 리더십을 갖춘 반공지도자가 없었기 때문이었다. 특히 그는 국가이익을 위해 반공포로 석방 등 전후 미국의 안전보장을 얻기 위해 고집을 피우고 완고하게 행동했지만 합리성과 국제정세를 정확히 읽고 판단할 줄 아는 견식이 풍부한 국제정치지도자로서 전쟁의 주체인 미국을 리드(lead)했다. 그렇기 때문에 그는 자신감을 갖고 미국과 여러 정책을 놓고 협의할 때도 먼저 원칙론을 내세워 강력히 주장을 펴며 충돌하지만 이는 미국으로부터 보다 많은 실리를 얻어 내기 위함이었다. 휴전협상 무렵 그가 강력히 주장했던 단독 북진통일도 한국의 힘으로 할 수 없음을 이승만 자신이 누구보다 잘 알고 있었다. 클라크 장군은 이러한 이승만을 보고 "명분을 적절히 구사해 실리를 얻어 내는 외교적 수완을 도대체 어디에서 터득했는지 알 수 없다."고 탄복했다.[84]

둘째, 이승만 대통령은 확고한 전쟁목표하에 전쟁을 지도하고 수행해 나갔다. 이 대통령은 전쟁 동안 한반도 통일과 북진통일이라는 전쟁목적과 목표를 확고히 추진했다. 이는 한국의 국권을 수호했을 뿐만 아니라 전후 미국으로부터 한미동맹과 한국군 전력증강이라는 기대 이상의 성과를 얻었다. 전적으로 지원받는 입장에도 불구

---

84) 백선엽, 『군과 나』, p.277.

하고 이승만은 확고한 전쟁목표 아래 국군의 통수권자로서 의연하게 군림했고, 도움을 주고 있는 미국에게 오히려 큰소리를 치면서 전쟁의 주도권을 행사했다. 이는 이승만의 카리스마적인 지도력, 미국 최고 명문대학을 졸업한 학문적 배경, 그리고 정세를 읽고 판단하는 통찰력에서 나왔다. 국가지도자로서 이승만에게 그러한 뚜렷한 국가적 목표가 없었다면 한국도 베트남전쟁에서 '자유월남'처럼 공산화 길을 걸었을 것이다.

셋째, 이승만 대통령은 전쟁 동안 아무리 어려움이 있더라도 실망하지 않고 초지일관의 자세를 견지했다. 개전 초기 그 어려운 상황에서도 그는 굴하지 하고 미군의 신속한 개입을 위해 부단한 노력을 했고, 미군 참전 이후에는 작전통제권을 위임하여 미국의 책임하에 전쟁이 전개되도록 만든 후 그는 오로지 민족의 숙원인 북진통일을 위해 노력했다. 이를 위해 그는 대전이 함락되는 최악의 상황에서도 미국에 38도선 돌파를 주장하는 등의 북진통일의 비전 (vision)을 제시하였다. 또한 중공군 개입으로 미국의 대한정책이 휴전협정으로 통한 종전정책으로 바뀌자, 미국으로부터 한미상호방위조약과 한국군 전력 증강 등 전쟁억지력 확보에 노력했다.

넷째, 종합적으로 평가할 때 전쟁기 이승만 대통령을 능가할 국가지도자는 전무후무하다는 것이다. 이는 그와 함께 전장을 누볐던 한미 장성들의 평가에서 읽을 수 있다. 육군참모총장을 두 차례나 지낸 백선엽 장군은 "전쟁의 위기를 이승만이 아닌 어떠한 영도자 아래서 맞이했다고 해도 그보다 더 좋은 결과를 얻지 못했을 것이다."[85]라고 말하고 있다. 미 제8군사령관 가운데 가장 오랫동안 이

---

85) 백선엽, 『6·25전쟁회고록 한국 첫 4성 장군 백선엽: 군과 나』(서울: 대륙연구소 출판부,

대통령을 보좌했던 밴플리트(James A. Van Fleet) 장군이 "위대한 한국의 애국자, 강력한 지도자, 강철 같은 사나이이자 카리스마적인 성격의 소유자"로 흠모하면서,[86] "자기 체중만큼의 다이아몬드에 해당하는 가치를 지닌 인물"이라고 칭송했다.[87] 밴플리트 후임으로 미 제8군사령관을 지낸 테일러(Maxwell D. Taylor) 장군도 "한국의 이승만 같은 지도자가 베트남에도 있었다면, 베트남은 공산군에게 패망하지 않았을 것"이라고 말하면서 그의 반공지도자로서 영도력에 찬사를 아끼지 않았다.[88]

이렇듯 이승만 대통령은 진정 대한민국을 위해 위국헌신했던 독립운동가이고, 건국대통령이며 6·25전쟁의 수렁에서 국가를 지켜낸 국가수호의 대통령이었다. 그는 전쟁을 전후해 대한민국의 권위를 부정하고 심지어는 대한민국을 해체하려는 유엔 및 미국의 압력에 맞서 한국을 온존하게 지켜 냈던 것이다. 그때 그가 그 자리에 없었다면 대한민국의 운명은 어떻게 되었을까.

1989), p.351.

86) Paul F. Braim 저, 육군교육사령부 역, 『위대한 장군 밴플리트』(대전: 육군본부, 2001), p.489.

87) 로버트 올리버 지음·황정일 옮김, 『신화에 가린 인물 이승만』, p.345.

88) 프란체스카 도너 리 지음, 조혜자 옮김, 『이승만 대통령의 건강』, p.57.

제5장

6 · 25전쟁 시 이승만 대통령의 국군 통수권자로서 역할과 활동

1. 이승만 대통령의 전쟁 이전 국가방위전략 구상

이승만(李承晩, 1875～1965) 대통령은 정부 수립 이후 미국과의 연합을 뜻하는 연합국방(聯合國防)을 수립하고 한미군사동맹을 맺고자 노력했다.

이승만 대통령의 이런 노력은 1949년 6월 말 주한미군의 철수로 새로운 고비를 맞았다.

미국은 주한미군을 철수하면서 한국에 방어용 군사장비 이양, 군사고문단 설치, 국군 100,400명(육군 65,000명, 해군 4,000명, 경찰 35,000명)의 군수 및 훈련지원만을 약속했다. 이승만 대통령은 1949년 5월 17일 주한미국대사 무초(John J. Muccio)를 통해 주한미군 최종 철수사실을 통보받을 때, 그에게 자신이 생각한 '한반도 방위전략 구상'을 말했다.

이승만 대통령은 주한미군 철수 대가로 미국에게 20만 군대를 무장시킬 장비와 1백 대의 비행기를 요청했고, 북한의 공격이 있을 경우 한국의 독립과 안전을 보장할 '한미방위협정체결'을 요구했다.

그는 미국에게 서유럽에서의 대서양조약과 유사한 태평양조약(Pacific Pact)의 체결, 한미(韓美) 또는 다른 국가를 포함한 상호방위협정 체결, 1882년 조선(朝鮮)과 미국이 체결한 조미수호통상조약(朝美修好通商條約) 중 미국의 한국에 대한 우호조항을 재확인해 줄 것을 요구했다.

이승만의 '태평양동맹(Pacific Alliance)' 추진은 주한미군 철수가 임박할 때 나온 북대서양조약기구(NATO)에 기인했다. 이승만 대통령은 미국과 캐나다 등 유럽 및 북미(北美) 국가 16개국이 1949년 4월 4일 미국의 수도 워싱턴에서 북대서양조약에 대한 조인식을 갖자 태평양동맹 실현을 위해 매진했다. 이승만은 대통령 개인 특사로 이미 도미(渡美)한 조병옥(趙炳玉)과 장면(張勉) 주미한국 대사에게 태평양동맹 결성을 미국 정부에 제안하도록 지시했고, 이승만 대통령도 자유중국의 장개석(蔣介石) 총통·필리핀의 키리노(Elpidio Quirino) 대통령과 이에 대한 공조체제를 유지했다.

특히 이승만 대통령은 1949년 5월 2일 "미국이 한국과 군사방위동맹을 체결할 경우 한국의 국내치안 유지에 크게 도움이 되고, 아시아에서의 반공투쟁에도 좋은 영향을 줄 것"이라고 말했다.

그러나 미국은 "방위동맹을 체결할 의사가 없다."고 밝혔다. 주한미국대사 무초도 1949년 5월 7일 기자회견을 통해 "미국은 제퍼슨(Thomas Jefferson) 대통령 이래 어느 국가와도 상호방위동맹을 체결한 적이 없다."라고 말하며 동맹체결의 가능성을 부인했다.

이승만 대통령은 다시 북한과 우리 국민에 미칠 심리적 효과를 고려해 한국에 필요한 전력을 지원해 달라고 미국에 요청했으나, 미국은 한국의 산악지형에 전차가 적합하지 않을 뿐만 아니라 이 대통령이 북진통일에 이들 무기를 악용할 소지가 있다며 거절했다.

특히 로버츠(William Roberts) 주한 미군사고문단장은 "한국이 북한을 공격하면 미국은 경제·군사원조를 모두 중단할 것이다. 미군이 철수할 때 한국군에게 이양한 무기는 전차와 비행기를 제외한 방어무기로 남한이 무력통일을 위해 전쟁을 일으키는 것을 방지하기 위한 것"이라고 발표했다. 이승만 대통령은 주한미군 철수에 따른 안보 공백을 메우기 위해 또다시 진해(鎭海)를 미국의 해군기지로 제공하겠다고 제의했으나 거절당했다.

태평양동맹 논의를 위해 진해를 방문한 장개석 총통(왼쪽 세 번째)과 이승만 대통령(오른쪽 세 번째)

이처럼 전쟁 이전 이승만 대통령의 한반도 방위전략구상은 미국의 한국에 대한 낮은 전략적 평가와 무관심으로 빛을 보지 못한 채 무산됐다. 이승만 정부는 전쟁억지를 위해 태평양동맹, 한미군사동맹, 진해기지 제공, 국군 전력증강을 위해 부단히 노력했다. 그러나 미국의 소극적 대한정책으로 그 뜻을 이루지 못하고 전쟁을 맞게 됐다.

하지만 이승만 대통령의 전쟁 이전 한반도 방위전략 구상은 6 · 25전쟁을 거치며 한미상호방위조약, 주한미군 주둔, 국군 20개 사단 증편으로 실현돼 전후 60년 동안 한반도 전쟁억지세력으로 크게 작용했다.

이는 이승만 대통령의 현실 국제정치를 꿰뚫는 깊은 통찰력과 정확한 사태인식 및 상황판단, 그리고 전후 민족생존권 보장을 위한 국군통수권자로서의 사려 깊은 충정에서 우러나온 애국심이 빚어 낸 결과였다.

2. 이승만 대통령의 전쟁목표와 전쟁지도

이승만은 건국 대통령으로서 임진왜란 이후 민족 최대의 위기를 극복하고, 국권을 수호한 국가지도자였다. 이승만 대통령과 함께 전쟁터를 누볐던 한미연합군 장성들은 그를 훌륭한 영도자 및 반공지도자로 높이 평가했다.

국군 최초의 대장(大將)으로 6·25전쟁 초기부터 사단장과 군단장을 거쳐 육군참모총장에 이르면서 작전을 지도했던 백선엽(白善燁·육군대장 예편·육군참모총장 역임) 장군은 6·25를 이승만 대통령이 아닌 어떠한 영도자 밑에서 맞이했다고 해도 그보다 좋은 결과를 얻지 못했을 것이라고 술회했다.

유엔군사령관 클라크(Mark W. Clark) 장군도 이승만 대통령을 세계에서 가장 위대한 반공지도자라고 치켜세웠다.

미8군사령관 밴플리트(James A. Van Fleet) 장군도 이승만 대통령을 위대한 애국자, 강력한 지도자, 자기 체중만큼의 다이아몬드에 해당하는 가치를 지닌 인물이라며 존경심을 금치 못했다.

밴플리트 장군의 후임으로 미8군사령관이 된 테일러(Maxwell D. Taylor) 장군도 이승만 대통령과 같은 지도자가 베트남에 있었다면 베트남은 공산군에게 패망하지 않았을 것이라며 그의 영도력에 찬사를 아끼지 않았다.

그러면 이들 장군들은 왜 이렇게 이승만 대통령을 다투어 칭송하였을까?

그것은 그가 전쟁을 통해 자유 대한민국을 수호했을 뿐 아니라 미국과 상호방위조약을 통해 한미동맹을 일궈 냈고, 국군을 70만 대군으로 성장시켜 한국의 안보를 견실하게 한 공로를 인정했기 때문이다.

6·25전쟁 때 이승만 대통령이 내건 슬로건은 북진통일(北進統一)이었고, 그의 전쟁지도는 전쟁 당일부터 이를 위해 치밀하게 전개됐다. 이승만 대통령은 개전 첫날 무초 미국대사를 만나 6·25가 '제2의 사라예보'가 되어서도 안 되겠지만, 통일을 위한 절호의 기회도 놓쳐서는 안 될 것이라고 말했다. 그는 이미 전쟁 당일부터 미국 참전과 북진통일을 전쟁목표로 삼고 매진했다.

이승만 대통령은 미국의 참전만이 이 사태를 해결할 수 있다고 보았다. 이를 위해 그는 미국대사와 긴밀한 접촉을 유지하면서 미 극동군사령관과 주한미국대사에게는 한국군에게 필요한 무기와 탄약을 요청함으로써 미국이 참전할 때까지 버티어 나갔다.

미군 참전 이후 이승만 대통령은 도움을 주고 있는 미국에게 오히려 큰소리를 치면서 전쟁을 수행했다. 이는 그의 카리스마적인 지도력, 미국 최고 명문대학인 조지워싱턴대학(학사)·하버드대학(석사)·프린스턴 대학(박사)을 졸업한 학문적 배경, 국제정세를 읽고 판단하는 뛰어난 통찰력에서 나왔다.

6·25전쟁 동안 이승만 대통령에게 이러한 전쟁목표가 없었다면 한국도 베트남전쟁에서 '자유월남'처럼 공산화되었을 것이다. 그는 불리한 상황에서도 오로지 국가이익만을 생각하고 행동했다. 반공포로 석방은 그 좋은 실례가 될 것이다.

미국이 고분고분하지 않은 이승만을 제거할 계획까지 수립했으면서도 그를 그대로 둔 것은 한국에 그만한 리더십을 갖춘 반공지도자가 없었기 때문이다.

이승만 대통령은 6·25전쟁이라는 국가적 위기를 오히려 호기로 판단하고 전쟁을 지도했다. 그는 생애 마지막 기회가 될 북진통일을 위해 80세를 바라보는 노령에도 불구하고, 전후방 부대를 방문하여 장병들을 격려하고 전 국민을 동원하여 총력전을 전개했다.

6·25전쟁 동안 이승만 대통령은 미국의 이익이 어디에 있는지를 미국보다 먼저 깨닫고 행동했다. 그는 휴전에 임박해서는 제2의 6·25를 방지하고자 한미상호방위조약과 한국군 전력 증강 등 '안보 전리품'을 미국으로부터 당당하게 받아 냈다.

휴전 이후 지금까지 한반도에서 전쟁이 일어나지 않은 것은 이승만 대통령이 미국에게 휴전을 양보하는 대신 미리 전쟁억지력을 강구했기 때문이다. 그의 통수권 차원에서 나온 전략적 혜안(慧眼)이 위기에 빠진 한국을 구할 수 있었던 것이다.

이승만 대통령(앞줄 가운데)이 국군 1사단 지휘소를 방문한 후 찍은 기념사진(**1951.2.1**). 이승만 대통령의 왼쪽이 국방부장관 신성모이고 오른쪽이 1사단장 백선엽 준장이다.

3. 이승만 대통령의 휘호(揮毫) 속에 나타난 통일·안보관

이승만 대통령의 붓글씨는 명필(名筆)로 유명하다. 무릇 조선시대 사대부 가문의 양반자제가 그러했듯이, 양녕대군(讓寧大君)의 후손인 이승만 대통령도 어린 나이(6세)부터 한학을 공부하며 입신출세를 위한 과거시험을 준비했다. 그는 13세부터 과거를 봤으나 급제하지 못했다. 그럼에도 불구하고 그의 학문적 경지는 일취월장(日就月將)해 나갔다.

이승만 대통령은 한학의 정진을 통해 서예에도 일가견을 지녔다. 그가 미국 명문대학에서 비교적 짧은 기간에 박사학위를 받은 것도 이런 학문적 토대가 있었기 때문에 가능했다.

이승만 대통령은 미국에서 서양사와 국제정치학을 공부함으로써 동서양 학문에서 모두 두각을 나타냈다. 그는 망명 때에도 당시선(唐詩選)을 암송하며 틈틈이 한시(漢詩)를 짓고 붓글씨 쓰기를 게을리 하지 않았다. 때문에 그는 박사학위를 받은 서양학문 못지않게 어릴 때부터 익힌 한학(漢學)과 서예에서 남보다 뛰어났다.

6·25전쟁 때 이승만 대통령은 동서양의 높은 학문적 경지와 수양에서 우러나온 휘호를 많이 남겼다. 그의 휘호 중에는 그의 통치철학과 국가관이 담겨 있는 글들이 많이 남아 있다. 그는 한학에 조예가 깊어 사기(史記)나 병법(兵法)에 나온 구절을 곧잘 애용하곤 했다.

"국민은 나라의 근본이니 근본이 튼튼해야 나라가 편안하다(民惟邦本 本固邦寧·민유방본 본고방녕)."

"막사에 앉아서 천리 밖의 승리를 결정한다(運籌帷握·운주유악)."

"싸우면 반드시 이기고 공격하면 반드시 빼앗아 낸다(知彼知己百戰百勝, 戰必勝攻必取·지피지기 백전백승 전필승공필취)."

이처럼 이승만 대통령의 위와 같은 휘호 등에서 그의 국가통치의 뒷받침이 된 사상적·학문적 심연(深淵)을 가늠케 했다. 그는 일찍이 사육신의 한 사람으로 절개가 곧고 뛰어난 학문을 자랑했던 성삼문(成三問)을 사숙(私淑)한 기개 넘치는 현대판 선비이기도 했다.

이승만 대통령은 특출한 서예실력을 발휘하여 승전(勝戰)한 부대 및 지휘관들에게 휘호를 내려 사기를 올렸다. 그는 전공이 높거나 충성심이 강한 장군들에게 붓글씨를 써 주는 것을 즐겨했다.

이승만 대통령은 정일권(丁一權·육군대장 예편·육군참모총장 역임) 장군과 강문봉(姜文奉·육군중장 예편·2군사령관역임) 장군에게는 "지략과 용맹에 인(仁)까지 겸하니 백번 싸워 백번 이기리라(智勇兼仁 百戰百勝・지용겸인 백전백승)."는 휘호를 내렸다.

백선엽(백선엽・육군대장 예편・육군참모총장 역임) 장군에게는 "위엄을 안팎에 떨치다(威振內外・위진내외)"는 휘호를 내렸다.

이성가(李成佳・육군소장 예편・군단장 역임) 장군에게는 "충성심이 해와 달을 꿰뚫다(忠貫日月・충관일월)"라는 휘호를 남겼다.

박병권(朴炳權・육군중장 예편・국방부장관 역임)에게는 "몸 하나로 장성을 대신하네(身作長城)"라는 휘호를 내렸다.

또한 이승만 대통령은 한국군 장성뿐만 아니라 한국에 온 미군 지휘관들에게도 그들의 전공과 인품에 걸맞은 휘호를 하사했다.

미8군사령관 밴플리트 장군에게는 "한 몸이 흰 구름 위로 솟아 날아와 온갖 나라 공산군 불길 속에서 백번 싸워 공(功)을 이룬 곳은 서구냐 동아냐를 묻지 마소(一身白雲上 萬國赤焰中, 百戰成功地 歐西與亞東・일신백운상 만국적염중 백전성공지 구서여아동)"라는 휘호를 내렸다.

미10군단장 화이트(Issac D. White) 장군에게는 "인의에 지용을 겸해 싸우면 반드시 이기고 공격하면 반드시 취한다(仁義兼智勇 戰必勝攻必取・인의겸지용 전필승공필취)"는 휘호를 내려 전의(戰意)를 고취시켰다.

특히, 이승만 대통령은 부대를 방문할 때도 그 부대의 전공과 특징에 걸맞은 휘호를 내렸고, 노령(老齡)에도 불구하고 국민들과 국군 장병들이 전쟁의 교훈을 잊지 않도록 모든 전승비를 붓글씨로 써서 주는 수고로움을 아끼지 않았다.

이승만 대통령이 3군단(북진통일·왼쪽)과 백선엽 장군(위진내외·오른쪽)에게 내린 휘호

즉 해병대사령부 방문 시에는 "무적해병(無敵海兵)"이라는 휘호를 하사했고, 육군1군사령부를 방문해서는 "가는 곳마다 대적할 자 없다(所向無敵·소향무적)"라는 휘호를 하사했다. 이는 모두 그 부대의 상징성을 고려하여 쓴 것이다.

또한 '다부동지구전승비'를 비롯해 거의 모든 전적비가 이승만 대통령의 손을 거쳐 세워졌다. 특히 그는 통일완수를 강조하기 위해 부대 방문 때마다 통일관련 휘호를 써서 군이 이의 주체가 되기를 갈구했다.

"다 같이 뭉쳐서 통일하자(大同團結, 統一達成·대동단결 통일달성)"

"통일이 제일 먼저이다(統一最先·통일최선)"

"압록강과 두만강을 우리 힘으로 완전히 찾겠노라(鴨綠豆滿 唾手完還·압록두만 타수완환)"

"우리 산하를 찾아오자(還我山河 · 환아산하)"

"북진통일(北進統一)" 등이 있다.

이렇듯 이승만 대통령의 휘호에서는 진한 애국애족의 바탕 위에 통일관과 안보관이 몸속의 혈관처럼 면면히 흐르고 있고, 통수권자로서의 위엄과 기풍이 이를 보호하는 단단한 골격처럼 맞물려 있음을 알 수 있다.

이승만 대통령은 이런 드높은 기품과 발군의 리더십을 통해 한민족 최대의 위기였던 6 · 25전쟁을 슬기롭게 극복했을 뿐만 아니라, 한미상호방위조약을 통해 전후 한국의 안보를 보장받은 영명(英明)스런 대한민국 최고의 국가지도자였다.

4. 이승만 대통령의 국군작전지휘권 이양의 참뜻

6 · 25전쟁 초기 이승만 대통령은 왜 국군의 작전지휘권을 유엔군사령관에게 이양했을까?

이승만 대통령이 이에 대한 기록을 남겨 두지 않은 상태에서 이의 정확한 이유를 알 수 없으나, 당시 한국을 둘러싸고 벌어진 국제상황, 특히 유엔의 행보와 한국의 입장을 면밀히 살펴보면 이승만 대통령이 '왜 그렇게 했던 이유'를 미루어 짐작할 수 있다.

일제강점기 이승만 대통령은 미국 명문 프린스턴 대학(박사과정)에서 국제정치학을 전공한 학자로서 국제정세의 흐름을 꿰뚫어 보는 통찰력을 갖고 있었다. 그는 일본의 진주만 기습이 있던 해인

1941년 여름 『일본내막기(Japan Inside Out)』를 영문으로 출판해 일본의 침략근성을 미국 조야(朝野)에 알려 경각심을 줬고, 5개월 후에 실제로 태평양전쟁이 발발하자 이 책은 베스트셀러가 되면서 그는 일약 유명인사가 됐다.

6·25전쟁 때 이승만 대통령의 이런 능력은 전쟁을 거치며 하나씩 입증됐다. 전쟁이 발발하자 그는 북한의 기습남침을 확인한 후 절박한 위기 속에서도 이를 '한반도를 통일할 절호의 기회'로 여기고 행동했다. 그는 이를 위해 미국과 유엔에 매달렸다.

이승만 대통령은 무초(John J. Muccio) 미국대사를 통해 그의 뜻을 워싱턴에 전달했고, 국군에게 필요한 탄약·무기지원을 지원받을 수 있도록 조치했다.

또한 주미한국대사인 장면(張勉)을 통해 백악관과 국무부에 한국의 입장을 설득해 유엔을 통한 신속한 지원이 이뤄지도록 외교적 노력을 강구했다.

국제정치학자로서 뛰어난 판단력을 갖고 있던 이승만 대통령의 대미·대유엔 외교 노력은 미국의 지원하에 유엔안보리에서 한국에 대한 신속한 군사지원 결의로 나타났다. 또 그 연장선상에서 유엔안보리는 한국에 파견될 유엔회원국 군대를 지휘할 유엔군사령부 설치를 결의했다. 유엔의 위임을 받은 미국은 7월 8일 유엔군사령관에 맥아더(Douglas MacArthur) 원수를 임명했다.

이승만 대통령의 뛰어난 국제적 감각과 기지(機智)는 이때부터 그 빛을 발했다. 그는 유엔회원국이 아닌 한국을 유엔의 일원이 되게 함과 동시에 국군을 유엔군의 일원으로 만드는 일석이조(一石二鳥)의 단안을 내렸다. 그것이 바로 국군 작전지휘권을 유엔군사령관에게 넘기는 것이었다.

한국은 1948년 12월 유엔총회에서 한반도의 유일한 합법정부로 승인받았으나, 유엔회원국 가입신청(1949년)은 소련의 거부권 행사로 무산돼, 6·25전쟁 때 한국은 유엔회원국이 아니었다.

이를 잘 알고 있던 이승만 대통령은 한국에서 유엔지상군 부대를 통합지휘하게 될 미8군사령부가 대구로 이동한 다음 날(1950년 7월 14일) 무초 미국대사를 통해 유엔군사령관에게 국군의 작전지휘권을 이양하는 서한을 보냈다.

이승만 대통령은 "현재의 적대행위가 계속되는 동안 한국 육·해·공군에 대한 작전지휘권을 유엔군사령관에게 위임한다."고 밝혔다.

유엔군사령관 맥아더(Douglas MacArthur) 장군은 1950년 7월 17일 미8군사령관에게 한국군에 대한 지휘권 행사를 지시했고, 그다음 날인 7월 18일 맥아더 장군은 무초 미국대사를 통해 이승만 대통령에게 "한국군의 작전지휘권 이양에 관한 대통령의 결정을 영광으로 생각하며, 유엔군의 최종 승리를 확신한다."고 답했다.

이승만 대통령과 맥아더 장군의 서신은 1950년 7월 25일 유엔사무총장을 경유, 유엔안보리에 제출돼 유엔의 공식승인을 받게 됐다.

이렇듯 이승만 대통령의 작전지휘권 이양은 주권의 포기가 아니라 유엔회원국이 아닌 한국에게 유엔국의 자격을 줬고, 유엔군이 아닌 국군에게 유엔군의 일부로 싸울 수 있는 여건을 제공함과 동시에 미국 주도의 유엔군에게 전쟁에 대한 무한 책임을 지우려는 이 대통령의 심모원려(深謀遠慮)에서 나온 조치였던 것이다.

대한민국 정부수립 기념식장에서 이 대통령과 맥아더 원수(1948.8.15)

5. 이승만 대통령의 군사소양과 한미연합군 지휘관들과의
   관계

6·25전쟁 때 이승만 대통령은 국군총사령관으로서 전쟁을 지도하고 총괄했다. 여기에 국군은 물론이고 한국을 지원하러 온 미군 장성(將星)들도 예외는 아니었다.

전쟁 동안 그가 상대했던 사단장급 이상 장성 지휘관은 국군 50명과 미군 60명이었다.

이승만 대통령은 역사상 어떤 전쟁지도자 못지않은 역할을 수행했다. 군에 대한 경험이 없을 뿐만 아니라 정식으로 군사지식도 받지 못했기에 전쟁지도자로서 그의 역할은 단연 돋보였다.

이승만 대통령이 이런 역할을 할 수 있었던 데에는 나름의 이유가 있었다.

첫째, 이승만 대통령은 클라우제비츠(Karl von Clausewitz)의 전쟁론과 같은 군사학을 정식으로 배우지 않았다. 다만 그는 조선시대 과거시험을 준비하는 과정에서 경서(經書)·병법(兵法)을 통해 국가통치의 도(道)와 군사전략 개념을 터득했다.

둘째, 이승만 대통령은 군 복무도, 전쟁에도 참전하지 않았다. 하지만 미국 명문대학의 박사학위를 취득한 이승만 대통령은 미국 역사를 통해 정치지도자와 명장에 관한 리더십을 간파했다. 미국 독립전쟁 시 워싱턴(George Washington) 장군의 역할과 남북전쟁 시 링컨(Abraham Lincoln) 대통령과 그랜트(Ulysses S. Grant) 장군, 2차대전 시 루스벨트(Franklin Roosevelt) 대통령과 맥아더(Douglas MacArthur)·아이젠하워(Dwight Eisenhower) 장군의 뛰어난 업적에 정통했다. 이승만 대통령은 전시 총사령관과 국가지도자로서의 덕목과 역할을 미국 역사를 통해 이미 습득해 놓고 있었다.

셋째, 이승만 대통령은 태평양 이전 일본의 진주만 기습을 예견한 『일본내막기(Japan Inside Out)』를 발간, 센세이션을 일으킬 만큼 뛰어난 국제정치 감각을 지닌 한국 최초의 국제정치학자였다. 그러한 통찰력을 지녔기에 그는 제2차 세계대전 시 영국의 처칠(Winston S. Churchill)이 그랬던 것처럼 미국을 끌어들여 북한의 기습남침을 막고 북진통일을 추구했을 뿐 아니라 나아가 전후 한국의 안보를 보장받아 국제정치지도자의 면모를 과시했다.

이승만 대통령의 전쟁목표는 북진통일이다. 이에 그는 전쟁에서 지휘관의 역할을 중시했다. 그가 중시했던 지휘관의 덕목은 전쟁목표를 실현할 의지가 있고, 전투를 잘 하고, 국가에 봉사하고 통수권자에 충성하는 것이었다. 이러한 점에서 미군지휘관도 예외는 아니었다.

이승만 대통령은 군인의 본분을 알고 전장에서 후퇴하지 않은 지휘관을 선호했다. 그는 이런 원칙하에 한미지휘관들을 상대했고, 이를 따르는 장군을 높이 평가해 중용했다.

그렇지 못한 장군은 아무리 미군 장군이라고 해도 냉담하게 대했다. 그는 한국의 상황을 이해하고 전쟁을 잘하는 맥아더 장군과 밴플리트 장군에게는 악수할 때 최대 호의표시로 두 손을 감싸 쥐며 애정을 표했다.

맥아더 장군이 해임될 때, 이승만 대통령은 내 심정을 진심으로 알아주는 훌륭한 군인이라며 아쉬워했고, 밴플리트 장군이 한국에서 떠날 때는 경무대로 부부를 초청해 위로해 줬다.

반면, 워커(Walton H. Walker) 장군은 버릇없는 친구라고 말했다. 이는 워커 장군이 한국군은 왜 잘 싸우지 못하느냐며 이승만 대통령의 자존심을 건드렸기 때문이다.

전쟁 동안 이승만 대통령은 정치가와 군인이 할 일을 뚜렷하게 구분했다. 그는 정치적 의미가 있는 38도선돌파와 반공포로 석방은 직접 주관했으나, 작전실패로 인한 한국군 군단 해체 등 군사 사항에 대해서는 간섭하지 않고 미군 지휘관에게 일임했다. 그렇지만 원활한 한미연합작전을 위해 이승만 대통령은 유엔군부사령관을 신설해 한국군 장성을 앉히려고 시도하기도 했다.

특히 이승만 대통령은 미국의 정책을 한국에 유리할 경우만 받아들여 워싱턴과 미군사령관을 곤혹스럽게 만들었다.

이렇듯 이승만 대통령은 불리한 전쟁환경에도 불구하고 오로지 자신의 역량만으로 제2차 세계대전의 명장인 미군지휘관을 아우르며 전쟁을 한국에 유리하게 이끌어 나갔다.

이에 한국전선에 온 미군지휘관들은 한결같이 이승만 대통령을 '올드 맨(old man)'이라 칭하며 존경을 금치 못했다.

이 대통령과 밴플리트 8군사령관(52년 8월)

6. 이승만 대통령과 밴플리트 장군과의 관계

6 · 25전쟁 때 이승만 대통령은 주한미군 장성들에게 경외(敬畏)의 대상이었다. 그런 미군 장성들을 이승만 대통령은 자식처럼 사랑하며 각별히 대했다.

렘니처(Lyman L. Lemnitzer · 미8군사령관) · 테일러(Maxwell D. Taylor · 미8군사령관) · 화이트(Issac D. White · 유엔군사령관) · 밴플리트(James A. Van Fleet · 미8군사령관) 장군은 이승만 대통령을 친아버지처럼 따르며 존경했다.

미군 장성들은 한국 근무 이전에는 이승만 대통령을 잘 몰랐으나, 한국에서 그를 만나고 난 뒤에는 그를 존경했다.

비록 미군정기 하지(John R. Hodge · 육군대장 예편 · 미24군단장 역임) 중장과는 사이가 좋지 않았지만, 제2차 세계대전 시 '태평양의 패튼(Patton) 또는 군인 중의 군인'으로 평가받은 하지 장군도 8.15 광복 이후 남한의 총독(總督)과 같은 지위에 있으면서도 이승만 대통령의 카리스마, 애국심, 해박한 국제정세와 학식 앞에서 꼼짝을 하지 못했다.

나중에 하지 장군은 "미군정의 최고 책임자로서 직책은 지금까지 맡았던 직책들 가운데 최악이었다. 내가 정부명령을 받지 않는 민간인이었다면 1년에 백만 달러를 줘도 그 직책을 수락하지 않았을 것이다. 특히 이승만 박사 같은 한국지도자를 상대했던 군정은 생각하기조차 끔찍하다."고 회고했다.

그렇지만 이승만 대통령이 하지 장군을 심하게 대했던 것은 한국의 이익에 저해되는 미국의 대한정책 때문이지 그에게 감정이 있어서가 아니었다.

대한민국의 초대 대통령으로 취임한 후 이승만 대통령은 귀국하는 하지 장군에게, "당신과 나 사이에 때로는 약간의 오해도 있었지만, 지금 우리는 완전한 자유 독립의 주권국가로서 대한민국을 수립하기 위한 당신의 결의가 성공했음을 알고 있소. 그대는 한국민의 가슴속에 결코 잊히지 않을 것이며 당신에 대한 우리들의 기억도 영원할 것이오."라며 3년간 남한지역 군정의 책임자로서의 그의 노고를 치하했다.

하지만 미8군사령관으로 부임한 밴플리트 장군에 대한 이승만 대통령의 애정은 남달랐다. 밴플리트 장군은 1951년 4월 14일 미8군사령관에 취임한 다음 날 이승만 대통령을 예방했다.

이때 밴플리트 장군은 이승만 대통령의 내면적인 강인함에 감복했다. 그는 문명화된 조국을 실현하기 위해 투옥돼 옥고를 치러가며 고통당했던 애국자인 이승만 대통령의 강인함과 결의를 마음으로 존경하고 흠모했다. 또 그는 서양인이 한국인의 강인함을 보고 '동양의 아일랜드인'로 부르는 것을 이해했던 장군이었다.

두 사람의 첫 만남은 향후 길고 깊은 우정의 초석이 됐다. 그래서 밴플리트 장군은 전쟁 중 양국 간에 의견 대립이 있을 때 이승만 대통령을 이해하며 친분을 유지했다. 그는 이승만 대통령을 위대한 애국자, 강력한 지도자, 강철 같은 사나이, 카리스마적인 성격의 소유자라며 흠모했다.

밴플리트 장군이 1951년 중공군 4월 공세 때 서울은 프랑스의 파리나 그리스의 아테네와 마찬가지로 중시되어야 한다고 강조해

서울을 사수했던 것도 이런 연유에서다.

이승만 대통령과 미8군사령관 밴플리트 대장(왼쪽)

밴플리트 장군은 워싱턴과 이승만 대통령 사이에 논쟁이 있을 시 그를 지지했다. 그는 이승만 대통령의 한국군 증강 이유를 알았기 때문에 이를 적극 지원했다. 한반도를 통일하겠다는 이승만 대통령의 목표와 휴전협정 체결을 거부하는 그의 심정을 이해했기 때문에 그는 "한국에 남아 있는 것이 더 이상 야전 지휘관의 몫이 아니다."며 한국을 떠났다.

밴플리트 장군이 떠난 후 이승만 대통령이 반공포로를 석방하며 미국의 휴전정책에 반대하자 워싱턴은 이승만 대통령과 친한 그를 주한미국대사로 임명하려고 했다.

그러나 밴플리트 장군은 이승만 대통령을 너무나 존경하며 흠모했기 때문에 본인도 반대하는 휴전정책을 이승만 대통령에게 수락하라고 설득할 수 없다며 대사직을 거부했다. 이런 그를 이승만 대통령이 싫어할 이유가 전혀 없었다.

이승만 대통령이 하와이에서 서거(1965.7.19)했을 때 고인의 유해를 모시고 한국에 온 사람도 밴플리트 장군이었다. 그들의 만남은 현세와 내세를 잇는 '아름다운 우정'으로 이어져 세인들의 감동을 불러일으켰다.

7. 이승만 대통령과 주한미국대사와의 관계

6 · 25전쟁 당시 이승만 대통령이 전쟁을 수행하면서 일관되게 추구했던 외교의 중심축은 미국이었다. 그는 단순한 대미(對美) 일변도가 아니라 미국을 외교의 전부로 생각했다. 미국에서 30여 년간 망명생활을 하며 고학으로 최고명문 대학을 졸업한 그는 누구보다 미국의 국가전략을 꿰뚫어 보는 혜안과 뛰어난 외교협상력을 갖추고 있었다.

이승만 대통령은 6 · 25전쟁 때 한국을 도우러 온 미군 장성과 지휘관들을 마치 미군의 통수권자인 미국 대통령처럼 거리낌 없이 대했다. 또한 주한미국대사에 대해서도 한편으로는 어르고 달래는 유화정책을 쓰는가 하면, 다른 한편으로 호통을 치며 한국에 유리한 방향으로 대미외교를 진두지휘하기도 했다.

이승만 대통령은 절대적 도움이 필요한 빈국(貧國)이자, 분단국가 대통령이면서도 세계최강국인 미국을 상대로 당당한 외교전선을 펼쳤다. 그는 국익을 위해서는 워싱턴에 무모할 정도의 '위협과 도박'도 주저치 않았다. 이것이 먹히지 않을 경우 그는 직접 미국 언론에 호소해 가며 워싱턴을 압박하는 외교 전략을 구사했다.

이처럼 이승만 대통령은 6·25전쟁이라는 국가위기 속에서 국익을 위해 노구를 마다하지 않고 외교전선의 최선봉에서 고군분투하며 실익을 챙겼다.

그렇기에 이승만 대통령을 상대했던 많은 미국사람들은 선의든 악의든 그를 고집스럽고 변덕스럽고 교활하고 독단적이고 무모한 사람이라고 평했다. 하지만 그들은 그의 애국심과 뛰어난 능력을 인정했다.

특히 전쟁 기간 이승만 대통령을 가장 가까이서 지켜본 주한미국대사들이 그러했다. 73세에 대통령이 된 그를 상대한 미국대사들은 50세 전후였음에도 그의 타고난 체력을 감당하지 못했다.

이승만 대통령은 재임 동안 5명의 미국대사를 만났다. 무초(John J. Muccio, 1949.4~1952.11), 브릭스(Ellis O. Briggs, 1952.11~1955.5), 레이시(William S. B. Lacy, 1955.5~1955.7), 다울링(Walter C. Dowling, 1955.7~1959.10), 메카나기(Walter P. McConaughy, 1959.10~1961.4) 대사가 바로 그들이다. 그 가운데 6·25전쟁 때 주한미국대사는 무초와 브릭스 대사 2명뿐이었다.

이승만 대통령은 전쟁 동안 내내 일관되게 북진통일을 외쳤고, 이에 반하는 자는 누구든 용서치 않았다. 그가 휴전 후 부임한 레이시 대사를 못마땅하게 여겨 2개월 만에 쫓아낸 것은 외교가에 널리 알려진 사실이다. 이처럼 그는 한국입장을 이해하고 따르는 주한미국대사에게는 인자한 어버이처럼 자상하게 대해 줬으나, 그렇지 않을 경우에는 아주 냉정하면서도 매섭게 대했다.

6·25전쟁은 한국에서 주한미국대사의 위치를 크게 클로즈업시켰다. 주한미국대사는 붕괴 직전에 있던 한국 정부를 유지하고 이승만 대통령을 보좌하며 전쟁수행의 중심 역할을 했다.

하지만 주한미국대사는 워싱턴의 지시를 한국에 전달하는 역할이 아니라 이승만 대통령의 훈계와 질책을 받으며 워싱턴에 한국의 입장을 설득하고 이승만 대통령의 뜻을 받들어야 하는 '곤혹스런 임무'를 수행하지 않으면 안 되었다.

초대 주한미국 대사였던 무초는 1948년 7월 20일 특별사절로 부임했다가 1949년 1월 1일 미국이 한국을 승인하고 대표부를 대사관으로 승격한 후인 1949년 4월 20일부터 주한미국대사 직책을 수행했다.

무초는 1952년 11월까지 재임하면서 이승만 대통령에게서 숱한 구박과 질책을 받으면서도 그의 애국심을 진정으로 이해하며 전쟁으로 어려운 한국을 위해 애썼다. 한국에 부임할 때 48세의 총각이었던 무초 대사는 1953년 결혼했고, 1973년 한국을 다시 방문해 이승만 대통령의 묘소를 참배하고, 이화장(梨花莊)에 살고 있는 프란체스카(Donner Francesca) 여사를 방문했다.

2대 주한미국 대사였던 브릭스도 재임 기간 중 이승만 대통령으로부터 많은 핍박을 받았다. 이는 그가 1952년 11월 휴전임무를 띠고 온 '휴전대사'라는 이유로 이승만 대통령으로부터 미움을 샀다. 휴전을 반대하던 이승만 대통령의 눈에 그가 곱게 보일 리가 만무했다.

하지만 브릭스 미국대사는 휴전을 강행하려는 워싱턴과 이에 맞서는 이승만 대통령 사이에서 그를 달래 한미상호방위조약을 성사시켰다. 한미동맹의 기초인 한미상호방위조약은 이승만 대통령이 미국을 상대로 쟁취한 '한국의 소중한 안보자산'이었다.

전쟁이 없는 정전체제가 약 60년 동안 유지된 것도 모두 이승만 대통령이 어렵게 성사시킨 한미상호방위조약에 따른 주한미군과 한미동맹이 있었기 때문에 가능했다.

이 대통령과 담화하고 있는 러스크 차관보(왼쪽)와 무초 대사(오른쪽)

8. 미국의 38도선 돌파논의와 이승만 대통령의 북진명령

6·25 초기 미국의 전쟁목표는 전쟁 이전 상태의 회복이었다. 미국 합참의장 브래들리(Omar N. Bradley) 장군도 맥아더(MacArthur) 청문회에서 미국의 군사목표는 침략을 격퇴하고 북한군을 38도선 이북으로 몰아내는 것이라고 밝혔다. 미 국무부의 공식 입장도 미국과 유엔군은 한국에서 현상유지 회복을 위해 싸워야 한다고 했다.

그런데 1950년 7월 초 미군 참전에도 불구하고 한국전선이 붕괴되는 상황에서 워싱턴에서는 '38도선 돌파와 북진' 문제가 논의되고 있었다. 문제의 발단은 미 국무부 동북아국장 앨리슨(Allison)이 트루먼(Harry S. Truman) 대통령의 대한(對韓)정책에 포함될 정책사항을 상관인 극동담당차관보 러스크(Dean Rusk)에게 보낸 각서의 내용에서였다.

앨리슨 국장은 각서에서 "인위적인 분단이 38도선에 존속하고 있는 한, 한국에는 어떠한 지속적인 평화와 안전도 있을 수 없다. 만약 우리가 할 수 있다면 만주와 시베리아 국경에까지 곧바로 돌진해 나가야 한다."고 했다. 러스크 차관보는 앨리슨 국장의 입장에 동의했다.

또한 맥아더 장군도 미 육군참모총장 콜린스(J. Lawton Collins) 장군과 공군참모총장 반덴버그(Hoyt S. Vandenberg) 장군이 1950년 7월 13일 도쿄(東京)를 방문했을 때 그들과의 전략회의에서, 북한군을 섬멸하기 위해 그들을 격퇴할 뿐만 아니라 38도선을 넘어 추격할 의도가 있다고 했다.

트루먼(Harry S. Truman) 대통령도 1950년 7월 17일 만약 대한 민국이 유엔군에 의해 재탈환될 경우에 대비해 38도선 돌파문제에 대한 대안을 수립할 것을 국가안보회의(NSC)에 지시했다.

1950년 9월 11일 미국 국가안보회의는 "유엔군이 북한군을 38도선 이북으로 몰아내거나 북한군을 격멸하기 위해 38도선 이북에서 군사작전을 위한 합법적인 토대를 마련해야 하며, 합참은 가능한 한 맥아더 장군이 북한점령을 계획하도록 전권을 주어야 한다."는 보고서를 제출했다.

미국 합참은 1950년 9월 27일 맥아더 장군에게 북한군 격멸을 위해 38도선 북쪽에서 지상작전을 포함한 상륙작전과 공수작전을 할 수 있는 권한을 부여했다. 맥아더 장군은 그다음 날 38도선 이북에서의 유엔군 작전에 대한 세부계획을 합참에 보고했고, 합참은 이를 승인했다.

이에 맥아더 장군은 북한군 최고사령관 김일성(金日成)에게 두 번에 걸쳐 항복을 권고했으나 반응이 없자 1950년 10월 9일 유엔군에 북진명령을 내렸다.

6·25전쟁 때 이승만 대통령의 전쟁목표는 북진통일이었다. 이는 유엔군과 함께 북한의 남침을 응징함과 동시에 미국의 목표이자 유엔의 목표이며 자신의 목표인 '자주·독립된 통일한국'을 건설하는 것이었다.

이승만 대통령은 1950년 7월 10일 한미연합군이 힘겨운 지연작전을 전개하고 있을 때 "이제 38도선은 자연스럽게 해소됐다."고 말했다.

그리고 1950년 7월 13일 이승만 대통령은 "북한의 공격으로 과

거의 경계는 완전히 사라졌으며, 분단된 한국에선 평화와 질서를 유지할 수 없다."고 천명했다. 이때는 38도선 돌파문제가 워싱턴에서 논의되는 시점이었다.

38도선을 최초 돌파한 3사단 23연대 장병과 미고문단

인천상륙작전 후 동해안의 국군3사단이 38도선에 도달하자 이승만 대통령은 기다렸다는 듯이 정일권 육군참모총장에게 "국군은 즉각 북진하라."고 명령했다.

하지만 유엔군사령부는 유엔결의가 없으니, 38도선을 넘지 말라고 했다. 그럼에도 정일권(육군대장 예편·국무총리 역임) 육군참모총장은 국군1군단이 있는 강릉으로 가서 군단장 김백일(金白一·육군중장 추서·군단장 역임) 소장에게 이승만 대통령의 뜻을 전하고 함께 국군3사단 23연대 지역에 도착하여 무전을 통해 3대대장에게 38도선 돌파명령을 내렸다.

이때가 1950년 10월 1일 오전 11시 25분이었다.

이렇듯 38도선 돌파는 이승만 대통령의 통일을 향한 결단에 의해 이뤄졌다.

9. 이승만 대통령의 38도선 폐지론과 북진통일

6·25전쟁 시 이승만 대통령의 지고지선(至高至善)한 염원은 북진통일이었다. 그는 북한의 불법남침을 남북통일의 절호의 기회로 여기고, 광복 후 일본군 무장해제를 위해 인위적으로 형성된 38도선은 북한이 침범했기 때문에 이제 필요 없다고 판단했다.

이승만 대통령은 이런 판단 아래 전쟁을 지도했다. 전쟁 초기 미국이 참전하면서 38도선 회복을 전쟁목표로 삼고 여기에 따라 행동하자, 이 대통령은 향후 남북통일에 걸림돌이 될 38도선 폐지론을 미국에 종용하게 됐다.

이승만 대통령은 1950년 7월 19일 트루먼 대통령에게 보낸 서한에서 "소련의 후원으로 수립된 북한 정권이 무력으로 38도선을 파괴하고 남침한 이상 38도선이 더 이상 존속할 이유가 없어졌으며, 이에 전쟁 전의 상태로 돌아간다는 것은 도저히 있을 수 없다."며 유엔군의 38도선 돌파의 당위성을 강조했다.

미국의 트루먼 대통령도 1950년 9월 1일 기자회견에서 "38도선 돌파는 유엔에 달려 있다."며, 전쟁 초기 전쟁 이전 상태로의 복귀라는 최초목표에서 38도선 돌파 및 한국통일이라는 새로운 목표로 전환하되 유엔의 테두리 내에서 이를 추진하겠다는 방침을 세웠다.

인천상륙작전 성공 후 이승만 대통령은 북진통일의 의지를 다시 한 번 내외에 천명했다. 그는 1950년 9월 20일 인천상륙작전 경축대회에서, "지금 세계 각국 사람들이 38도선에 대해 여러 가지로 말하고 있으나 이것은 다 수포로 돌아갈 것이다. 본래 우리 정부의 정책은 남북통일을 하는 데 한정될 것이요. 소련이 북한을 도와 민주정부를 침략한 것은 민주세계를 토벌하려는 것이므로 유엔군이 들어와서 공산군을 물리치며 우리와 협의하여 싸우고 있다. 이에 우리가 38도선에서 정지할 리도 또 정지할 수도 없다. 지금부터 이북 공산도배를 소탕하고 38도선을 압록강과 두만강까지 밀고 가서 철의 장막을 쳐부술 것"을 결의했다.

그러나 1950년 9월 29일 서울 환도식이 끝난 후 이승만 대통령이 맥아더 장군에게 "지체 없이 북진을 해야 한다."라고 말했을 때, 맥아더 장군이 "유엔이 38도선 돌파 권한을 부여하지 않았다."고 대답하자, 이승만 대통령은 "유엔이 이 문제를 결정할 때까지 장군은 기다릴 수가 있겠지만, 국군의 북진을 막을 사람은 아무도 없을 것이오. 내가 명령을 내리지 않아도 국군은 북진할 것이다."고 말하고, 그날부로 정일권 육군참모총장에게 북진명령을 내려 국군이 38도선을 돌파하도록 했다.

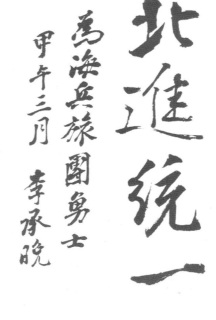

이승만 대통령의 통일의 염원이 담긴
멸공통일과 북진통일 휘호

　이후 한반도 통일을 지향하는 이승만 대통령의 북진통일은 그의
전쟁목표로 정립돼 전쟁기간 내내 일관되게 추진됐다. 그는 이를
위해 국군 작전지휘권을 맥아더 유엔군사령관에게 이양하며 미국
과 유엔에 적극적으로 협조했다. 그에게는 오로지 남북통일만이 있
었다.

　따라서 북진통일에 반(反)하는 미국과 유엔, 그리고 참전 자유우
방국의 어떠한 정책과 결의에 대해서도 이승만 대통령은 조금도
양보하지 않았다. 그가 분단을 고착화시키는 휴전을 결사적으로 반
대한 것도 이런 연유에서다. 다시는 통일의 기회가 없을 것이라는
것을 그는 너무나 잘 알고 있었기 때문이다.

　휴전협정 후 앞으로 있을 정치회담 문제를 논의하는 자리에서 이승만 대통령은 미국 국무장관 덜레스(John F. Dulles)에게 "전쟁터에서 쟁취 못 한 것을 정치회담의 탁자 위에서 미국에게 양보해 주리라고 어떻게 공산당에게 기대를 걸 수가 있겠소?"라는 물음은 공산당의 책략을 꿰뚫는 발언이었다.

이렇듯 전쟁수행 과정에서 보여 준 이승만 대통령의 북진통일에 대한 지나칠 정도의 집념과 무리수는 미국과 유엔에게는 커다란 부담이 되었을지 몰라도 대한민국 정부와 국민들로부터는 반드시 달성해야 될 전쟁목표로 전폭적인 지지를 받았다.

10. 이승만 대통령의 '이승만 라인(Line)'과 독도 수호

이승만 대통령의 반일(反日) 감정은 남달랐다. 그는 자신의 조국, 조선(朝鮮)이 20세기 초 일본의 무력 앞에 힘없이 붕괴되는 것을 목도(目睹)하고, 이를 되찾기 위해 40년 동안 해외에서 풍찬노숙(風餐露宿)하며 항일독립운동을 한 애국투사였다.

이승만 대통령은 90평생을 살면서 인생의 가장 왕성한 활동기인 30세(1905년)부터 70세(1945년)까지 40년을 오로지 미국에서 독립을 위해 헌신했던 항일독립지사였다.

그 때문인지 그는 건국대통령이 되어서도 일본만은 아주 혹독하게 대했다. 중공군의 개입으로 1951년 1·4후퇴 직후 미군 수뇌부가 유엔군에 일본군 편입가능성을 검토했을 때, 이를 알게 된 이승만 대통령은 대노했다.

이승만 대통령은 1951년 1월 12일 미군 수뇌부에게, "만일 일본군이 참전한다면 국군은 일본군부터 격퇴한 다음 공산군과 싸울 것이다."며 극도의 불쾌감을 나타냈다. 그가 장개석(蔣介石)의 자유중국군의 파한(派韓)을 극구 반대한 이유 중의 하나도 "한국전선에 일본군을 끌어들일 명분을 주지 않기 위함이었다."며, 1953년 4월 자신의 정치고문인 올리버(Robert Oliver) 박사에게 쓴 편지에서 밝히고 있다.

이처럼 이승만 대통령은 일본에 대해서만큼은 한 치의 허점도 보이지 않으려고 노력했고, 대통령 재임 동안 이를 일관성 있게 추진했다. 그중 대표적인 것이 독도의 영유권 문제였다.

이승만 대통령이 1949년 1월 8일 일본에게 대마도(對馬島) 반환을 요구하는 기자 회담을 가졌던 것도 일본의 독도의 영유권 문제에 대한 쐐기를 박기 위해서였다.

이승만 대통령이 전시임에도 불구하고 이를 구체화한 것이 1952년 1월 18일 '대한민국 인접해양의 주권에 관한 대통령 선언'이었다. 이승만 대통령은 일명 '이승만 라인 또는 평화선'을 선포해 독도를 명실상부한 대한민국 영토로 선언했던 것이다.

'이승만 라인'의 핵심은 "대한민국의 주권과 보호하에 있는 수역(水域)은 한반도 및 그 부속도서의 해안과 해상 경계선으로 한다."며 독도를 이 선(線) 안에 포함시켰다.

이 선언에는 이승만 대통령을 비롯해 허정(許政) 국무총리서리·변영태(卞榮泰) 외무장관·이기붕(李起鵬) 국방부장관·김훈 상공부장관 등이 부서했다. 이 선언으로 일본 조야(朝野)는 벌집을 쑤셔 놓은 듯 들끓었다.

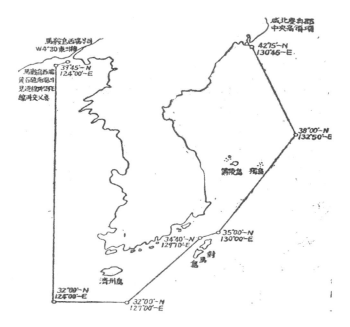

1951년 1월 이승만 대통령이 선포한 '이승만 라인' 속에 포함된 독도

　일본은 이것이 반일적인 이승만 대통령의 작품이라면서 '이승만 라인'이라 했고, 반면에 한국은 미국·영국·일본·자유중국이 이에 대해 강력 항의를 해오자 대통령 담화를 통해 "한국이 해양상에 선을 그은 것은 한일(韓日) 간의 평화유지에 있다."며 '평화선(平和線)'으로 불렀다.

　이승만 대통령은 공보처장 갈홍기에게 "신라시대부터 왜구(倭寇) 등살에 시달려와 나중에는 임진란(壬辰亂), 합방(合邦)까지 됐다며, 지금 저놈들 망했다고 해도 먼저 깨일 놈들이야. 그냥 내버려 두면 해적 노릇 또 하게 돼. 우리 백성은 순박하기 짝이 없어. 맞붙여 놓으면 경쟁이 될 수 있나 떼어 놓아야지…… 어딘지 하나 금(線)

을 그어 놔야지. 준비가 될 때까지 못 넘어오게 해야 돼."라며 이
승만 라인 선포에 대한 배경을 설명해 줬다.

이후 '이승만 라인'에 따른 독도 영유권을 둘러싼 한일(韓日) 간
외교전은 치열했다.

변영태(卞榮泰) 외무부장관도 "독도는 일본의 한국침략에 대한
최초의 희생물이다. 해방과 함께 독도는 다시 우리의 품에 안겼다.
독도는 한국독립의 상징이다…… 독도는 단 몇 개의 바위덩어리가
아니라 우리 겨레의 영예(榮譽)의 닻이다. 이것을 잃고서야 어찌
독립을 지킬 수 있겠는가. 일본이 독도탈취를 꾀하는 것은 한국의
재침략을 의미하는 것이다."며 독도수호의지를 밝혔다.

이후 대한민국 정부는 1954년 1월 18일 평화선 선포 2주년을 기
해 독도에 '한국령(韓國領)'이라는 표지석(標識石)을 세우고, 독도
가 영원한 한국영토임을 똑똑히 밝혔다.

11. 이승만 대통령의 휴전회담에 대한 현명한 대처

6·25전쟁 때 중공군 개입은 전쟁을 전혀 새로운 국면으로 치닫
게 했다.

한만(韓滿)국경을 눈앞에 두고 있던 국군과 유엔군에게 이는 청천
벽력이었다. 미국은 중공군 참전이라는 새로운 상황을 맞아 확전·철
군·휴전방안을 놓고 고심하며 다각적인 검토에 들어가게 됐다.

1950년 12월 4일~8일 워싱턴에서 미국과 영국은 정상회담을 갖

고 유엔 후원하에 전쟁 이전 상태에서 휴전을 모색함이 최선의 방안이라고 판단했다. 유엔에서도 휴전이 본격적으로 논의되는 가운데 미국은 51년 5월 휴전을 전쟁정책으로 확정했다.

특히 1951년 6월 23일 미국과의 막후 협상 끝에 유엔소련대표 말리크가 휴전협상을 제의하면서 전쟁은 새로운 전기를 맞았다. 하지만 휴전회담은 북진통일을 전쟁목표로 삼고 매진해 왔던 이승만 대통령에게는 지난(至難)한 일이 됐다.

말리크 연설 후 미국은 유엔군사령관 리지웨이(Matthew B. Ridgway) 장군과 미국대사 무초(John J. Muccio)를 통해 그들의 휴전방침을 한국에 통보했다.

이에 이승만 대통령은 긴급 국무회의를 소집해, "우리에게 한반도 통일은 최소한의 요구다. 휴전회담이 있을 때 한국의 입장이 무시되어서는 결코 안 된다."며 정부의 입장을 발표했다.

또 6·25발발 1주년기념연설에서 이승만 대통령은 "모든 공산당을 압록강 너머로 몰아낼 때까지 유엔은 자기들이 공언한 사명에 충실할 것을 요구한다. 유엔은 지금의 진격을 멈추지 않기를 바란다."며 북진통일의 희망을 버리지 않았다.

그렇지만 세계반응은 소련의 말리크가 던진 '휴전협상이라는 빵조각'을 받아먹으려고 허둥대는 꼴이었다. 인도의 네루는 전쟁중지를 요구하기 위해 동남아시아 국가들을 규합했고, 아랍연맹은 중공에 대한 더 이상의 압력을 거부한다고 밝혔다. 트루먼 대통령도 미국 독립기념연설에서 "한국은 보다 광범위한 투쟁의 한 부분에 지나지 않음을 기억하라면서 충분한 정보를 가진 (미국) 대통령만이 현명한 결정을 내릴 수 있다."고 말했다. 영국 언론도 한국에서 유엔군 철수를 용이하도록 하는 등 '반이승만 노선'을 채택하며 이승만 대통령의 휴전반대를 압박했다.

이승만 대통령은 '유엔의 문제아'라는 비난에도 아랑곳하지 않고 휴전을 완강히 반대했으나, 대세는 휴전으로 가고 있었다. 1953년 4월 상병포로교환이 현실화되자, 이 대통령도 이제 휴전이 불가피하다는 것을 깨닫고 휴전협상 초기에 제시했던 중공군 완전철수·북한군 무장해제 이외에 한미군사동맹·경제원조·국군 증강·미군주둔을 휴전조건으로 제시했다. 이승만 대통령은 "약소국 입장에서 미국에 순응해 휴전에 협조하면 비록 칭찬을 받을지 모르나, 그것은 (한국의) 자살을 재촉하는 행위"라며 괴로워했다. 그는 휴전을 양보하는 대신 미국을 상대로 전후 한국의 생존에 필요한 안보를 확보하려고 했던 현명한 지도자였다.

이승만 대통령은 미국에게 전후 한국에 가장 절실한 한미상호방위협정을 휴전 이전에 체결해 줄 것을 요구했으나, 이를 피해 가려 하자 반공포로 석방을 단행해 "한국도 마음만 먹으면 무엇이든지 할 수 있다."는 것을 보여 줬다.

이는 '이승만식 대미경고'였다. 덜레스 미국 국무장관은 반공포로 석방 사실을 보고받고 아이젠하워(Dwight Eisenhower) 대통령을 깨워, "이렇게 되면 최악의 경우 전면전이 불가피하고, 자칫 확전으로 인해 원자탄을 사용할지도 모른다."고 할 정도로 미국에게 충격이었다.

마침내 이승만 대통령은 휴전을 반대하지 않겠다는 약속 대신 미국으로부터 한미상호방위조약·경제원조·국군증강 등 엄청난 원조를 당당하게 받아냈다. 이는 '자기 체중만큼의 다이아몬드에 해당하는 가치를 지닌 인물' 이승만이 아니고는 도저히 해낼 수 없는 일이었다.

반공포로 석방에 앞서 포로수용소를 시찰하는 이 대통령 내외(1953년 4월)

12. 이승만 대통령의 반공포로 석방과 국군헌병총사령관 원용덕 장군

　세인(世人)들은 이승만 대통령의 용인술에 대해 '외교에는 귀신이나 인사에는 등신(等神)'으로 곧잘 비유하곤 한다. 이처럼 그는 자타가 공인하는 '외교의 신(神)'이었다. 국제무대를 주름잡던 미국을 능수능란하게 다루며 오히려 워싱턴의 외교가를 리드했던 데에서 그의 외교역량은 입증됐다. 워싱턴뿐만 아니라 한국을 도우러 온 미군 장성들조차 그의 이러한 능력에 감탄해 마지않았다. 또

세평(世評)과 달리 그는 인사에도 뛰어난 능력을 발휘했다.

이승만 대통령은 전쟁을 수행하면서 국가위기가 있을 때마다 그 일을 감당해 낼 수 있는 적임자를 골라 쓰는 최상의 인사정책을 썼다. 특히 그는 주요 고비마다 역량 있는 장군들을 기용해 이를 해결했다. 그는 전쟁 동안 미군과의 협조나 야전에 대해서는 주로 백선엽(육군대장 예편) 장군에게 일임했고, 그 외 군사문제는 국군 헌병총사령관 원용덕(元容德·육군중장 예편) 장군이나 특무대장 김창룡(金昌龍·육군중장 추서) 장군을 활용했다. 이런 점에서 이들 장군은 이 대통령에게 어금니(molar)와 같은 존재였다.

특히 국군헌병총사령관 원용덕 장군은 이승만 대통령을 적극 보좌해 국가적 난제를 해결했다. 그중 대표적인 것이 이승만 대통령의 용단과 원용덕 장군의 적극적인 수명(受命)으로 꽃을 피운 반공포로 석방이다. 아침에 이 뉴스를 듣고 면도하던 영국 처칠(Winston S. Churchill) 수상은 놀란 나머지 얼굴을 베었고, 덜레스 국무장관은 잠자고 있는 아이젠하워 대통령을 깨울 정도로 이것은 '빅(big) 뉴스'였다.

반공포로 석방은 자유우방국뿐만 아니라 적대국 공산 측에도 일대 사건이었다. 이제까지 공을 들여 온 휴전이 파산될까 봐 미국 등 자유우방국과 공산권 국가들도 대책 마련에 부심할 정도로 그 파장은 넓고도 깊었다. 이것은 누구도 예측 못 한 휴전협상 막바지에 몰아닥친 '이승만의 거대한 휴전반대 해일(海溢)'이었다.

이렇게 대담하고 엄청난 일을 이승만 대통령과 원용덕 장군은 눈 하나 깜작하지 않고 이를 훌륭히 해결해 냈다. 그 와중에서도 이승만 대통령은 국군지휘관에게 혹여 해가 될까 봐 백선엽 육군참모총장을 비롯해 군 수뇌부에게 비밀로 해 그들을 보호하고자 노력했다. 이승만 대통령으로부터 직접 비밀지령을 받은 원용덕 장군도 철저한 보안 속에 이 일을 추진했던 것이다.

이승만 대통령은 이를 위해 이미 3개월 전인 1953년 3월 24일 대통령령 제153호에 의거 국군헌병총사령부를 국방부 내에 설치했고, 원용덕 육군소장을 중장 진급과 동시에 헌병총사령관에 임명했다.

그리고 휴전협상의 마지막 관문인 포로문제가 타결되기 2일 전인 1953년 6월 6일 원용덕 장군을 경무대로 불러 포로 석방문제를 비밀리 연구하도록 지시했고, 원용덕 장군은 포로문제가 타결된 1953년 6월 8일 경무대로 이승만 대통령을 예방했다. 이 자리에서 이승만 대통령은 "나의 명령이니 반공한인애국청년들을 석방하라. 가만(可晩)"이라는 친필명령서를 전수했다.

원용덕 장군은 이승만 대통령의 밀명(密命)을 은밀히 진행시켰다. 이 일은 국방부장관과 육군참모총장에게도 비밀로 했다. 모든 일은 육군헌병사령부와 포로경비부대를 통해 진행됐다. 작전은 1953년 6월 18일 0시에 개시돼 반공포로 27,000명이 석방됐다. 6월 19일 새벽 6시 원용덕 장군은 중앙방송국에서 반공포로 석방에 대한 담화문을 발표했다. 그의 목숨을 건 대명(大命)이 성공한 순간이었다.

반공포로 석방 소식을 전해 들은 애국학생들은 헌병총사령부 정문 앞으로 몰려들어 "원용덕 장군 만세!"를 외쳤다. 이승만 대통령은 원용덕 장군의 그동안 노고를 격려하고 그에게 '의로운 용기(義勇)'을 뜻하는 휘호를 하사하며 그의 드높은 공을 치하했다.

이승만 대통령이 반공포로 석방 성공
후 원용덕 장군에게 하사한 휘호(위),
원용덕 장군(아래)

그 후 원용덕 장군은 이승만 대통령과 그의 결단으로 풀려 난
반공포로들로부터 '포로의 아버지' 대우를 받았다. 그는 1968년 63
세의 일기로 일찍 타계했다. 이런 점에서 그의 공과(功過)에 대한
역사적 재평가를 기대해 본다.

13. 이승만 대통령의 군 인사의 원칙과 합리성

이승만 대통령의 군 인사정책에는 일관성과 원칙이 있었다. 이승
만 대통령 재임 12년 동안 국방부장관 7명과 국방부차관 8명이 교

체됐다. 또한 이승만 대통령은 합참의장 4명, 육군참모총장 8명, 해군참모총장 4명, 공군참모총장 4명, 해병대사령관 3명을 임명했다.

그 가운데 6·25전쟁 3년 동안 국방부장관은 신성모(申性模·내무부장관 역임)·이기붕(李起鵬·서울시장·국회의장 역임)·신태영(申泰英·육군중장 예편·민병대사령관 역임)·손원일(孫元一·해군중장 예편·서독대사 역임) 등이다.

육군참모총장은 채병덕(蔡秉德·육군중장 추서)·정일권(丁一權·육군대장 예편·국무총리 역임)·이종찬(李鍾贊·육군중장 예편·국방부장관 역임)·백선엽(白善燁·육군대장 예편·합참의장 역임) 등이다.

해군참모총장은 손원일(孫元一·국방부장관 역임)·박옥규(朴沃圭·해군중장 예편), 공군참모총장은 김정렬(金貞烈·공군중장 예편·국방부장관 역임)·최용덕(崔用德·공군중장 예편), 해병대사령관은 신현준(申鉉俊·해병중장 예편)이다. 합참(당시 연합참모본부)은 6·25전쟁 시 편제에 없었으나, 전후 국가의 군사정책을 건의하기 위한 필요성에 따라 발족됐고 이에 따라 합참의장 직책이 신설됐다.

국방부장관은 전쟁 초기에는 민간 출신인 신성모와 이기붕을 기용해 전쟁을 수행했으나, 전쟁 중반부터는 군 출신으로 육군참모총장을 지낸 신태영 장군과 해군참모총장을 지낸 손원일 제독을 중용했다.

이승만 대통령의 국방부장관 인사스타일은 하나의 원칙과 사이클에 따라 움직였음을 알 수 있다. 그의 국방부장관 임면(任免) 사이클은 군 출신에서 민간 출신, 다시 군 출신에서 민간 출신으로 이뤄졌다. 즉 최초 군 출신 이범석(李範奭·광복군참모장·국무총리 역임)에서 민간 출신 신성모, 이후 군 출신 신태영·손원일에서 민간 출신 김용우(金用雨), 그리고 다시 군 출신 김정렬로 교체됐다. 특히 군 출신 장관 중 육·해·공군총장 출신이 모두 한 번씩 국방부장관에 기용됐다. 그것도 육군(신태영)·해군(손원일)·공군(김정렬)의 순서에 따라 이뤄졌다.

이승만 대통령의 이런 인사원칙의 배경에는 각 군의 균형적 발전을 고려한 통수권 차원의 심모원려(深謀遠慮)의 혜안에서 나온 조치였다.

이는 6·25전쟁 이전 한국 정부의 요청에도 미국이 전투무기와 장비를 지원하지 않자 이승만 대통령이 국민모금운동을 전개, 전쟁 직전 해군 구축함과 항공기를 구입한 것을 볼 때 충분히 수긍할 수 있는 사안이다. 이승만 대통령은 미국과의 협조, 능력과 충성도를 고려해 장관을 임명했다.

6·25전쟁 초기 전시내각과 국가원로들이 이범석을 국방부장관에 임명할 것을 건의했으나 이승만 대통령은 미국과 긴밀한 협조관계를 잘 유지하며 미국이 선호하는 신성모 장관을 그대로 유임시켰던 것도 이런 연유에서다.

특히 이승만 대통령은 손원일 제독의 능력과 국가에 대한 충성도를 고려해 현역에서 물러나게 함과 동시에 곧장 국방부장관에 임명, 휴전 이후 산적한 국방현안 문제를 해결케 했다.

국방부차관도 대체로 군 출신과 민간 출신을 비교적 균등하게 배려하는 등 인사운용의 묘(妙)를 살렸다. 국방부장관과 차관의 출신을 고려해 민간 출신 장관일 경우에는 군 출신 차관을, 그리고 해·공군 출신 장관일 경우에는 육군 출신 차관을 임명해 업무의 효율성과 자칫 발생할 수 있는 국방상의 사각지대를 최소화하고자 노력했다.

김정렬 국방부장관(왼쪽)과 이승만 대통령의 공군부대 시찰(1957년)

각 군 참모총장의 인사에도 특징적인 요소가 발견된다. 육군참모총장은 평균 1년에 한 번씩 교체했다. 이는 전후방 각지에서 매일 벌어지고 각종 전투와 이에 따른 보급・병력보충 등 실질적으로 전쟁을 이끌고 지도하는 육군총수로서의 격무, 각 군을 대표하는 선임(先任) 참모총장으로서의 역할, 그리고 전시 계엄업무 등 부가적인 전쟁업무 수행에 많은 정신적・육체적 노력이 수반되는 고된 직책임을 고려해서다.

그럼에도 불구하고 백선엽 대장과 정일권 대장은 그 출중한 능력을 인정받아 육군참모총장을 두 번씩 역임해 세인을 놀라게 했다.

반면 해군참모총장은 손원일 제독이 전쟁 3년간을 역임했고, 나머지 1개월은 박옥규 제독이 수행해 해군 발전에 기여했다. 공군총장은 김정렬과 최용덕이 총장직을 수행했다. 특히 김정렬은 공군 역사에서 유일하게 참모총장을 두 번 역임했고 이후 국방부장관을 역임한 공군의 대부(代父)로 추앙받고 있다.

6·25전쟁 시 해병대사령관은 신현준 장군이 처음부터 그 직책을 수행하여 인천상륙작전부터 도솔산 전투, 임진강 전투 등 크고 작은 전투에 참가하며 일천했던 해병대의 발전에 기여했다.

14. 이승만 대통령의 신앙전력화

이승만 대통령은 한국 역사에서 보기 드물게 카리스마가 넘치는 국가지도자였다. 그의 카리스마는 그가 오랫동안 공들인 기독교 신앙생활과 관계가 깊다. 그는 미국 유학 때 국제정치학 외에도 프린스턴 대학원에서 신학을 공부했다.

그 후 이승만은 서울에서 YMCA학감(學監)도 지냈다. 1913년 하와이로 망명한 그는 25년간 한인기독학원·기독교회를 설립·운영하면서 독립운동을 했다.

광복 후 대통령이 된 뒤에도 이승만은 늘 성경책을 읽고 기도하는 생활을 했으며 매주 정동제일교회에 나가 주일예배에 참석하였다.

이처럼 이승만 대통령은 한평생을 종교적 삶과 정치적 활동을 같이 호흡하며 국가를 위한 헌신적인 생(生)을 영위했다.

이승만 대통령의 기독교 신앙은 24세(1899년) 때 한성감옥에 투옥
돼 29세(1904년)까지 5년 7개월간의 영어(囹圄)생활에서 비롯됐다.

이승만 대통령의 방구명신 휘호(위)와 공군K－16기지교회 5주년 기념예배에 참석한 이승만 대
통령 내외)

이승만의 투옥은 자신이 창간한 매일신문과 제국신문에서 고종
의 보수정권을 비판하고, 독립협회 간부로서 극렬한 반정부 데모를
조직·선동하고, 나아가 고종을 퇴위시키고 의화군(義和君)을 왕으

로 옹립하려는 음모에 가담한 혐의로 종신형 선고를 받았다. 그는 감방에서 10kg의 무거운 형틀을 쓰고 사형선고를 기다리는 극한상황에서 기독교로 개종했다.

그 후 그는 고종의 특사로 풀려나 미국과 한국에서 기독교 교육과 선교활동에 종사했고, 경천애인(敬天愛人: 하늘을 공경하고 사람을 사랑하라)을 좌우명으로 받들고 살았다. 또 1948년 5월 총선거를 기해 그는 방구명신(邦舊命新: 나라는 오래지만 명은 새롭다)이라는 휘호를 남겼는데 여기서 명(命)은 기독교적인 하늘의 천명(天命)을 의미했다.

이승만은 대한민국을 건설함에 있어 기독교 교리 위에 전통종교(유교·대종교)의 장점을 포섭, '한국적 기독교 국가'를 만들고자 했다. 그는 1948년 5월 31일 임시국회의장으로 제헌국회 개원에 앞서 이윤영 의원(목사)에게 하나님께 감사기도를 부탁했고, 대통령 취임식 때도 하나님의 이름으로 선서했다.

이승만 대통령이 꿈꾸었던 신생 한국은 모범적 기독교·민주주의 국가, 반소·반공의 보루, 평등사회·문명부강(文明富强)한 나라였다. 즉 그는 신생 대한민국을 개인의 자유와 평등이 최대한 보장된 기독교적 자유민주주의 국가로 만들고자 했다.

이승만은 또 정부형태로 미국식 대통령 중심제를 선호했다. 그가 건국했던 대한민국은 이런 토대에서 출발했으나 얼마 되지 않아 일어난 6·25전쟁은 그의 이런 꿈에 커다란 시련을 안겨 줬다.

하지만 이승만 대통령은 민족의 최대 시련기인 6·25전쟁의 와중에도 굴하지 않고 그의 꿈을 위해 그의 모든 역량을 발휘하며 이를 극복해 나갔다. 그중 하나가 북한공산당의 남침에 국권을 수호하고 국군장병에게 위안과 사기를 앙양시킬 군목(軍牧)제도의 도입이었다.

이승만 대통령은 1950년 12월 21일 대통령비서(秘書) 국방 제29호를 통해 육군본부에 군목제도(軍牧制度)를 설치한 데 이어, 1951년 2월 27일에는 국본(國本)일반명령 제31호에 의거 육군본부 인사국에 군승과(軍僧課·과장 김득삼 대위)를 설치했다. 군승과는 1951년 3월 10일 군목과(軍牧課)로 개칭되면서 김형도 목사가 과장에 보직됐다.

6·25전쟁 때 군목과는 장병의 사상·신앙·인격지도, 종교도덕교육, 야전예배를 수행해 장병의 전투의식을 고취시켰고, 국군이 종교적 신앙에 입각해 멸공성전(滅共聖戰)을 완수케 했다. 전후(1954년) 군목과는 군종감실로 승격, 종교에 관한 제반 업무를 수행했다.

이렇듯 이승만 대통령은 반공과 한국의 기독교적 국가건설을 바탕으로 전시에 군종제도(軍宗制度)를 도입, 신앙전력화를 꾀했다.

15. 이승만 대통령의 전선시찰과 애군(愛軍) 정신

6·25전쟁 때 이승만 대통령은 국군통수권자로서 역할과 소임을 다했다. 80세를 바라보는 노령에도 불구하고 그는 매주 전선시찰을 통해 장병들을 격려하고 사기를 진작시켰다. 그를 '한국 현대사의 가장 위대한 사상가·학자·정치가·애국자'라고 칭송했던 미8군사령관 밴플리트(James A. Van Fleet) 장군은 전쟁이 끝난 다음

이승만의 당시 모습을 이렇게 회고했다. "그(이승만)는 내 재임 거의 2년간을 평균 1주일에 한 번씩 나와 함께 온갖 역경을 마다않고 전방과 훈련지역을 시찰했다. 추운 날 지프를 타야 할 때면 죄송하다는 내 말에 미소로 답하고는 자동차에 올랐다. 목적지에 도달할 때까지 그의 밝은 얼굴과 외투 밖으로 보이는 백발은 검은 구름 위에 솟은 태양처럼 빛났다."고 회고했다.

이승만 대통령은 장병들과 고난을 같이한다는 애군(愛軍)정신으로 폭염이나 혹서 등 계절이나 기후와 관계없이 노구(老軀)를 이끌고 전선지역을 방문하고 격려하는 것을 기꺼이 했다. 그의 전선시찰은 한여름의 폭염과 장마, 겨울의 혹독한 추위에 관계없이 전쟁이라는 가장 어려운 상황 속에서 이뤄졌다.

낙동강전선의 최대 위기인 영천 전투가 끝날 무렵 이승만 대통령은 경북 영천의 국군8사단을 방문하고 격려했다. 이때 주변에는 적의 박격포가 떨어지는 상황이었다. 또 그는 1952년 10월 중부전선의 철원지역에서 백마고지(白馬高地)를 놓고 중공군과 혈전을 치르고 있는 국군9사단을 방문, "귀관들이 막강한 미군 사단들 못지않게 용감하게 싸워 국위를 선양하고 있기 때문에 내가 용기를 얻어 국정을 보살피고 있다."고 격려했고, 부상병들에게 "후방에 있는 사람들이 이 사실을 잘 새겨 둬야지……."라며 눈물을 머금은 채 말문을 잇지 못했다.

국군9사단을 방문하여 격려하고 있는 이승만 대통령(1952년 10월)

이때 이승만 대통령의 격려를 받은 김종오(金鍾五·육군대장 예편·육군참모총장 역임) 사단장은 "노(老)대통령이 내손을 꼭 잡고 눈물을 적실 때 가슴이 멨으며, 기필코 이 전투를 이기고야 말겠다는 각오를 되새기게 됐다."고 술회했다. 이승만 대통령은 백마고지 전투에서 국군9사단이 승리하자 이를 격려하기 위해 부슬비가 오는 궂은 날씨에도 아랑곳하지 않고 경비행기로 전선지역을 방문, 사단 장병들을 감읍(感泣)게 했다.

특히 이승만 대통령은 1951년 9월 중동부전선의 최대 격전지인 단장의 능선 전투를 앞둔 장병들을 격려하기 위해 부산에서 강원 양구지역의 펀치볼까지 쌍발기와 연락기를 번갈아 타고 최전선지역을 방문했다. 그가 탄 연락기는 조종사 뒤에 겨우 한 사람이 앉도록 마련된 뚜껑이 없는 비무장 소형비행기였다.

이승만 대통령이 전선시찰을 마치고 임시 경무대가 있는 부산(釜山)으로 복귀할 때 기상악화로 부산에 착륙하지 못하고 연료 부족으로 대구로 회항하라는 지시를 받았으나 그곳도 짙은 구름에 휩싸여 착륙할 수 없게 되자 할 수 없이 옅게 안개가 깔린 포항 근처 비행장에 불시착했다. 예정에 없던 비상착륙으로 뒤늦게 연락을 받은 인근부대에서 대통령 일행을 태울 차량을 뒤늦게 보냈다. 저녁 7시 30분쯤 비행장 근처의 소령이 지휘하는 부대에 도착한 이승만 대통령 일행은 먹다 남은 음식을 데워 먹은 후 폭우가 그치기를 기다려 밤 11시 지프에 분승, 인근 역으로 이동해 열차를 타고 부산에 도착했다. 그날은 혈기왕성한 젊은이에게도 힘든 하루였으나 그는 내내 웃음을 잃지 않고 농담을 하며 주위 사람들을 위무(慰撫)했다.

이승만 대통령의 전방시찰은 날씨나 기후에 관계없이 이른 새벽이나 늦은 밤에 움직여야 했기 때문에 어렵고 힘들었으나, 그는 늙은 어버이가 사랑하는 자식을 찾아가듯 언제나 밝고 활기찬 모습으로 전선지역을 방문, 상무정신(尙武精神)에 바탕을 둔 국가수호정신을 역설했다. 그는 전선시찰을 통해 자칫 후방에서 망각할 수 있는 통수권자로서의 막중한 책무를 추스르는 한편, 죽음을 앞두고 작전에 투입될 장병의 사기를 앙양시키는 진정한 국군의 통수권자였다.

16. 이승만 대통령과 한미상호방위조약

한미상호방위조약은 한국전쟁에서 한국이 정전협정을 조건으로 미국으로부터 얻어 낸 최대의 성과였다. 한국전쟁 기간 중 유엔군과 공산군 간에 휴전회담을 위한 예비회담이 진행되자 한국은 범국민적 차원에서 휴전회담을 결사적으로 반대하게 되었다.

더욱이 1953년에 이르러 휴전협상이 타결될 단계에 접어들자 국내에서는 휴전반대운동이 전개되면서 이승만 대통령은 휴전회담이 성립될 경우, 국군을 유엔군으로부터 분리시킬 준비를 할 것이며, 필요시 단독이라도 공산군과 싸울 것이라는 의사를 미 국무부에 통보하였다.[1]

미 국무부는 유엔군사령부를 통해 이승만의 북진정책을 포기하도록 종용하면서 정전협정체결 및 수락 이후에도 미국은 미국과 필리핀, 미국과 일본, 앤저스(ANZUS) 조약과 같은 상호방위조약 및 동맹조약을 한국과 체결할 수 있다는 의사를 표명하였다. 그러나 이승만 대통령은 휴전 전에 체결해야 한다는 주장을 앞세워 완강히 거부반응을 나타냈다.

그리고 아이젠하워(Dwight D. Eisenhower) 미국 대통령에게 보내는 서한에서 이승만 대통령은, "중공군의 북한잔류는 한국의 안전보장에 중대한 위협이 되기 때문에 대공(對共) 유화적인 휴전협정의 체결보다는 한미상호방위조약 체결하에 공산군과 유엔군의 동시 철수"를 제의하였다.[2]

이승만 대통령의 서신에 대해 아이젠하워 대통령은 휴전협정의 체결 및 수락과 한국통일 문제는 정치적 접근에 의해 해결한다는 원칙을 한국이 수락하면, 상호방위조약 체결과 한국의 경제부흥을

---

1) 국방군사연구소, 『국방정책변천사, 1945 - 1994』, 1995, p.99.
2) 온창일, 「한국전쟁과 한미상호방위조약」, 『군사』 제40호, 2000, p.127.

위한 경제원조를 제공할 것이라는 내용의 답신을 보내 왔다.

그러나 이승만 대통령은 계속되고 있는 대공 유화적인 휴전의 위험성을 경고하고 그러한 휴전과 연결되는 상호방위조약은 그 실효성이 적은 것이라고 주장하면서 중공군의 철퇴와 유엔의 제반 결의의 이행을 주장하였다.

그러나 이러한 주장이 받아들여지지 않게 되자, 이승만 대통령은 미국과의 상호방위조약 체결을 촉구하기 위한 압력조치의 하나로 반공포로 석방을 단행하였다.[3] 이에 당황한 미국 정부는 1953년 6월 25일 미 대통령 특사로 로버트슨(Walter S. Robertson) 국무부 차관보를 한국에 급파하여 이승만 대통령에게 다음과 같은 내용의 메시지를 전달하였다.

① 미국은 평화적 수단으로 한국을 통일하는 데 계속 노력한다.

② 전후 한미방위조약을 체결한다.

③ 미국 정부가 허용하는 한 장기적인 경제 원조를 제공한다.[4]

이를 토대로 정부 당국은 휴전문제를 중심으로 한 주한미군의 감축 등이 포함된 현안문제를 로버트슨 특사와 토의하였다. 그 결과 한미 간에 다음과 같은 내용이 합의되었다.

① 정전 후 한미 양국은 상호방위조약을 체결한다.

② 미국은 한국에 장기적인 경제 원조를 제공하며 1단계로 2억 달러를 제공한다.

---

3) 차상철, 「이승만과 한미상호방위조약」, 『한국과 6·25전쟁』, 연세대 현대한국학연구소 제4차 국제학술회의, 2000, p.206

4) 한배호, 「한·미방위조약체결의 협상과정」, 『군사』 제4호, 1982, p.169.

③ 미국은 한국군의 20개 사단과 해·공군력을 증강시킨다.

④ 양국은 휴전회담에 있어 90일이 경과되어도 정치회담에 성과가 없을 경우 이 회담에서 탈퇴하여 별도의 대책을 강구한다.

⑤ 한미 양국은 정치회담을 개최하기 이전에 공동목적에 관하여 양국의 고위회담을 개최한다.[5]

정전협정이 체결된 후인 1953년 8월 4일 덜레스(John F. Dulles) 미 국무장관이 8명의 미 고위사절을 대동하고 내한(來韓)하여 한국 대표와 상호방위조약 초안 검토를 위한 회합을 가졌다. 1953년 8월 8일 변영태(卞榮泰) 외무장관과 덜레스(John F. Dulles)는 중앙청 (中央廳)에서 한미상호방위조약 원안(原案)에 가조인(假調印)하였다.[6]

한미상호방위조약 체결은 1953년 10월 1일 미국 워싱턴에서 변영태 대한민국 외무부장관과 덜레스 미 국무장관이 서명함으로써 이루어졌다. 아이젠하워 미국 대통령은 1954년 1월 11일 미 상원에 이를 제출하고 조속한 비준을 요청했다.

미 상원외교위원회는 1954년 1월 19일 한미방위조약 비준을 "대외적인 무력 공격이 있을 때에만 상호 원조하는 책무를 갖는다는 조항을 첨가한다."는 조건부로 가결했다. 그리고 1954년 1월 26일 미 상원은 이 조약을 81 대 6으로 통과시켰다.[7]

한미상호방위조약은 미 상원 비준 10개월 후인 1954년 11월 17

5) 국방군사연구소, 『국방정책변천사, 1945 - 1994』, 1995, p.101.

6) 차상철, 「이승만과 한미상호방위조약」, 『한국과 6·25전쟁』, p.212.

7) 차상철, 「이승만과 한미상호방위조약」, 『한국과 6·25전쟁』, p.212; 김계동, 「한미방위조약체결과정과 개선방안」, 『사상과 정책』(1989년 여름호), pp.154 - 162; 리영희, 「1953년 한미상호방위조약 - 북진통일과 예속의 이중주」, 『역사비평』(1992년 여름호), pp.33 - 46; 서울 新聞社, 『駐韓美軍 30年, 1945 - 1978』, 杏林出版社, 1979, p.299.

일 정식 발효되어 한미군사동맹의 법적 토대를 이루게 되었다.

이로써 이승만 대통령은 6·25전쟁 이전 한반도에서 전쟁 방지를 위해 미국에게 그토록 매달려 가면서 요청했던 태평양동맹, 상호방위조약, 미군 주둔을 모두 이루게 됐다. 특히 그가 그토록 희망했던 미국과의 군사동맹관계를 맺게 됐다.

이는 이승만 대통령이 아니고는 어떠한 지도자도 도저히 할 수 없는 최대의 외교적 성과였다.

제6장

이승만 대통령의 6 · 25전쟁 관련 군사 기록물 이해
― 군사편찬연구소의 소장 군사자료를 중심으로 ―

1. 서 론

이승만 대통령에 대한 학계 및 일반의 평가는 매우 극단적으로 나타나고 있다. 그를 지지하고 존경하는 인사들은 이승만이야말로 건국의 원훈(元勳)이자 한민족의 독립과 번영의 기초를 다진 국부(國父)로 세계 역사상 보기 드문 대정치가로 극찬하고 있다. 이들은 이승만을 희세(稀世)의 위재(偉才),[1] 외교의 신,[2] 대한민국의 국부·아시아의 지도자·20세기의 영웅,[3] 조지 워싱턴·토머스 제퍼슨·아브라함 링컨을 모두 합친 만큼의 위인, 한국의 조지 워싱턴으로 높게 평가하고 있다.[4]

반면 이승만을 싫어하고 반대하는 사람들은 그를 '한반도 통일을 저해하고 민주주의를 압살시킨 우리나라 역사의 수레바퀴를 뒤로 돌려놓은 시대착오적 독재자"로 매도하고 있다.[5] 이런 연장선상에서 이들은 그를 남북분단의 원흉, 친일파를 비호·중용함으로

---

1) 金麟瑞, 『망명노인 이승만 박사를 변호함』(서울: 독학협회출판사, 1963).

2) 曹正煥, 「머리말」, 外務部 편, 『外務行政의 十年』(서울: 외무부, 1959), p.2.

3) 허정, 『우남 이승만』(서울: 태극출판사, 1974); 허정, 『내일을 위한 증언: 허정 회고록』(서울: 샘터사, 1979); 임종명, 「이승만 대통령의 두 개의 이미지」, 『한국사 시민강좌』 38집 (서울: 일조각, 2006), pp.200－223.

4) 로버트 올리버 지음·황정일 옮김, 『신화에 가린 인물 이승만』(서울: 건국대학교 출판부, 2002), p.342; 유영익, 「이승만 대통령의 업적」, 유영익 편, 『이승만 대통령 재평가』(서울: 연세대학교 출판부, 2006), p.478; Robert T. Oliver, *Syngman Rhee: The Man Behind the Myth*(New York: Dodd Mead and Co., 1960), p.321.

5) 유영익, 「이승만 대통령의 업적」, pp.475－476; 유영익, 『이승만의 삶과 꿈』, p.10.

써 민족정기를 흐려 놓은 장본인, 남한의 대미종속을 심화시킨 미제의 앞잡이, 유엔의 문제아, 작은 장개석(蔣介石), 권력에 타락한 애국자, 한국전쟁을 유발 내지는 예방전쟁에 실패한 사람[6]이라고 폄하(貶下)하고 있다.[7]

이를 분석해 보면 대체로 세 가지 사실을 발견할 수 있다. 첫째는 이승만을 평가하는 두 부류가 서로 상반된 평가를 하고 있으면서도, 그가 한국 근현대사에서 차지하는 비중이 매우 큰 역사적 인물이라는 데에는 이의가 없다는 것이다. 둘째는 이들의 평가 속에 이승만은 독립·건국·호국에 크게 기여한 정치가 및 외교가로서의 그의 역할을 긍정적으로 평가하고 있는 반면, 이승만을 부정적으로 평가하는 쪽에서는 그의 건국 및 호국과정에서 나타난 국내정치활동(단정 주장, 친일파 청산 중지, 부산정치파동, 반공국가 건설 등)과 외교활동(대미의존 정책, 반유엔정책)에 초점을 맞춰 그를 깎아내리고 있다는 것이다. 셋째는 이승만이 전시내각을 이끌며 미국 및 유엔과 공조 및 협조체제를 유지하며 국가를 수호하고 전후 한국의 안보에 대한 보장을 미국으로부터 받아 낸 국가수호자로서의 그에 대한 연구가 부족하다는 것이다.

필자는 이승만에 대한 극단적인 호불(好不) 평가를 보고 이런 생각을 하게 됐다. 연구자들은 자료 해석이나 평가를 함에 있어

---

6) 김상웅, 「이승만은 우리 현대사에 어떤 '악의 유산'을 남겼는가?」, 『한국 현대사 뒷얘기』(서울: 가람기획, 1995), pp.282 - 285.

7) 유영익, 「이승만 대통령의 업적」, pp.476 - 477; 송건호, 「李承晚」, 『韓國現代史人物論』(서울: 한길사, 1984), pp.253 - 254; John M. Talyor, *General Maxwell Taylor: The Sword and the Pen*(New York Doubleday, 1989); Richard C. Allen, *Korea's Syngman Rhee: An Unauthorized Portrait*(Rutland, Vermont and Tokyo, Japan: Charles E. Tuttle Co., 1960).

자신이 지향하는 관념이나 이념, 이론에 스스로가 함몰되어 연구 개시 이전에 이미 어떤 잠정적 결론을 내린 다음 자신의 성향에 맞는 자료만을 찾아 내용을 완성해 가는 오류를 범하지 말아야 한다는 것이다. 더욱이 어떤 인물이나 사조(思潮)를 연구함에 있어 협량(狹量)한 역사지식이나 편협(偏狹)된 역사관을 통해 역사적 사건이나 인물에 대해 무조건 호평하거나 또는 반대로 과소평가하는 우(愚)를 범해서는 안 된다는 것이다. 특히 하나의 역사적 결과만을 놓고 모든 과정을 호평 또는 부정하거나, 이를 왜곡 또는 과장해서는 안 된다는 것이다.

필자는 이승만에 대한 평가가 이러한 틀에서 벗어나지 못한 연구결과이거나, 자료에 대한 충분한 섭렵이 없는 가운데 이루어진 연구 결과가 아닌가 생각된다. 이승만의 정치 활동에 대한 부분적인 완성도 중요하지만 전반적인 평가가 먼저 선행되어야 한다고 생각된다. 이승만이라는 역사적 인물이 제대로 평가받을 수 있도록 하기 위해서는 먼저 국내외에 흩어진 그에 대한 온전한 자료수집이 이루어져야 하고, 이런 토대 위에서 정치·외교·군사·사회·경제·문화·사상 등에 관한 종합적인 연구가 뒤따라야 할 것이다. 그것도 독립·건국·호국으로 이어지는 '숲에 대한 연구'가 이루어진 다음 '나무에 대한 연구'가 이루어져야 할 것이다.

따라서 필자는 이승만의 활동 중 세인들의 눈에 가려졌거나 일반인에게 잘 알려지지 않았던 군사자료를 선별하여 소개하고자 한다. 물론 이들 자료는 한국전쟁 전후 또는 한국전쟁 중에 군에서 생산되어 일반 문건이나 책으로 이미 발간된 자료들이다. 또한 개인이나 단체 및 연구기관에서 발간되어 군에서 소장하고 있는 자료 중 이승만 관련 자료에 대해서도 소개하고자 한다. 여기서 군 자료의 범주는 대한민국 국방부 및 육·해·공군의 각 군 본부 자료를 비롯하여, 미국 자료와 이승만과 관계를 맺었던 국내외 정치가 및 장군들의 회고록이 포함되었다.

2. 군사편찬연구소의 기능과 6·25전쟁 관련 소장 자료

군사편찬연구소[8]는 6·25전쟁을 비롯하여 한국 현대사 관련 자료를 전문적으로 보관·편찬하고 있는 대표적인 정부기관 중의 하나이다. 군사편찬연구소의 정식 명칭은 국방부군사편찬연구소(國防部軍史編纂研究所: 이하 군사편찬연구소로 약칭)이다. 군사편찬연구소의 전신은 1950년 10월 중순경 전시(戰時)의 기록과 편찬을 위해 국방부 정훈국 예하의 임시기구로 설립된 전사편찬회(戰史編纂會)다.

국방부 전사편찬회는 1951년 1월 15일 정식기구로 개편되어 공시적으로 전사편찬 업무를 시작하였다. 전사편찬회는 휴전 이후인 1953년 8월 5일 국방부 조직개편에 따라 국방부 정훈부 전사과에 통폐합되었다가 그동안 추진해 온 『한국전란지』(1~5권)가 편찬 완료됨에 따라 1956년 7월 20일 폐지되었다.

이후 국방부 내 전사편찬 기능은 1963년 한국전쟁사(韓國戰爭史) 편찬을 위한 기구의 필요성에 따라 1964년 2월 28일 국방부전사

---

8) 국방부 군사편찬연구소, 『군사편찬연구소 55년사』(서울: 군사편찬연구소, 2006), pp.4 - 9.

편찬위원회(國防部戰史編纂委員會)를 설치하여 『한국전쟁사(韓國戰爭史)』(총 11권)를 편찬하였다. 이후 국방부전사편찬위원회는 민족군사 편찬기능을 추가해 기존의 전사편찬 위주에서 군사편찬 체제로 확대 개편되었다.

한편 전사편찬위원회는 전쟁기념사업회(戰爭紀念事業會) 설립을 계기로 1992년 1월 1일 기념사업회 부설기관인 국방군사연구소(國防軍史研究所)로 개칭되었다가 1999년 1월 1일 한국국방연구원(韓國國防研究院) 부설기관으로 소속이 변경되었다. 그러나 국방군사연구소는 내부문제로 2000년 8월 21일 해체되었으나, 그해 9월 1일 국방부 직할기관인 국방부 군사편찬연구소로 새롭게 창설되어 오늘에 이르고 있다.

군사편찬연구소 이외에도 국내에는 6·25전쟁을 포함한 현대사 관련 자료를 보관하고 있는 국가기관들이 있다. 이들 주요 국내 기관으로는 국가기록원(관문서 중심 소장처), 국사편찬위원회(고문서와 NARA의 한국관계 문서 소장), 국가보훈처(독립운동관계 자료 소장), 외교안보연구원(한국 외무부 자료와 미국 외교문서 소장), 통일원 자료실(북한노획문서 소장), 국회도서관(의정 관계 자료와 미 국무부 문서 소장), 서울대학교 도서관(고문서와 공간 자료 중심), 국립중앙도서관(해방 직후 정기간행물 등 국내자료 소장) 등이 있다. 민간 기관으로는 한림대학교 아시아문화연구소(미 NARA 문서 소장), 경남대학교 극동문제연구소(미 NARA 문서 소장), 연세대학교 국제학대학원 현대한국학연구소(雩南 이승만 문서 소장) 등이 있다.[9]

---

9) 이완범, 「1940년대 NARA 한국관련 자료의 활용 현황 및 과제」, 국사편찬위원회 편, 『동아시아 현대사와 미국 국립문서기록청(NARA) 소장 자료』(2006년 국사편찬위원회 국제학술회의), p.35.

군사편찬연구소는 대한민국 정부 수립 이후 군사관계 자료를 다량으로 보유하고 있는 국방부 직할의 군사전문 연구기관이다. 군사편찬연구소의 임무와 기능은 국방사[10]·군사사·전쟁사[11]를 연구·편찬하고, 군사작전 사료를 조사 연구하고, 각종 군사관련 자료를 수집·보존·관리하는 것이다. 한국전쟁 때 발족되어 60여 년의 역사를 지니고 있는 군사편찬연구소는 군 관련 사료 4,300여 건을 비롯하여 특수 비문자료 517건, 증언자료 5,000여 건, 장서 35,000여 권을 보유하고 있다.

군사편찬연구소에 소장된 주요 군사자료는 6·25전쟁 관련 자료가 주류를 차지하고 있다. 이승만과 관련된 자료들도 대부분 여기에 포함되어 있다. 이들 자료는 국내자료와 국외 수집자료로 크게 분류할 수 있다. 국내자료는 군에서 직접 편찬 발간한 자료와 국내에서 발간한 한국전쟁 관련 수집 자료들로 구성되었다. 국외 자료는 미국 NARA에서 수집한 한국전쟁 관련 군사자료들로 구성되었다.

국내자료 중에는 군(국방부 정훈국·전사편찬위원회·국방군사연구소·군사편찬연구소, 육·해·공군본부)에서 발간된 한국전란지, 국방역사, 국방관계법령집, 국방조약집, 한국전쟁사, 공비연혁

---

10) 국방사 분야 편찬으로는 1984년 2002년까지 『국방사』 1~4집, 1985년부터 2006년까지 『국방부사』 1~7집, 1981년부터 2005년까지 『국방조약집』 1~5집, 『국방사 연표』 (1994년), 『국방정책변천사』(1995년)가 있다.

11) 군사편찬연구소는 한국전쟁사 관련 자료집을 비롯하여 한국전쟁사 연구 산물을 꾸준히 발간하고 있다. 국방부전사편찬위원회가 1967년부터 1980년까지 발간한 『한국전쟁사』 13권은 대표적인 연구서이다. 전체 13권 중에는 1~2권에 대한 개정판이 포함되어 있다. 따라서 한국전쟁 전체를 아우르는 실제 권수는 11권이다. 이후 국방군사연구소가 1995~1997년간 편찬한 『한국전쟁』 상중하권이 있다. 이들 연구 산물 외에도 한국전쟁 참전수기 (11권), 전투사(27권) 등이 있다.

(共匪沿革) 및 공비토벌사, 한국전쟁 사료집, 육군사, 육군발전사, 한국전쟁 참전자 증언록, 사단 및 군단 역사, 국방부 및 육군본부 명령철, 승리일보 등 순수한 군사자료가 주류를 이루고 있다.

또한 군사편찬연구소는 국내자료 중 군에서 편찬하지 않았으나 이승만 대통령과 직접 관련이 있는 자료 중 정부기관이나 개인 및 단체에서 발행한 자료들을 다량 소장하고 있다. 이들 자료로는 이승만 대통령 담화집,[12] 한국전쟁 통계집, 사진집,[13] 서집(書集), 임시수도천일(臨時首都千日),[14] 이승만 대통령의 전기(傳記) 및 평전,[15] 국내외 정치 및 장군들의 회고록, 언론에서 발간한 증언록,[16] 그리고 한국전쟁을 전후하여 이승만을 보다 객관적으로 평가할 수 있는 다양한 연구서[17]가 있다.

12) 공보처, 『대통령 이승만 담화집(정치편)』(서울: 공보처, 1952); 공보처, 『대통령 이승만 담화집(경제・외교・군사・문화・사회편)』(서울: 공보처, 1952); 공보처, 『대통령 이승만 박사 담화집』(서울: 공보처, 1953).

13) 육군본부 편, 『육군역사사진집 1945-1990』(서울: 육군본부 군사연구실, 1991); 백선엽, 『백선엽 장군 6・25전쟁 기록사진집』(서울: 선양사, 2000); 한국언론자료간행회, 『한국전쟁 종군기자』1~2권(서울: 한국언론자료간행회, 1987); KBS 6・25 40주년 특별제작반, 『다큐멘터리 한국전쟁』상/하권(서울: KBS 문화사업단, 1991).

14) 부산일보사 편, 『釜山피난시절 眞相을 파헤친 다큐멘터리 大河實錄: 秘話 臨時首都千日』 (부산: 부산일보사, 1984).

15) 유영익, 『이승만의 삶과 꿈』, 1996; 金麟瑞, 『망명노인 이승만 박사를 변호함』, 1963; 허정, 『우남 이승만』, 1974; 로버트 올리버 지음・황정일 옮김, 『신화에 가린 인물 이승만』, 2002; 프란체스카 도너 리 지음・조혜자 옮김, 『이승만 대통령의 건강』, 2006; 로버트 T 올리버 著・朴日泳 譯, 『大韓民國 建國의 秘話: 李承晩과 韓美關係』(서울: 啓明社, 1990); 유영익 편, 『이승만 대통령 재평가』(서울: 연세대학교 출판부, 2006); 김장흥, 『민족의 태양: 우남 이승만 박사 평전』(서울: 백조사, 1956); 김중원, 『이승만 박사전』 (서울: 한미문화협회, 1958); 고정휴, 『이승만과 한국독립운동』(서울: 연세대학교 출판부, 2004); 이인수, 『대한민국의 건국』(서울: 촛불, 1988); Robert T. Oliver, *Syngman Rhee: The Man Behind the Myth*(New York: Dodd Mead and Co., 1960).

16) 중앙일보사 편, 『민족의 증언』1~6권(서울: 중앙일보사, 1972); 프란체스카, 〈6・25와 이승만 대통령〉, ≪중앙일보≫, 1983; 유성철, 〈나의 증언〉, ≪한국일보≫, 1990.11; 이상조 증언, ≪한국일보≫, 1989; 동아일보,〈제1공화국 비화〉, 1973; 김홍일, 〈나의 증언〉, ≪한국일보≫, 1972; 고정훈, 〈비록 군〉, ≪주간한국≫, 1967; 조선일보사 편, 〈거대한 생애 이승만 90년〉, ≪조선일보≫, 1995, 부산일보사 편, 〈임시수도 천일〉, ≪부산일보≫, 1982.

특히 군사편찬연구소가 소장하고 있는 한국전쟁 관련 미국 자료로는 국무부 및 정책기획국 자료·중앙정보국(CIA) 자료·국가안보회의(NSC) 문서, 주한미대사관 자료, 유엔군사령부·미극동군사령부·군단사령부·사단사령부의 각종 보고서(지휘보고서, 정보 및 작전보고서)가 책자 및 문서, 그리고 마이크로필름(M/F) 형태로 수집·보관되어 있다.

3. 이승만 대통령 관련 군사편찬연구소 소장 자료 분석

1) 한국전란지 1~5년지[18]

한국전란지(韓國戰亂誌: 이하 전란지로 통칭)는 '한국전쟁기 통

---

17) 6·25전쟁 이전 이승만의 한반도 전략구상과 이에 따른 미국의 한반도 정책과의 관계를 연구한 논저로는, 차상철, 「미국의 대한정책, 1945-1948」, 『한국사 시민강좌』 38집(서울: 일조각, 2006), pp.1-20; 李昊宰, 『韓國外交政策의 理想과 實現』(서울: 法文社, 1988), pp.275-322; 로버트 올리버 지음·황정일 옮김, 『신화에 가린 인물 이승만』, pp.313-332; 김계동, 『한반도의 분단과 전쟁: 민족분열과 국제개입·갈등』(서울: 서울대학교출판부, 2001), pp.199-204; 로버트 T 올리버 著·朴日泳 譯, 『大韓民國 建國의 秘話: 李承晩과 韓美關係』, pp.284-361이 있다. 또 한국전쟁의 흐름을 미국의 정책과 전투사적 측면에서 분석한 저서로는 James F. Schnabel, *United States Army in the Korean War-Policy and Direction: The First Year* (Washington, D.C.: Office of the Chief of Military History, United States Army, 1972); Roy E. Appleman, *South to the Naktong, North to the Yalu, June- November 1950, United States Army in the Korean War* (Washington, D.C.: Government Printing Office, 1961); Billy C. Mossman, *Ebb and Flow, U. S. in the Korean War* (Washington, D.C.: OCMH, 1990); Walter G. Hermes, *Truce Tent and Fighting Front, U. S. Army in the Korean War* (Washington:, D.C.: OCMH, 1966)이 있다. 이승만의 휴전반대와 단독 북진통일에 대한 미국의 반응은 다룬 논저로는, 홍석률, 「한국전쟁 직후 미국의 이승만 제거계획」, 『역사비평』 26(1994년 여름), pp.151-153; 김계동, 『한반도의 분단과 전쟁』, pp.538-549; *FRUS, 1952-54*, vol.XV, pp.965-968이 있다.

치사료'라 할 만큼 중요한 자료이다. 전란지는 조선왕조실록에 버금될 정도로 이승만 정부가 어떻게 전쟁을 수행하고 어떻게 지도하였는가를 사료에 입각하여 편찬한 기록의 집대성이다. 전란지는 1950년 5월 1일부터 1955년 7월 31일까지, 한국전쟁을 전후한 5년 2개월간의 국내 및 국제상황, 전란일지, 이승만 정부의 담화문·방송·공포문·법령·미국 및 유엔의 발표문, 전시 통계 등을 5권의 책에 담고 있다. 전란지는 대체로 권수(卷首: 제자, 사진, 서, 발간사), 제1부 개설편(A편),[19] 제2부 일지편(B편),[20] 제3부 문헌편(C편),[21] 제4부 통계·도표(D편) 순으로 구성되었다. 이를 표로 살펴보면 다음과 같다.

---

18) 국방부 정훈국전사편찬회, 『한국전란1년지: 1950년 5월 1일~1951년 6월 30일』(정훈국전사편찬회, 1951); 국방부 정훈국전사편찬회, 『한국전란2년지: 1951년 7월 1일~1952년 6월 30일』(정훈국전사편찬회, 1953); 국방부 정훈국전사편찬회, 『한국전란3년지: 1952년 7월 1일~1953년 7월 27일』(정훈국전사편찬회, 1954); 국방부 정훈국전사편찬회, 『한국전란4년지: 1953년 7월 28일~1954년 7월 31일』(정훈국전사편찬회, 1955); 국방부 정훈국전사편찬회, 『한국전란5년지: 1954년 8월 1일~1955년 7월 31일』(정훈국전사편찬회, 1956).

19) 개설편은 총설, 전투개황, 국내정세, 국제정세, 북한의 동향 등으로 구분하여 기술하고 있다. 이는 전체 내용을 이해하기 쉽도록 정리한 것이다.

20) 일지편은 전황, 국내정세, 유엔, 아시아 및 호주, 북 및 서유럽, 아프리카, 동유럽 순으로 매일 일어난 주요 사건을 요약하여 정리하였다. 전황은 동부, 중부, 서부전선 순으로 기술한 다음 해군, 공군, 전과, 후방 순으로 기술하였다. 출처는 군 정보국과 작전국, 그리고 신문에 보도된 내용에서 발췌하였다.

21) 문헌편은 국내에서 대통령을 비롯한 정부각료들이 발표한 담화, 포고문, 기념사, 메시지, 특별성명, 격문, 서한, 국회결의문 등이 게재되어 있고, 전시에 공포된 법률, 대통령령, 시행령, 시행규칙, 규정 등이 게재되어 있다. 국제관계로는 미국과의 협정, 유엔 결의 및 발표문, 미국대통령 및 주한민국대사 성명, 유엔한국위원단의 성명, 유엔군사령관의 성명 및 메시지, 유엔참전국의 성명 및 발표문, 유엔한국위원단 보고서, 유엔군사령부 작전보고서 등이 실려 있다.

<표> 한국전란지 편찬 현황

구 분	수록기간	발행연도	편찬 체재
한국전란1년지	1950.5.1 ~ 1951.6.30	1951.8.15	· 권수(卷首)
한국전란2년지	1951.7.1 ~ 1952.6.30	1953.1.25	－ 대통령 휘호 및 사진
한국전란3년지	1952.7.1 ~ 1953.7.27	1954.3.1	－ 3부요인 및 군 수뇌부 서문 · 1부 개설(槪說)
한국전란4년지	1953.7.28 ~ 1954.7.31	1953.1.25	· 2부 일지(日誌) · 3부 문헌(文獻)
한국전란5년지	1954.8.1 ~ 1955.7.31	1956.7.20	· 4부 통계(統計) · 도표(圖表)

전란지 편찬을 총괄했던 국방부 정훈국장 이선근(李瑄根) 준장
은 서문에서 볼테르의 말을 빌려 "현대사를 쓰려고 하는 사람은
어느 한 사실에 대하여 써 놓으면 썼다고 욕(辱)먹고, 빼놓으면 빼
놓았다고 욕먹게 된다."라며 고충을 털어놓으면서 당시 기록을 가
급적 많이 수록하려고 노력하였다. 그는 "완전한 역사의 편찬은 일
조일석(一朝一夕)에 이루어지는 것이 결코 아니며, 불완전한 자료
와 기록들을 끈기 있게 종합 · 수집하고 검토 · 정리하는 데서 이루
어지는 것"이라면서 한국전쟁 관련 사실(史實)들을 빠짐없이 수록
하였다.[22]

제1부 개설편은 총설, 전투개황, 국내정세, 국제정세, 북한의 동
향 등으로 구분하여 기술하고 있다. 이는 전체 내용을 이해하기
쉽도록 정리하였다.

제2부 일지편은 전황, 국내정세, 유엔, 아시아 및 호주, 북 및 서
유럽, 아프리카, 동유럽 순으로 매일매일 일어난 주요 사건을 요약
하여 정리하였다. 전황은 동부, 중부, 서부전선 순으로 기술한 다

---

22) 이선근, 「한국전란1년지 발간에 재하여 — 전사편찬회의 발족과 그 경과」, 국방부 정훈국전
사편찬회 편, 『한국전란1년지』, p.序 - 15.

음 해군, 공군, 전과, 후방 순으로 기술하였다. 출처는 군 정보국과 작전국, 그리고 신문에 보도된 내용에서 발취하였다.

제3부 문헌편은 국내관계, 법령관계, 국제관계로 구분되어 기술하고 있다.

국내관계에서는 대통령을 비롯한 정부각료들이 발표한 담화, 포고문, 기념사, 메시지, 특별성명, 격문, 서한, 국회결의문 등이 게재되어 있고, 법령관계에서는 각종 법률, 대통령령, 시행령, 시행규칙, 규정 등이 게재되어 있다.

국제관계에서는 미국과의 협정, 유엔 결의 및 발표문, 미국 대통령 및 주한민국대사 성명, 유엔한국위원단의 성명, 유엔군사령관의 성명 및 메시지, 유엔참전국의 성명 및 발표문, 유엔한국위원단 보고서, 유엔군사령부 작전보고서 등이 실려 있다. 이들 내용은 정부 및 군관계당국, 미국무부 공보(Bulletin), 유엔한국위원단, 주한각국 외교사절단, 유엔군사령부로부터 직접 제공받았거나 국내외 각 언론사를 통해서 입수한 것이다.

이를 종합하면 국내관계 문헌이 847건, 법령관계 자료가 209건, 국제관계 자료가 587건 등 총 1,643건에 달하는 방대한 자료이다. 이를 표로 정리하면 다음과 같다.

<표> 한국전란지 문헌편 각종 자료 현황

구분	국내관계 문헌	법령관계 자료	국제관계 문헌
합 계	847건	209건	587건
한국전란1년지	62건	86건	126건
한국전란2년지	475건	49건	116건
한국전란3년지	131건	41건	98건
한국전란4년지	84건	17건	138건
한국전란5년지	95건	16건	109건

제4부 통계편은 국내 및 국외로 구분하여 정리하였다. 국내는 주로 국군과 유엔군의 전과, 인적 및 물적 피해현황, 구호사업 등을 구분하여 기술하였고, 국외는 미국의 한국에 대한 원조 현황 및 세계 경제동향 등을 기술하였다.

전란지 편찬은 국가적 사업으로 시작되었다. 한국전란지의 편찬과 관련하여 이승만 대통령과 정부 주요 인사를 비롯한 주한 외국 인사들이 여기에 참여했음을 알 수 있다. 전란지 각 권에는 이들이 기고한 서문이 게재되어 있다. 여기에 이승만 대통령은 전란3년지를 제외한 나머지 모든 전란지에 휘호를 하사하여 그 빛을 더하게 하였다. 그는 전란1년지에는 멸공통일(滅共統一), 전란2년지에는 파사현정(破邪顯正), 전란4년지에는 통일최선(統一最先), 전란5년지에는 국부병강(國富兵强)이라는 붓글씨를 하사하였다.

전란지에 서문을 실은 인사들의 면면은 다음과 같다. 전란1년지에는 부통령 김성수, 국회의장 신익희, 대법원장 김병로, 국무총리 장면, 국방부장관 이기붕, 유엔한국위원단장 파카스탄 대표 딘(Mian Ziaud Din), 주한미국대사 무초(John J. Muccio), 주한영국대리공사 아담스(A. C. S. Adams), 주한중국대사관 대리관무 참사관 쉬샤오

창(許紹昌), 그리고 발간사의 성격을 지니는 국방부 정훈국장 이선근 준장의 서문이 실렸다.

전란지2년에도 서문으로는 국방부장관 신태영, 국방부 차관 김일환, 육군참모총장 백선엽, 해군참모총장 손원일, 공군참모총장 김정렬, 유엔군 총사령관 클라크(Mark W. Clark)와 전 유엔군사령관 릿지웨이(M. B. Ridgway), 밴플리트(James A. Van Fleet), 유엔군해군사령관 브리스코우(Robert P. Briscoe), 전 사령관 조이(C. Turner Joy), 유엔군 공군사령관 웨일런드(O. P. Weyland) 장군의 서문이 실려 있다.

전란3년지에는 국방부장관 손원일, 국방부차관 이호, 미8군사령관 테일러 대장의 서문이 실려 있다.

전란4년지에는 민의원 의장 이기붕, 대법원장 김병로, 국무총리 변영태, 국방부장관 손원일, 국방부차관 이호, 연합참모본부총장 이형근 대장, 육군참모총장 정일권 대장, 해군참모총장 정긍모 중장, 공군참모총장 김정렬 중장, 미극동군총사령관 헐 대장, 미8군사령관 테일러 대장의 서문이 실려 있다.

전란5년지에는 민의원 의장 이기붕, 대법원장 김병로, 국방부장관 손원일, 국방부차관 김용우, 연합참모본부총장 이형근 대장, 육군참모총장 정일권 대장, 해군참모총장 정긍모 중장, 공군참모총장 김정렬 중장, 해병대사령관 김석범, 미극동군총사령관 렘니처 대장, 미8군사령관 화이트 대장, 국방부동원차관보 강영훈 중장의 서문이 실려 있다.

전란지는 6·25전쟁이라는 '전쟁 역사'를 편년체 방식을 채택하여 기록한 것으로 임진왜란 시 이순신(李舜臣) 장군의 난중일기(亂

中日記)와 유성룡의 징비록(懲毖錄)과 같은 귀중한 역사자료로 활용되어야 할 것이다.

2) 국방 역사 관련 일지 및 공간사

(1) 육군역사일지[23]

육군역사일지는 육군본부 고급부관실에서 작성한 것이다. 이 일지는 건군 초부터 1950년 12월까지 대한민국 육군 역사를 편년체로 작성되었다. 이는 최초의 육군역사일지(1945~1949)는 수필체(手筆本)로 이루어진 육군전사일지(제1집), 육군역사일지(제2집), 국군역사(제3집)의 합본이다. 그 후 5년분이 추가되어 1945~1950년까지의 내용을 수록한 수필본 육군역사일지(1945.8.15~1949.8.14)로 작성되었다.

(2) 국방사[24]

국방사는 광복 이후 우리 군의 창설과 성장의 역사적 배경을 압축한 국방사의 주요문제들과 사건들을 수록하고 있다. 1권은 창군으로부터 한국전쟁 발발 직전까지의 건국기의 상황을 주로 담고 있다. 2권은 전쟁 발발부터 1961년까지를 수록하고 있다. 각 권은

---

23) 육군본부 군사감실, 『육군역사일지, 1948－1950』(발행연도 미상); 육군본부 군사감실, 『육군역사일지, 1949.8.17－1951.12.31』(발행연도 미상).

24) 국방부 전사편찬위원회, 『국방사, 1945－1950』 1집(서울: 전사편찬위원회, 1984); 국방부 전사편찬위원회, 『국방사, 1950－1961』 2집(전사편찬위원회, 1987).

국방정책의 변천과정과 국방기구 및 제도의 발전, 그리고 군비상황 등을 체계적으로 수록하고 있다.

(3) 국방사연표[25]

국방사연표는 국군의 역사를 이해하고 연구하는 데 필요한 자료이다. 일반적으로 연표는 역사의 흐름을 연대순으로 한눈에 볼 수 있도록 나타낸 역사일지이다. 국방사연표는 건군기를 전후한 1945년부터 1990년까지의 국방 분야를 중심으로 이와 관련된 각계의 주요 내용을 간추려 정리한 것이다. 세부내용은 한국, 북한, 국제관계로 구분하여 국방상의 주요 사건을 일자별로 정리하고 있다.

부록에는 군정기부터 1960년대까지의 국방관계법령을 집대성하여 수록하였다. 또한 역대 국방부장관 및 차관, 합참의장, 각 군 참모총장, 한미연합사 부사령관 및 해병대사령관의 명단을 일목요연하게 수록하였다. 특히 국방사연표 부록에 수록된 국방관계 주요 법령은 이승만 대통령 및 이승만 정부를 연구하는 데 중요한 자료이다.

- 미태평양지구 총사령관 포고 제1호(1945.9.7)
- 군정법령 제28호(1945.11.3): 국방사령부 설치
- 군정법령 제42호(1946.1.14)
- 군정법령 제63호(1946.3.29): 조선 정부 각 부의 명칭(예: 국방부)
- 군정법령 제86호(1946.6.15): 국방부 명칭 개칭(국내경비부)
- 군정법령 제189호(1948.5.10): 해안경비대의 직무

---

25) 국방군사연구소, 『국방사 연표 1945 - 1990』(서울: 국방군사연구소, 1994).

- 군정법령 제197호(1948.5.25): 조선해안경비대의 선박수색권
- 대한민국 헌법(1948.7.17)
- 국방부훈령 제1호(1948.8.16): 이범석 국방부장관
- 국방조직법(법률 제9호, 1948.11.30)
- 국방부직제(대통령령 제37호, 1948.12.7)
- 병역임시조치령(대통령령 제52호, 1949.1.20)
- 병역법(법률 제41호, 1949.8.6)
- 국가보안법(법률 제10호, 1948.12.1)
- 병역법시행령(대통령령 제281호, 1950.2.1)
- 군인복무령(대통령령 제282호, 1950.2.28)
- 학생군사훈련실시령(대통령령 제577호, 1951.12.1)
- 민병대령(대통령령 제813호, 1953.7.23)
- 전시근로동원법(법률 제292호, 1953.9.3)
- 각 군 총참모장 및 해병대사령관 임기 규정(대통령령 제825호, 1953.10.27)
- 정규군인 신분령(대통령령 제845호, 1951.12.14)

(4) 국방정책변천사 · 건군50년사 등[26]

국방정책변천사와 건군 50년사는 8·15광복 이후 국방발전의 과정을 건군기(1945～1950), 전쟁 및 전후정비기(1950～1961), 국방체제정립기(1961～1972), 자주국방기반조성기(1972～1980), 자주

---

26) 국방군사연구소, 『국방정책변천사, 1950－1994』(서울: 국방군사연구소, 1995); 국방군사연구소, 『건군 50년사 1945－1994』(서울: 국방군사연구소, 1998); 육군본부, 『창군 전사』(서울: 육군본부 군사연구실, 1980); 육군본부, 『육군발전사』(서울: 육군본부 군사연구실, 1970).

국방강화기(1981~1990), 국방태세발전기(1991~현재) 등 6개 시기로 나누어 국방정책, 조직, 제도, 군사력 증강 과정을 분석하여 기술하고 있다.

이 외에도 건군 이전 과정을 정리한 창군전사(創軍前史)가 있다. 이는 건군 주역들의 일제강점기 군사 경력과 광복 이후 그들의 건군 참여 활동을 분석하고 있다. 이는 내용상 다소 사실과 배치되는 점이 있으나 건군 주역들의 시대적 배경과 대한민국 국군의 뿌리를 이해하는 데 도움을 주고 있다.

3) 국방조약집(1집)27)

국방조약집은 전사편찬위원회가 1945년 광복 이후부터 1980년까지 국방·군사 관계 조약을 비롯한 주요 관계 문헌을 총망라하여 단행본으로 정리 수록한 역사자료집이다. 이를 통해 국방외교상의 발전적 변천과정을 고찰하는 연구 및 사료로 삼도록 하였다. 또한 국가안보적 차원에서 추구되어야 할 국방정책의 수립 및 국방·군사 실무자들의 업무 지침 또는 편람으로 활용하도록 하였다.

국방조약집은 제2차 세계대전 후 냉전체제가 가져온 미국의 대한 외교정책 및 한국전쟁과 관련 유엔의 대한 결의사항, 우방국의 지원관계, 그리고 휴전 후 지속적인 한미협력관계 구축과 자주국방의 결실을 보게 된 지금까지의 국방·군사외교과정을 각종 문헌을 통해 증언토록 유의하였다. 또한 주요 국제조약, 선언문 등을 포함

---

27) 국방부 전사편찬위원회, 『국방조약집, 1945 - 1980』 1집(서울: 전사편찬위원회, 1981).

한 국방·군사외교 연표를 부록으로 첨가함으로써 국방안보문제 연구에 일조가 되도록 하였다.

본 조약집은 국방·외교상의 발전적 변천과정을 고찰하는 사료로 삼고자 이미 폐지 또는 실효된 조약, 협정, 교환각서, 합의서, 공동성명서, 교환 공한(公翰) 등을 포함시켜 수록하였다. 이들 자료집에서 이승만 대통령 관련 주요 조약·협정·공한·서신은 다음과 같다.

- 대한민국 정부와 미합중국 정부 간의 대한민국 정부에의 통치권 이양 및 미국 점령군대의 철수에 관한 협정(1948.8.9, 이승만 대통령이 주한미군총사령관 하지 중장에게)
- 주한미군총사령관으로부터 대통령에게(1949.8.11, 하지 중장이 이승만 대통령에게)
- 대한민국 대통령과 주한미군사령관 간에 체결된 과도기에 시행될 잠정적 군사안전에 관한 행정협정(1949.8.24, 이승만 대통령과 하지 주한미군총사령관)
- 대한민국 및 미합중국 간의 원조협정(1948.12.10, 이범석(한국대표), 무초(미국대표))
- 1948년 7월 1일부터 1949년 1월 31일까지 기간 중 주한미군의 운영으로 인하여 발생한 계정과 소청의 청산에 관한 대한민국 정부와 미합중국 정부 간의 협정(1949.5.27, 김도연(한국대표), 로버츠(미국 대표))
- 대한민국 정부와 미합중국 정부 간의 주한미군사고문단 설치에 관한 협정(1950.1.26, 신성모·김도연(한국대표), 무초(미국

대표))

- 대한민국 정부 및 미합중국 정부 간의 상호방위원조협정 (1950.1.26, 신성모·김도연(한국대표), 무초(미국대표))

- 재한 미국군대의 관할권에 관한 대한민국과 미합중국 간의 협정(1950.7.12, 교환각서로 체결)

- 대한민국과 재한 미군 간의 협정(1950.7.6, 최순주·구용서(한국대표), 월터(미군재정관))

- 대한민국정부와 미합중국 정부 간의 국제연합가맹국 연합군 총사령관 휘하부대에 의한 경비지출에 관한 협정(1950.7.28, 최순주(한국대표), 무초(미국대표))

- 한국 육해공군 작전지휘권 이양에 관한 이승만 대통령과 맥아더 유엔군사령관 간의 교환 공한(1950.7.14, 이 대통령이 맥아더에게 보낸 공한(7.15), 맥아더 장군의 회한(7.18))

- 한국 휴전에 관한 이승만 대통령과 아이젠하워 미국 대통령 간의 교환 각서(이 대통령이 아이젠하워에게 보낸 서한(53.5.30), 아이젠하워 대통령이 이승만 대통령에게 보낸 서한(53.6.6))

- 이승만 대통령과 로버트슨 미국무차관보 간의 공동성명(53.7.11)

- 휴전조인에 관한 이승만 대통령의 성명(53.7.27)

- 대한민국과 미합중국 간의 상호방위조약(53.10.1, 변영태(한국대표), 덜레스(미국대표))

- 한국참전 16개국의 제네바 회담 공동성명(54.6.15)

- 한국에 대한 군사 및 경제원조에 관한 대한민국과 미합중국 간의 합의의사록(54.11.17, 양유찬(한국대표), 로버트슨(미국대표))

4) 한국전쟁 공간사(公刊史) 자료

(1) 국내자료

한국전쟁 당시 우리 군은 전쟁의 비극을 다시는 되풀이하지 않으리라는 결의 속에서 "전란을 기록하고 전쟁교훈을 후세에 남기기 위한 체계적인 전사의 기록 및 그 편찬을 추진하였다. 국방부 정훈국의 주관하에 전사편찬회를 설치하여 운영하였다. 당시 신생국군의 조직으로서 국방부 차원의 국방역사나 전쟁사를 체계적으로 연구 편찬하는 제도상의 조직이나 기구는 없었지만 전시에 국방부 정훈국을 중심으로 한 전사편찬기구를 설치하고 사계의 전문가들을 초치하여 국가적인 전란지 편찬사업을 전개했다. 전사편찬회가 추진한 한국전란지의 편찬사업은 1956년 6월 종결됐다.

1963년 말 김성은 국방부장관이 한국전쟁사의 편찬을 결심하고, 그 이듬해에 다시 국방부의 전사편찬기구를 창설하기까지 별도의 전사편찬기구는 존재하지 않았다. 그러나 1964년 다시 국방부에 전사편찬위원회가 한국전쟁사의 편찬을 목적으로 상설기구로 설치됨으로써 전쟁 기간 중에 편찬한 한국전란지의 토대 위에서 국방부 차원의 대대적인 한국전쟁사 편찬을 비롯한 전사편찬사업을 추진하였다.

한국전쟁사를 편찬하게 된 근본적인 목적은 크게 두 가지이다. 첫째는 북한이 한국전쟁을 북한식 시각에서 편찬한 『조국해방전사』(1959년)를 발간하여 세계 각국에 배포하여 선전활동을 한 것에 대응하기 위함이었다. 두 번째는 휴전 후 10년이 경과했어도 비록 한국전쟁에 관해 각 군별이 전사를 편찬 발간했지만 국가 차원의 종합적인 전사를 아직 발행하지 못함으로써 국내 및 참전국 또는 기타 국가로부터 종합적인 전사에 관한 요구에 부응하기 위함이었다.[28]

　국방부 전사편찬위원회는 1964년에 최초로 한국전쟁사의 편찬을 위한 사료수집에 착수하여 사료정리 과정을 거쳐 1966년 원고의 집필을 완료하고, 그 이듬해인 1967년 한국전쟁사 1권을 발간한 후 연차적으로 11권에 걸친 한국전쟁사 편찬을 추진하여 완료하였다. 전사편찬위원회의 자문위원에는 김상기, 김성식, 신석호, 이병도, 이선근 박사가 선임되었다.

① 국방부 전사편찬위원회 발행
－구판
『한국전쟁사: 해방과 건군』 제1권(1967)
『한국전쟁사: 북한괴뢰군의 남침』 제2권(1968)
－개정판
『한국전쟁사: 북괴의 남침과 서전기 50.6.25－7.4』 제1권(1977)
『한국전쟁사: 지연작전기 50.7.5－7.31』 제2권(1979)
『한국전쟁사: 낙동강 방어작전기 50.8.1－9.30』 제3권(1970)
『한국전쟁사: 총반격작전기 50.10.1－11.30』 제4권(1971)
『한국전쟁사: 중공군의 침략과 재반격작전기 50.12.1－51.4.30』
　　　　　　 제5권(1972)
『한국전쟁사: 제한전선의 격동기 51.5.1－8.31』 제6권(1973)
『한국전쟁사: 대진 초기 51.9.1－52.3.31』 제7권(1974)
『한국전쟁사: 대진 중기 42.4.1－52.12.31』 제8권(1975)

---

28) 국방부, 『국방백서 1967』(서울: 국방부, 1966), p.117.

『한국전쟁사: 대진 말기 53.1.1 - 53.7.27』 제9권(1976)

－유엔군편

『한국전쟁사: 유엔군 참전편』 제10권(1979)

『한국전쟁사: 유엔군 참전편』 제11권(1980)

② 육군본부 발행

『6·25사변 육군전사』제1～3권(육군본부 군사감실, 1952～1954)

『6·25사변사』(육군본부 전사감실, 1959)

『6·25사변 후방전사(인사편)』(육군본부 전사감실, 1956)

『6·25사변 후방전사(군수편)』(육군본부 전사감실, 1955)

③ 해군본부 발행

『해군사(작전편)』(해군본부, 1958),

『해군사(행정편)』(해군본부, 1958),

④ 공군본부 발행

『공군사, 1949 - 1953』제1집(공군본부 정훈감실, 1962),

『한국전쟁에서의 항공작전』(공군본부, 1988),

(2) 미국 자료

미국은 1961년부터 1990년까지 육군부·해군부·공군부에 소속된 전사연구기관를 통해 자군(自軍)에 필요한 한국전쟁 관련 전쟁사를 연구하였다. 미국 육군부의 전사감실에서는 1961년부터 1990

년까지 전쟁지도 전개과정을 전쟁사와 전투사 측면에서 다룬 총 5권의 한국전쟁 관련 공간사(official history)를 발간하였다.[29] 이 연구서들은 미국 육군이 한국전쟁과 관련하여 실시했던 전투과정과 전쟁지도를 시기별, 주제별로 분류하여 발간한 것이다.

미 해군 전사연구소에서도 1958년과 1962년 두 번에 걸쳐 해군에 관한 한국전쟁 관련 공간사를 내놓았다.[30] 이는 미 해군이 전쟁 초기부터 휴전할 때까지의 전쟁 전개과정을 해군 작전일지와 작전경과 보고서를 활용하여 분석 정리한 것이다.

미 공군도 공군의 참전과정을 미 공군의 입장에서 분석한 한국전쟁 관련 전쟁사를 1961년에 발간하였다.[31]

---

29) James F. Schnabel, *United States Army in the Korean War – Policy and Direction: The First Year*(Washington, D.C.: Office of the Chief of Military History, United States Army, 1972); Roy E. Appleman, *South to the Naktong, North to the Yalu, June – November 1950, United States Army in the Korean War*(Washington, D.C.: Government Printing Office, 1961); Billy C. Mossman, Ebb and Flow, *U. S. in the Korean War*(Washington, D.C.: Office of the Chief of Military History, United States Army, 1990); Walter G. Hermes, *Truce Tent and Fighting Front, U. S. Army in the Korean War*(Washington:, D.C.: Office of the Chief of Military History, United States Army, 1966); Albert E. Cowdrey, *The Medic's War, U. S. Army in the Korean War* (Washington, D.C.: Office of the Chief of Military History, United States Army, 1987).

30) Malcolm W. Cagle and Frank A. Manson, *The Sea War in Korea*(Washington, D.C.: U.S. Naval Institute, 1957); James A. Field, *United States Naval Operations, Korea*(Washington, D.C.: Department of the Navy: 1962).

31) Robert F. Futrell, *United States Air Forces in Korea*(New York: Duell, Sloan and Pearce, 1961).

5) 이승만 대통령 담화집 및 서집[32]

(1) 이승만 대통령 담화집

이승만은 대통령 취임 이후 국가의 주요 사안이 있을 때마다 이에 대한 관련된 담화를 발표하였다. 이승만 대통령의 이러한 성명과 발언은 곧 신생 대한민국의 정책의 기본 방향 역할을 하였다. 그의 이러한 성명과 담화는 정치, 외교, 군사, 경제, 사회, 문화, 주요 국가 이슈(휴전회담) 등 다방면에 걸쳐 이루어졌다.

특히 1953년 발간된 『대통령 이승만 박사 담화집』(공보처, 1953)은 이러한 이승만 대통령의 통치철학과 국정방향을 가늠케 해 주는 자료집이다. 이 담화집은 대통령 취임 이후부터 한국전쟁까지의 5년간에 걸쳐 발표한 정치, 외교, 군사, 경제, 문화, 사회 등 제반 문제들을 수록하고 있다. 이에 수록된 주요 내용을 살펴보면 다음과 같다.

- 국회의장 자격(선서문, 1948.5.29)
- 대통령 취임사(1948.7.24)
- 안전보장은 관민일치로(1948.11.7)
- 통일에 협력 요망(1948.12.19)
- 민주와 공산은 상반된 이념, 중국적화는 용납할 수 없다 (1948.12.19)
- 평생에 기쁜 소식(1949.1.4)

---

32) 대한민국 공보처, 『대통령 이승만 담화집(정치편)』(공보처, 1952); 공보처, 『대통령 이승만 담화집(정치편)』(공보처, 1952); 공보처, 『대통령 이승만 담화집(경제·외교·군사·문화·사회편)』(공보처, 1952); 우남 이승만박사서집발간위원회, 『雩南李承晚博士書集』(서울: 발간위원회, 1988).

- 국토방위에 분골쇄신하자(1949.2.24)

- 국가민족을 수호하라(1949.3.1)

- 총선거는 유엔감시로 북한제안에 대하여(1949.7.10)

- 국군장병의 분투와 성공을 기원(1950.9.18)

- 조국은 절대 통일, 국민의 신생활운동긴요(1950.9.20)

- 최후까지 투쟁하라, 타협적인 해결은 무용(1950.12.8)

- 통일국권을 위하여 끝까지 싸우자(1951.3.31)

- 육해공군총참모장 해임에 대하여(1951.6.24)

- 중국 국부군 파한설에 대하여(1953.2.22)

(2) 이승만 대통령 서집(書集)

이승만 대통령은 명필로 유명하다. 그는 국방과 관련해서 많은 휘호를 남겼다. 이러한 그의 휘호를 통해서 그의 국방 사상과 지휘관들에 대한 통수권자로서의 면모를 읽을 수 있다. 그 가운데 6·25전적비 및 전승비를 기념하기 위해 노구를 마다하지 않고 남긴 휘호 하나하나는 그의 애국심과 애군(愛軍) 정신을 읽을 수 있다.[33]

① 전투전전비
- 백마고지전투전적비(1957년)
- 인제지구전투전적비(1957년)
- 저격능선전투전적비(1957년)
- 315고지전투전적비(1957년)

---

33) 우남 이승만박사서집발간위원회, 『雩南李承晩博士書集』(서울 : 발간위원회, 1988).

- 643고지전투전적비(1957년)
- 백석산지구 전투전적비(1957년)
- 원주지구전투전적비(1957년)
- 용문산지구전투전적비(1957년)
- 향로봉지구전투전적비(1957년)
- 펀취볼지구전투전적비(1957년)
- 지평리지구전투전적비(1957년)
- 금성지구전투전적비(1957년)
- 홍천지구전투전적비(1957년)
- 가평지구전투전적비(1957년)

② 전승비
- 대전지구전승비(1958년)
- 왜관지구전승비(1958년)
- 포항지구전승비(1958년)
- 창녕지구전승비(1958년)
- 다부동지구전승비(1958년)
- 안강지구전승비(1958년)
- 신녕지구전승비(1958년)
- 영천지구전승비(1958년)
- 진주지구전승비(1958년)

③ 한미군 장군에게 내린 휘호
- 백선엽(1군단장): 威振內外(1951년)

- 정일권(2군단장): 智勇兼仁百戰百勝(1953년)
- 박병권(육군준장): 身作長城
- 이성가 장군: 忠貫日月
- 밴플리트 장군: 一身白雲上 萬國赤焰中 百戰成功地 毆西與
  東亞
- 콜터 장군: 東亞風塵裏將軍駐我邦 蒼生極濟意甘苦與民同
- 화이트 장군: 仁義兼智勇 戰必勝攻必取
- 큐터 장군: 飛將從天而下賊軍望風而靡
- 셔드 제독: 爲天下者不顧家重 大義者不顧身
- 매구루더 대장: 保護自由義軍 必勝
- 펠트 제독: 元戎鎭東亞 友國盡歡迎 今日新年賀 凱歌頌太平
- 이스트웃 장군: 離家事作客 助我復興功 赤禍風塵裏 艱危與
  衆同

6) 증언 자료 및 회고록

6·25전쟁을 전후하여 이승만 대통령을 가장 가까이 모셨던 한미(韓美) 양국의 장성(將星)들은 이승만 대통령의 전시지도자로서의 역할을 높이 평가하고 있다. 6·25전쟁을 지휘했던 한국과 미국의 장군들은 이승만을 훌륭한 영도자 및 반공지도자로 평가하는 데 주저하지 않고 있다. 6·25전쟁을 전후하여 육군참모총장을 두 차례나 역임했던 백선엽(白善燁) 장군은 "전쟁의 위기를 이승만이 아닌 어떠한 영도자 아래서 맞이했다고 해도 그보다 더 좋은 결과

를 얻지 못했을 것이다."라고 회고했다.[34]

또 유엔군사령관을 지낸 클라크(Mark W. Clark) 장군은 전쟁이 끝난 후 미국의 한 텔레비전 방송에서 "나는 지금도 한국의 애국자 이승만을 세계에서 가장 위대한 반공지도자로 존경하고 있다."[35]고 증언하면서 이승만을 위대한 사람(great man)이라고 평가했다.[36] 이러한 맥락에서 전쟁 동안 제8군사령관을 오랫동안 지내며 이승만을 가까이서 보좌했던 밴플리트(James A. Van Fleet) 장군도 이승만을 "위대한 한국의 애국자, 강력한 지도자, 강철 같은 사나이이자 카리스마적인 성격의 소유자"로 흠모하면서,[37] "자기 체중만큼의 다이아몬드에 해당하는 가치를 지닌 인물"이라고 칭송했다.[38]

밴플리트 장군의 후임인 제8군사령관 테일러(Maxwell D. Taylor) 장군도 "한국의 이승만 같은 지도자가 베트남에도 있었다면, 베트남은 공산군에게 패망하지 않았을 것"이라고 말하면서 그의 반공지도자로서 영도력에 찬사를 아끼지 않았다.[39] 이러한 내용을 담고 있는 국내외 정치지도자 및 장군들의 회고록은 다음과 같다.

(1) 국내자료

『한국전쟁 증언록』(군사편찬연구소 소장)

---

34) 백선엽, 『6·25전쟁회고록 한국 첫 4성 장군 백선엽: 군과 나』(서울: 대륙연구소 출판부, 1989), p.351.

35) 프란체스카 도너 리 지음·조혜자 옮김, 『이승만 대통령의 건강: 프란체스카 여사의 살아온 이야기』(서울: 도서출판 촛불, 2006), p.56.

36) 백선엽, 『군과 나』, p.277.

37) Paul F. Braim 저, 육군교육사령부 역, 『위대한 장군 밴플리트』(대전: 육군본부, 2001), p.489.

38) 로버트 올리버 지음·황정일 옮김, 『신화에 가린 인물 이승만』, p.345.

39) 프란체스카 도너 리 지음·조혜자 옮김, 『이승만 대통령의 건강』, p.57.

프란체스카 도너 리 지음·조혜자 옮김, 『이승만 대통령의 건강: 프란체스카 여사의 살아온 이야기』(서울: 도서출판 촛불, 2006)

김홍일, 『대륙의 분노: 노병의 회상기』(서울: 문조사, 1972)

김석원, 『노병의 한』(서울: 육법사, 1977)

이응준, 『초대 육군참모총장 이응준 자서전: 회고 90년』(서울: 삼아원색사, 1982)

박경석, 『오성장군 김홍일: 전웅영웅소설』(서울: 서문당, 1984)

한표욱, 『韓美外交 요람기』(서울: 중앙신서, 1984)

유현종, 『장편소설 백마고지: 김종오 장군 일대기』(서울: 을지출판공사, 1985)

정일권, 『정일권 회고록: 6·25비록 전쟁과 휴전』(서울: 동아일보, 1986)

강성재, 『군의 정신적 대부, 그의 평전: 참 군인 이종찬 장군』(서울: 동아일보사, 1986)

조갑제, 『이용문 장군 평전: 젊은 거인의 초상』(서울: 샘터, 1988)

백선엽, 『6·25전쟁회고록 한국 첫 4성 장군 백선엽: 군과 나』(서울: 대륙연구소 출판부, 1989)

이범석장군기념사업회 편, 『철기 이범석 평전』(서울: 삼육출판사, 1992)

조갑제, 『한 근대화 혁명가의 비장한 생애 박정희: 불만과 불운의 세월 1917－1960』(서울: 까치, 1992)

김정렬, 『김정렬 회고록』(서울: 을유문화사, 1993)

이형근, 『이형근 회고록: 군번1번의 외길 인생』(서울: 중앙일보

사, 1993)

유재흥, 『전 국방부장관 유재흥 회고록: 격동의 세월』(서울: 을
유문화사, 1994)

채명신, 『채명신 회고록: 사선을 넘고 넘어』(서울: 명성출판사, 1994)

육군본부, 『이성가 장군 참전기: 영천 대회전』(대전: 육군본부 군
사연구실, 1995)

이원복, 『타이거 장군 송요찬』(대전: 육군교육사령부, 1996)

도재은, 『물보라 빛 세월 속에』(서울: 원민, 2000)

장도영, 『전 육군참모총장 장도영 회고록: 망향』(서울: 숲속의 꿈,
2001)

김행복, 『6·25전쟁과 채병덕 장군』(서울: 군사편찬연구소, 2002)

오진근·임성채, 『해군 창설의 주역: 손원일 제독』(서울: 한국해
양전략연구소, 2005)

장지량, 『전 공군참모총장 장지량 장군의 이야기: 빨간마후라 하
늘에 등불을 켜고』(서울: 이미지북, 2006)

김웅수, 『김웅수 회고록: 송화강에서 포토맥강까지』(서울: 새로
운사람들, 2007)

함명수, 『제7대 해군참모총장 함명수 제독의 회고록: 바다로 세
계로』(서울: 한국해양전략연구소, 2007)

(2) 국외 자료

6·25전쟁 시 전쟁 국면별 정책결정 과정에서 중요한 역할을 했
던 트루먼(Harry S. Truman) 대통령과 애치슨(Dean G. Acheson) 국

무장관을 비롯한 주요 정책결정자와 브래들리(Omar N. Bradley) 합참의장과 콜린스(J. Lawton Collins) 육군참모총장 등 군부 장성들의 회고록 및 개인 전기(傳記)와 평전이 있다.[40]

Paul F. Braim 저, 육군교육사령부 역, 『위대한 장군 밴플리트』(대전: 육군본부, 2001)

M. W. 크라크 저, 심연섭 역, 『한국전쟁 비사』(서울: 성좌사, 1955)

김재관 역, 『제2대 유엔군사령관 매듀 B. 리지웨이: 한국전쟁』(서울: 정우사, 1981)

윌리엄 맨체스터 저, 육사인문사회과학처 역, 『미국의 씨이저 맥아더 원수』(서울: 국제문화출판공사, 1981)

짐 하우스만·정일화 공저, 『하우스만 증언: 한국대통령 움직인 미군대위』(서울: 한국문원, 1995)

Admiral C. Turner Joy 저, 김홍열 역, 『공산주의자는 어떻게 협상하는가』(서울: 한국해양전략연구소, 2003)

---

40) Harry S. Truman, *Years of Trial and Hope*, Vol. II (Garden City, NY: Doubleday, 1956); Dean Acheson, *The Korean War*(New York: W. W. Norton, 1969); Forrest C. Pogue, *George C. Marshall: Statesman*(New York: Penguin, 1987); J. Lawton Collins, *War in Peacetime: The History and Lessons of Korea*(Norwalk, Conn.: the Eastern Press, 1969); George F. Kennan, *American Diplomacy, 1900 – 1950* (Chicago: University of Chicago Press, 1951); Matthew B. Ridgway, *The Korean War*(Garden City, NY: Doubleday, 1967); Douglas MacArthur, *Reminiscences* (New York: Mcgraw Hill, 1964); Courtney Whitney, *MacArthur: His Rendezvous With History*(New York: Knopf, 1956); D. Clayton James, *The Years of MacArthur: Triumph And Disaster, 1945 – 1964*(Boston: Houghton Mifflin, 1985); William Manchester, *American Caesar: Douglas MacArthur, 1880 – 1964*(New York: Dell, 1978); Michael Schaller, *Douglas MacArthur: The Far Eastern General*(New York: Oxford University Press, 1989); John Gunther, *The Riddle of MacArthur* (New York: Harper and Bros., 1951); Omar N. Bradley and Clay Blair, *A General's Life: An Autobiography by General of the Army*(New York: Simon & Schuster, 1983); Mark Wayne Clark, *From the Danube to the Yalu*(New York: Harper and Bros., 1954).; C. Turner Joy, *How Communists Negotiate* (New York: Macmillan, 1955).

7) 해외 수집 자료

군사편찬연구소에서는 미 군정기부터 한국전쟁, 그리고 전후 외교 및 군사와 관련된 미국 자료를 수집하여 보관하고 있다. 이들 자료로는 미 국가안전보장회의(NSC) 문서, 국무부 문서, 중앙정보국 문서, 미 제24군단 G-2보고서, CIC보고서, 미극동군사령부 보고서(지휘보고, 정보 및 작전 보고), 주한미대사관 보고서, 북한노획문서 등이 있다.

그 가운데 미 국가안전보장회의, 중앙정보국 문서, 국무부 문서 등은 군사편찬연구소에서 1996년부터 2003년까지 7년여에 걸쳐 『한국전쟁 자료총서』 72권으로 묶어 출간하였다.[41] 또 미 국무부가 자료공개법에 따라 공개하고 있는 전쟁 전후 한미관계 자료를 집대성한 대외관계문서철(FRUS)이 있다.[42]

4. 결론 : 이승만 대통령의 공과(功過)와 군사자료 활용

이승만 대통령은 건국 대통령으로서 임진왜란 이후 민족 최대의 위기를 극복하고 국권을 수호한 국가지도자이다. 그는 12년간의

---

41) 국방군사연구소/군사편찬연구소, 『한국전쟁자료총서』 제1~72권, 1996~2003.

42) U. S. Department of State, *Foreign Relations of United States*(이하 FRUS로 약칭), 1946, vol.8, *The Far East*(Washington, D.C.: Government Printing Office, 1969); FRUS, 1947, vol.Ⅵ, The Far East, 1973; FRUS, 1948, vol.Ⅶ, The Far East and Australia, 1976; FRUS, 1950, vol.Ⅶ, Korea, 1976; FRUS, 1951, vol.Ⅶ, Korea and China, 1983; FRUS, 1952-1954, vol.ⅩⅤ, Korea, 1984.

대통령 재임 동안 국군통수권자로서 전쟁을 지도하였고, 전후에는 한국의 안보를 위해 미국으로부터 한미상호방위조약과 국군 증강을 달성케 한 국가지도자였다. 그는 건국과 함께 국가안보의 초석인 건군 기틀을 다졌고, 수차례의 군 반란사건과 38선 국경충돌 사건 등을 통해 군을 안보역군으로 성장시키고자 노력하였다.

3년간의 전쟁 동안 이승만을 건국대통령으로서 국기를 다져야 하는 국가원수로서보다는 전쟁 전반을 책임지고 승리로 이끌 험난한 전쟁지도자로서의 역할을 강요하였다. 그는 노구를 이끌고 총탄이 퍼붓는 전선을 누볐고, 통일완수를 위해 국군 단독 북진명령을 내렸고, 소득 없는 휴전을 저지하기 위해 반공포로를 석방했고, 자력으로 막을 수 없는 휴전을 앞두고는 전후 안전보장대책으로 한미상호방위조약·국군전력증강(20개 사단 증편)·경제원조 등을 얻어 내기 위해 유엔군에서 국군을 철수하여 단독북진을 외치며 이를 성취했던 진정한 국권수호자이자 국가지도자였다. 전후에는 전후복구와 함께 북한군의 현존 위협 앞에서 국군의 전력증강을 위해 매진하였다. 6·25전쟁 이전 10만 명에 불과했던 국군을 70만 대군으로 성장하게 했고, 8개 사단이던 육군을 30여 개 사단으로 증편시켰고, 해군은 함대사령부를 보유하게 됐고, 공군도 전투비행기를 보유한 전투비행단을 갖춤으로써 3군 합동체제를 유지하며 주한미군과 함께 한반도의 전쟁억지세력으로 발전하게 되었다.

그럼에도 불구하고 이에 대한 전쟁지도 및 국구통수권에 관한 학문적 성과는 미비하다.[43] 이는 4·19혁명으로 인한 정치적 문제에

---

43) 이기택, 「한국적 안보환경하의 전쟁지도 고찰」, 국방군사연구소 편, 『역사적 교훈을 통한 한국의 전쟁지도 발전방향』(전쟁지도세미나, 1994), pp.9 - 34; 장병옥, 「총력전 대비를 위한 국가동원태세 발전방향」, 국방군사연구소 편, 앞의 책, pp.37 - 62; 전경만, 「한국의

가려져 부정적 또는 제한적으로 이루어졌다[44]는 데에도 원인이 있겠지만, 보다 큰 요인은 이를 연구하는 연구자들이 없었고, 또 이를 연구하려는 노력의 부족과 군사자료 수집의 한계에 부딪혔던 것 같다. 또 일각에서는 이승만 대통령이 전시에 전쟁지도자로서 역할을 하였을까 하는 부정적인 시각도 연구 제한에 한몫을 하였다.

앞으로의 과제는 이승만 대통령에 대한 보다 심층적인 연구가 필요하다고 본다. 여기에는 국내외 자료가 망라되어야 함은 물론이고, 특히 한국전쟁 상황에 대한 정확한 이해가 필요하다고 여겨진다. 이를 바탕으로 그가 일생을 통해 추구하고자 했던 독립, 건국, 호국을 위해 그가 실현하고자 했던 정책 및 실행방식을 학문적 성과로 귀결시켜야 할 것이다.

이러한 점에서 군사편찬연구소가 소장하고 있는 자료가 유용하게 활용되어야 할 것이다. 군사편찬연구소가 소장하고 있는 이승만 관련 자료는 6·25전쟁 관련 자료가 주류를 차지하고 있다. 이들 자료를 통해서 군사적 측면에서 이승만 대통령의 여러 모습을 확인할 수 있고, 이에 따른 학문적 연구 범위 영역을 넓혀 나가야 할 것이다. 군사편찬연구소 자료를 통해 다음과 같은 연구가 가능하리라 본다.

첫째, 이승만 대통령의 통치철학을 비롯하여 통일관과 안보 및

위기관리와 전쟁지도체제 발전방향」, 국방군사연구소 편, 앞의 책, pp.65 - 91; 육군교육사령부, 「이승만의 전쟁지도」, 『전쟁지도이론과 실제』(대전: 육군교육사령부, 1991), pp.256 - 270; 양흥모, 「이승만 박사와 군대」, 『신동아』(1965년 9월호), pp.232 - 238; 연세대학교 국제대학원 현대한국학연구소 제6차 국제학술회의(2004년 11월)에서 발표된 논문 중 군사 및 외교 분야를 다룬 논문은 다음과 같다. 차상철, 「외교가로서 이승만 대통령」, pp.65 - 85; 김세중, 「군 통수권자로서의 이승만 대통령」, pp.87 - 114; 온창일, 「전쟁지도자로서의 이승만 대통령」, pp.237 - 267.

44) 유영익, 「이승만 대통령의 업적」, p.481.

국방사상에 대한 연구가 가능하다. 둘째, 이승만 대통령의 전시 전쟁지도 전반을 파악할 수 있다. 셋째, 이승만 정부의 총력전을 이해하는 데 필요한 입체적 연구가 가능하다. 넷째, 이승만 대통령의 애국심 및 애군심(愛軍心) 연구가 가능하다. 다섯째, 이승만 대통령의 외교 및 민족의 생존전략을 알 수 있다. 여섯째, 이승만 대통령의 전쟁수행 의지 및 노력에 대한 연구가 가능하다. 일곱째, 이승만 대통령의 전시 행적에 대한 연구가 가능하다. 여덟째, 휴전회담 및 제네바 정치회담을 통해 이승만 대통령의 국권수호의지에 대한 연구가 가능하다.

이렇듯 이승만 대통령의 국가지도자 및 국군통수권자로서 행한 그의 위대한 업적을 여과 없이 그대로 학문적 성과로 연결시키는 것은 우리 후학들의 몫이 아닐까.

부 록

1. 이승만 대통령의 기념사 · 담화 · 성명 · 서신 · 메시지

□ 대한민국 국회의장 자격 선서문(1948.5.29)

나는 빛나는 역사적 조국 재건과 독립 완수를 다하기 위하여 먼저 헌법의 제정으로 민국정부를 수립하고, 남북통일의 대업을 수행하여 국가만년의 기초 확립과 국리민복을 도도하기 위하여 공헌함에 최대의 충성과 노력을 다하기로, 이에 하나님과 순국선열과 3천만 동포 앞에 삼가 선서함.

□ 이승만 대통령 취임사(1948.7.24)

대통령 취임사

여러 번 죽었던 이 몸이 하나님의 은혜와 동포의 愛護로 지금까지 살아 있다가 오늘에 이와 같이 영광스러운 추대를 받은 나로서는 一邊感激한 마음과 一邊心當키 어려운 책임을 지고 두려운 생각을 금하기 어렵습니다.

기쁨이 극하면 웃음으로 변하여 눈물이 된다는 것을 글에서 보고 말을 들었던 것입니다. 요사이 나의 치하하는 남녀동포가 모두 눈물을 씻으며 고개를 돌립니다. 각처에서 축전 오는 것을 보면 모두 눈물을 금하기 어렵다합니다.

나는 본래 나의 감상으로 남에게 觸感될 말을 하지 않기로 매양 힘쓰는 사람입니다. 그러나 목석 肝腸이 아닌 만치 뼈에 맺히는 눈물을 금하기 어려웁니다. 이것은 다름이 아니라 4천 년 전에 잊었던 나라를 다시 찾는 것이요. 죽었던 민족이 다시 사는 것이 오늘에서야 表面되는 까닭입니다.

대통령 선서하는 이 자리에서 하나님과 동포 앞에서 나의 직무를 다하기로 일층 더 결심하며 맹서합니다.

따라서 여러 동포들도 오늘을 위하여 대한민국의 국민된 영광스럽고 신성한 직책을 다 하도록 마음으로 맹서하기를 바랍니다.

여러분이 나에게 맡기는 직책은 누구나 한 사람의 힘으로 성공할 수는 없는 것입니다. 이 중대한 책임을 내가 용감히 부담할 때에 내 기능이나 지혜를 믿고 나서는 것이 결코 아니며 전혀 애국 남녀의 合意合力함으로만 진행할 수 있는 것을 믿는 바입니다.

이번 우리 총선거의 대성공을 모든 우방들이 칭찬하기에 이른 것은 우리 애국 남녀가 단순한 애국정신으로 각각 직책을 다한 연고입니다. 그 결과로 국회성립이 또한 완전무결한 민주주의제도로 조직되어 2, 3개 정당이 그 안에 대표가 되었고 무소속과 좌익 色態로 주목받은 대의원이 또한 여럿이 있게 된 것입니다.

기왕 경험으로 추측하면 이 많은 국회의원 중에서 사상충돌로 분쟁분열을 염려한 사람들이 없지 않았던 것입니다. 그러나 중대한 문제에 대하여 종종 극렬한 쟁론이 있다가도 필경 표결될 때에는 다 공정한 자유의견을 표시하여 순리적으로 진행하게 됨으로 헌법

제정과 정부조직법을 다 민의대로 從多數 통과된 후에는 아무 이의 없이 다 복종하게 됨으로 이 중대한 일을 조속한 한도 내에 원만히 채결하여 오늘 이 자리에 이렇게 된 것이니 국회의원 일동과 전문위원 여러분의 애국성심으로 우리가 다 감복하지 않을 수 없는 일입니다.

나는 국회의장의 책임을 사면하고 국회에서 다시 의장을 선거할 것인데 만일 국회의원 중에서 정부처장으로 임명될 분이 있게 되면 그 후임자는 각기 소관투표구에서 更選하게 될 것이니 원만히 표결된 후에 의장은 선거할 듯하며 그동안은 부의장 두 분이 업무를 대임할 것입니다. 따라서 이 부의장 두 분이 그동안 의장을 보좌해서 각 방면으로 도와 협의 진행케 하신 것을 또한 감사히 생각하는 바입니다.

국무총리와 국무위원 조직에 대해서 그간 여러 가지로 낭설이 유포되었으나 이는 다 추측적 언론에 불과하여 며칠 안으로 결정 공포될 때에는 여론상 추측과는 크게 같지 않을 것이니 부언낭설을 많이 주의하지 않기를 바랍니다. 우리가 정부를 조직하는 데 제일 중대히 주의할 바는 두 가지 있습니다.

첫째는 일할 수 있는 기관을 만들 것입니다. 둘째로는 이 기관이 견고해져서 흔들리지 않게 해야 될 것입니다. 그러므로 사람이 사회명예이나 정당단체의 노력이나 또 개인사정상 관계로 나를 다 초월하고 오직 機能있는 일군들과 함께 모여 앉아서 국회에서 정한 법률을 민의대로 진행해 나갈 그 사람끼리 모여서 한 기관이 되어야 할 것이니 우리는 그분들을 물색하는 중입니다. 여러분들은 인격이 너무 커서 적은 자리에 채울 수 없는 이도 있고 큰 자리를 채울 수 없는 이도 있으나 참으로 큰 사람은 능히 큰 자리에도 채울 수 있고 적은 자리에도 채울 수 있을 뿐 아니라 적은 자리 차지하기를 부끄러이 하지 않습니다.

기왕에도 누가 말한 바와 같이 우리는 공산당을 반대하는 것은 아닙니다. 공산당의 賣國主義를 반대하는 것이므로 이북의 공산주의자들은 절실히 깨닫고 일제히 悔心改過해서 우리와 같은 보조를 취하여 하루바삐 평화적으로 남북을 통일해서 정치와 경제상 모든 복리를 다 같이 누리게 하기를 바라며 부탁합니다.

만일 終始 깨닫지 못하고 분열을 주장해서 남의 괴뢰가 되기를 甘心할 진대 인심이 결코 방임치 않을 것입니다.

대외적으로 말하면 우리는 세계 모든 나라와 친선해서 평화를 증진하며 외교 통상에 균등한 이익을 같이 누리기를 절대 도모할 것입니다.

교제상 만일 친선에 구별이 있으면 이 구별은 우리가 시작하는 것이 아니요 타동적으로 되는 것입니다. 다시 말하자면 어느 나라든지 우리에게 親善히 한 나라는 우리가 친선히 대우할 것이요. 친선치 않게 우리를 대우하는 나라는 우리도 친선히 대우할 수 없을 것입니다.

과거 4년간에 우리가 국제상 정당한 대우를 받지 못한 것은 세계 모든 나라가 우리와 접촉할 기회가 없었던 까닭입니다. 日人들의 선전만을 듣고 우리를 판단해 왔었지만 지금부터는 우리 우방들의 도움으로 우리가 우리나라를 찾게 되었은즉 우리가 우리일도 할 수 있으니 세계 모든 나라들은 남의 말을 들어 우리를 판단하지 말고 우리 하는 일을 보아서 우리의 가치를 우리의 重量대로 판정해 주는 것을 우리가 요청하는 바이니 우리 정부와 민중 남녀로 하여금 우리의 실정을 알려주어서 피차에 양해를 얻어야 정의가 상통하여 교제가 친밀할 것이니 이것이 우리의 복리만 구함이 아니요, 세계평화를 보장하는 것입니다.

새 나라를 건설하는 데 새로운 정부가 절대 필요하지마는 새 정신이 아니고는 결코 될 수 없는 일입니다. 부패한 정신으로 신성한 국가를 이룩하지 못하나니 이런 민족이 날로 분발 전진하여야 지나간 40년 동안 잃어버린 세월을 다시 회복해서 세계 문명국에 경쟁할 것이니 나의 사랑하는 3천만 남녀는 이날부터 더욱 분투용진해서 날로 새로운 백성을 이룸으로써 새로운 국가를 만년 반석 위에 세우기로 결심합니다.

대한민국 30년 7월 24일
대한민국 대통령 이승만

□ 이 대통령, 태평양동맹에 대하여(1949.8.13)

진해회담에 관하여 중국은 공산주의의 위협을 가장 심하게 받고 있으며 한국 또한 그 반이 공산분자에게 점령되고 있으나 우리가 太盟을 체결하려는 것은 결코 위급에서 벗어나기 위한 것이 아니라 공산세력을 방어하기 위한 북대서양동맹 諸國과 보조를 같이하여 동양에서도 각국이 합심하여 防共투쟁을 하려는 것이다.

따라서 나의 주장은 지역상으로나 인종상으로 구별이 있어서는 안 된다는 것이며 또 군사상 문제에 있어서는 태평양상의 어느 나

라가 침략을 당했을 때 다른 동맹국이 이를 공동 방위하는 것이
아니면 意義가 없다는 것이다. 그러나 앞으로 열릴 태평양회의에
서 이 동맹을 경제적 문화적인 관계에만 그치게 하자고 결의되면
그에 따르게 될 것이다.

태평양 회담을 한국 진해에서 개최할 생각도 가져보았으나 그것
보다는 太盟을 누구보다도 중요시하고 또 처음부터 이를 제창한
필리핀 대통령이 주도권을 가지고 바귀오에서 회담을 개최하는 것
이 더 원만할 것이니 퀴리노 대통령이 회의를 소집하면 가기에 응
할 것이며 지체 없이 될 줄 믿는다.

□ 이 대통령, 계엄령 선포에 대한 특별담화(1950.7.15)

공산 악마의 죄악이 가득해서 심판의 날이 온고로 49개국 연합
군은 우리 한국에 육해공 각 방면으로 모여듭니다. 우리 海面은
벌써 철통같이 봉쇄하였고 두만강·압록강의 모든 철교를 다 끊어
서 사람이나 즘생이나 오도 가도 못 하게 되었고 이북의 소위 항
공대라는 것은 벌써 전멸되었으며 적군이 믿던 長銃, 大砲, 戰車
는 연석폭격에 낱낱이 파괴되고 미국 탱크와 대포가 날마다 들어
와서 연합군이 우리 국군과 어깨를 겨누고 물밀 듯이 올라가는 중
입니다.

소련은 벌써 공표하기를 저이는 한국 일에 관계없다고 해서 발
을 빼는 모양입니다. 공산군은 진퇴유곡에 빠져 벗어날 곳이 없을
것입니다.

우리는 한민족의 피를 가진 공산분자들을 한 사람도 필요 이상으로 살상할 것을 원치 않아 내가 개성 등지에서 선언하기를 지금이라도 자각하고 돌아서서 악마의 괴수들만 잡아가지고 처단하고 나머지는 다 통일하마 하였으니 저이들의 살인방화에 파괴 등 모든 죄악을 생각하면 이가 갈리는 중이나 칼로써 악을 갚아 원수를 잡자는 것은 우리의 도리가 아닐 것입니다.

작전지역에는 계엄령을 선포했으니 군경이나 관민을 막론하고 가장 말을 삼감으로써 無根한 풍설로 민심을 소동케 하거나 국방치안에 손해를 주지 말아야 할 것입니다.

군사상 통신으로 당국 측에서 공표되는 소식 외에는 사실을 알고도 말을 못 하는 것입니다. 적의 탐정이 틈틈이 새여 붙을 것입니다.

군사상 비밀을 한 사람에게 더 알리는 것이 여러 백 명 여러 천 명의 생명을 위태롭게 하는 것이며 그뿐만 아니라 어떤 경우는 전 전쟁의 승패가 달렸다는 것도 있을 것이니 군사상 비밀은 소용없이 알려고 말고 알아도 남에게 알리지 말아야 하는 것입니다.

계엄령이 발포된 지방의 일반관민도 말뿐만 아니라 모든 행동을 조심해서 물자나 군용품을 막론하고 혹 도적질해 내거나 빼어 내거나 은닉하는 등 죄를 범치 말 것이니 군법상 조고마한 범죄에 생명을 바꾸게 된 경우를 생각하고 전에 조심해서 後禍가 없게 할 것입니다.

國事가 어려워 갈수록 정부와 당국의 실수와 험질을 가려서 민심을 합하여 국가에 보은하는 것은 애국자의 하는 일입니다. 이렇게 하는 것은 다름이 아니라 이와 같이 아니하면 어느 나라를 막론하고 이런 경우를 유지하기 어려운 것입니다.

국사가 어려워질수록 정부를 공격하고 수비하는 사랑(전기관계로 數句 수신 중단)…… 이번 난리에 정부가 피난해서 서울을 떠나고 국군이 퇴보하여 共軍이 입성한 후 여기저기서 시비가 생겨서 국군의 실수로 이와 같이 된 것을 열렬히 논난하여 아무개가 무엇이 되고 누구가 어떤 자리를 차지하였더라면 무엇이 이렇게 아니 될 것이라는 시비로 민심을 선동합니다.

이런 말하는 분들에게 우리가 한 번 묻고자 하는 바는 諸葛亮이가 국무총리가 되었더라면 공산군의 장총대포와 전차를 무엇으로 막았을 것이냐는 말입니다. 또 정부에서는 어찌 해서 이 군비를 막는 대책도 있느냐? 그 말에 대해서는 軍事物이 오늘 온다 내일 온다 하는 중에 이와 같이 된 것이니 우리가 몰라서 이렇게 되거나 알고도 등한해서 이렇게 된 것도 아니라는 내용은 내외국인 다 아는 법입니다.

공연히 불평을 품고 민심을 유혹게 하는 일이 없어야 할 것이며 그리고 국민 모두가 합심합력해서 한 길로 나가야 만 우방들이 더욱 돕고자 하는 성심이 분발될 것입니다.

식량에 관해서도 조금도 우려할 점이 없습니다. 금년의 농사는 풍년이 들었고 내년에도 풍년이 들 것으로 기대되며 夏穀은 50년래의 풍년이 되며 전에는 우리가 다른 곳에서 가져와 먹던 것을 이번에는 우리가 먹고 남는 것을 돈 받고 팔기도 하였는데 이제는 누구나 와서 가져갈 사람도 없는 것입니다. 그럼으로 우리 일반 동포가 다 같이 잘 살기 위하야 사리를 도모하거나 술과 떡을 만들어서 곡식을 낭비하는 등의 일이 없게 되면 굶는 사람도 없게 될 것입니다.

그리고 어데든지 전쟁 구역에는 약품과 식량과 의복을 보내서 구제하는 중이므로 벌써 萬國 赤十字社에서 救濟部를 우리나라에 설치해서 굶주린 자에게 음식을 주고 추운 자에게 옷을 주어서 구제할 것이니 모든 동포는 각각 자기 가족만을 위한 생각을 말고 사사로운 이익과 욕심을 위해서 노력하다가 법에 걸려 욕을 보지 말 것이며 모든 동포들을 불쌍히 생각하고 며칠 먹을 것이 있거든 나누어서 죽게 된 동포가 살도록 만드는 것이 직책이며 이러한 것이 福받는 근원일 것입니다.

얼마 아니면 외국 구제물자가 올 것이니 전쟁에 面한 동포들은 우방과 우리나라 군인을 위해서 조직적으로 자선사업을 하도록 하는 것이 애국남녀 職責입니다.

외국에서 원조물자나 군수품을 도적질하다가 팔거나 스스로 나눠 주거나 하는 등 폐단을 일일이 조사해서 군법으로서 다스릴 것이니 관민 合作으로 이것을 절대 없애야 하며 우리 민족의 명예와 신망을 추앙받도록 極力 부탁하여 바라는 바입니다. 이 말로 그칩니다.

□ 이승만 대통령, 8.15기념사(1950.8.15)

금년 8월 15일 경축일은 민국 수립 제2회 기념일로서 전 국민이 다 같이 즐겨야 할 이때에 공산도배의 침략으로 말미암아 정부가 서울을 떠나서 임시로 환도 중이며 전 국민이 난리를 당하면서 도로에 방황하며 풍우표령(風雨飄零)한 이 처지에서 행정부와 입법부와 대구시 주최하에 백절불굴의 기상으로 이와 같이 기념식을 거행하게 된 것은 우리가 잠시 당한 위난보다 이날을 얼마나 중요시한다는 것을 세인에게 표시하는 것이므로 이 경축이 더욱 의미 있고 역사적인 것을 인증하는 바입니다.

우리가 더욱 치하할 것은 공산도배의 침략을 정지시키기 위해서 세계 모든 문명한 나라들이 군사와 물질과 성심으로 참전하고 있어서 날마다 원조가 들어오는 중이므로 비록 처음에는 침략자들에게 약간 승리가 있었다 할지라도 얼마 아니 되어서 적은 다 패망하고 남북이 대한민국 정부 밑에서 통일을 완수할 것이며 우리가 오늘 잠시 동안 곤란한 경우에 초한 것을 별로 관념할 것이 없는 줄로 아는 것입니다.

불의의 난리를 만나서 얼마동안 곤란을 보는 것은 우리뿐만 아니라 거진 세계 모든 나라가 다소 문제하는 것인데 한 나라가 당하는 환란을 위해서 세계 모든 나라가 일제히 일어나서 싸우게 되는 것을 우리나라에서 처음 되는 일이므로 우리는 모든 우방에 대해서 무한한 감사의 뜻을 표시하지 않을 수 없는 것입니다.

이북 공산주의 한인들이 이남 민주의 한인들을 침략한 것이 단순한 內亂이라면 우리끼리 싸워서 남이 이기거나 북이 이기거나 국내에서 판결될 것인데 세계 모든 민주주의 국가들이 우리를 도와서 우리와 같이 싸우는 것은 우리의 싸움이 단순한 내란이 아니고 강한 이웃 나라가 뒤에 앉아서 이북 괴뢰군을 시켜 이남 민주정부를 파괴한 후 무력으로 남북을 통일해서 저의 속국을 만들자는 야심을 가지고 침략을 시작한 까닭에 민주세계에서 이와 같이 공분을 느끼고 싸우게 된 것입니다.

이 전쟁이 3, 4년 전에만 시작되었어도 유엔에서나 미국에서 전적으로 일어나서 이와 같이 싸우지 못했을 것이요. 또 싸우기를 시작했어도 전 세계가 이와 같이 응원할 수 없었을 것인데 지금은 소련이 도처에서 공산당에게 軍器와 武裝을 주어 모든 나라를 정복시켜서 세계를 한 나라로 만들겠다는 야심을 가지고 민주세계를 교란케 한 결과 각국에서 이 이상 더 참을 수가 없어 만일 한국의 침략을 방임해 두면 모든 나라가 다 침략되리라는 각오로 이와 같이 일어나게 된 것이므로 우리가 우리를 위해서 싸우는 동안에 우방들은 각각 자기 나라를 위해서 우리 국군과 어깨를 겨누고 싸워 나가는 중입니다.

소련 사람들이 세계대세를 살펴서 지금이라도 고개를 숙인다면 우리 강토는 우리가 다 통일해서 문제를 해결하는 동시에 세계대전도 면할 수 있을 것이지만 그렇지 않고 소련이 우매해서 세계를 대항한다고 하면 그때에는 우리와 연합군이 더욱 합심단결해서 침략주의를 없애버려야만 난리를 없이하고 세계평화를 회복할 것입니다.

이러할 중에서 우리가 마땅히 할 일도 많고 세계 모든 우방에 대한 부담도 또한 크고 무거운 것입니다. 그럼으로 우리 국민은 오직 한 마음 한 뜻으로 연합국과 합작해서 우리 문제를 단독적으로나 합동적으로나 완전히 해결하도록 진행해야만 될 것입니다.

국가의 독립과 인민의 자유는 내가 늘 말한 바와 같이 남의 예물이나 기부로 되는 전에도 없었고 日後에도 없을 것입니다. 그 나라와 그 사람들이 싸워서 귀중한 값을 상당히 갚아 놓은 뒤에야 그것이 참으로 그 나라의 독립이요 그 민족의 자유인 것입니다.

그렇지 않고 얻는 것은 가치가 없고 따라서 오랫동안 부지하지 못하는 법이니 미군이 일본을 타도시키고 우리가 해방된 것은 영구히 잊지 못할 은공이지만 이 자유의 값을 갚기 전에는 우리의 것이 아님으로 오늘 이 전란에 있어서 우리가 우리의 독립과 우리의 인권을 보호하고자 귀중한 피를 흘리며 집과 재산을 다 버리고 도로에 방황하며 뼈에 매치는 고생을 달게 받으면서 용맹스럽고 굳센 마음으로 조금도 退縮하지 않고 싸워나가는 것이니 이와 같은 혈전과 고난을 충분히 지낸 뒤에야 우리가 과연 값진 독립과 빛나는 자유를 누릴 수 있을 것이며 그러한 자유와 그 독립만이 비로소 우리의 자손만대에 영원히 유전될 것이므로 오늘 우리가 당하는 이 난리가 마땅히 당할 난리요 또 우리가 끝까지 싸워서 마땅히 승리하여야 할 싸움인 것입니다. 모든 동포들은 이러한 정신과 각오로서 더욱 위로하며 건전한 마음으로 끝까지 분투해서 萬歲福利의 기초를 세우는 데 큰 공헌이 있는 기초자가 되기를 바라며 이 말로서 기념사를 마칩니다.

단기 4283년 8월 15일
대통령 이승만

□ 이 대통령, 맥아더 원수에 대한 메시지(1950.9.29)

서울 해방의 역사적 기대에 제하여 한국 정부와 국민을 대표하여 압도적으로 우세한 적에 대하여 승리를 획득할 것을 가능케 한 귀관의 탁월한 지휘에 대하여 심심한 사의를 표명하는 동시에 영원히 감사의 뜻을 잊지 않을 것을 맹서하는 바입니다.

전투는 依然히 계속되고 있으나 그 결말은 이미 확정되어 있는 것입니다. 귀관이 달성한 허다한 업적 중 역사는 한국에 있어서의 유엔군 최고사령관으로서의 귀관의 업적을 가장 훌륭한 것으로서 기록에 남길 것입니다.

□ 이 대통령, 평양동포에 고함(1950.10.30)

나의 사랑하는 동포여러분!

만고풍상을 겪고 39년 만에 처음으로 대동강을 건너 평야성에 들어와서 사모하는 동포여러분을 만날 적에 나의 마음속에 있는 감상을 목이 막혀서 말하기 어렵습니다. 40년 동안 왜정 밑에서 어떻게 지옥생활을 하던가를 생각하면 눈물이 가득합니다.

제2차 세계대전이 일어난 결과로 적국은 다 물러가고 해방된 뒤에 자유를 찾아서 우리가 민국정부를 세우고 평화한 생활을 희망하여 왔던 것인데 운수가 불길하였든지 소련이 세계를 정복하려는 강권주의를 가지고 공산당을 펴 놓아 세계 모든 민주국가를 타도시키려고 했고 또 우리나라에 와서는 38선이라는 條理도 없고 이유도 없는 鐵幕을 만들어서 4천여 년 조상 때부터 피를 흘려서 싸워 내려 온 신성한 유업인 우리 3천리 강토의 중간을 끊어 놓았던 것입니다.

이남 사람들은 운수가 좋았던지 정부 밑에서 얼마간 해방되어 자유를 누릴 수 있었으나 이북 동포들은 공산당 압제하에 살 수가 없어서 집과 재산을 다 버리고 이남으로 넘어와서 수백만 이상에 달하는 남녀노소가 도로에서 방황할 적에 별로 여유가 없는 우리로서 마음껏 돕지는 못했으나 있는 것은 서로 나누어 쓰고 나누어 먹었던 것입니다.

그렇게 어려운 생활을 하면서도 공산당과 싸우며 민주정체를 세우고 보호하려고 한 대부분이 이북 청년남녀들이었고 이남 방방곡곡에 다니며 계몽운동을 한 것이 즉 이북동포들입니다. 우리뿐만 아니라 세계 모든 나라 사람들이 共産禍에 從容히 지낼 수가 없고 미국 같은 나라에서도 견디다 못해서 법률을 만들어 이 共産禍를 방지하기로 된 것입니다.

과거 미군정시대에는 공산당과 합하여 정부를 세우고 그렇지 않으면 될 수 없다 또 모스크바 3상 협정이라 신탁통치라 하는 것을 받아들여야 살 수 있다고 할 적에 이남에서는 반공반탁운동을 전개해서 우리가 선언하기를 우리는 고대로부터 독립된 나라이니 완전무결한 독립을 찾아야 하며 신탁통치라는 것은 받을 수 없다고 했던 것입니다.

우리는 이 정신을 담대히 세계에 천명했던 것입니다. 그때에 세상 사람들이 말하기를 한인들은 담대히 나서서 세계의 커다란 나라에서 결정한 것을 우습게 여긴다고 하며 또 신탁통치를 반대하는 시위행렬을 하다가 총으로 위협당한 일도 있었던 것입니다. 그러나 우리는 말하기를 싸워서 죽을 수는 있으되 압제로 신탁통치를 받아 드리거나 자유권을 포기할 수 는 없다고 주장했던 것입니다. 우리 한인들은 다 단군의 후손들인데 한인들 중에 인면수심을 가진 사람들이 있어서 남의 나라 속박 아래 노예가 되려고 하는 분자들이 얼마가 있었던 것입니다.

나라의 독립과 민족의 자유를 버리고 3천리 금수강산을 남의 주권 아래에 두며 민족을 다 노예로 만들어 놓자는 것이 그 분자들의 목적이요 살인과 방화를 일삼아서 참으로 사람으로는 할 수 없는 일을 했던 것입니다.

그 때문에 우리가 말하기를 미국 백성으로 공산당 된 사람은 미국 백성이 아니요, 영국 백성으로 공산당 된 사람은 영국백성이 아니요, 중국 사람으로 공산당 된 사람은 중국 사람이 아니며 韓人의 대접을 받을 수 없다고 한 것입니다.

그동안 소련이 위에 앉아서 韓人 공산당 도배들에게 탱크와 비행기 그 밖에 여러 가지 軍需 軍物을 주어 이북에서 3십만 대병을 양성해 가지고 서울로 쳐들어 와서 서울을 저의 都城으로 만들고 반도강산을 소련의 속국으로 만들려고 하므로 이남 사람들이 피를 흘리고 싸운 것이니 이것은 우리 역사상 영구히 遺傳될 것입니다.

우리는 공산당들이 조만간 이남에 들어와서 정복할 것을 알지 못한 바 아니지만 국제상 관계로 因緣해서 軍器와 軍物을 우리 돈으로도 살 수 없어서 그냥 앉아서 우리의 힘이 자라는 데까지 피를 흘리며 싸웠던 것입니다. 지난 6월 25일 이 분자들이 대포와 탱크 등 소련에서 준 군기를 가지고 밀고 내려와서 반도강산을 차지한 후 소련에 바치고자 했던 것이니 거기까지는 저의 생각대로 잘 되었으나 세계 모든 문명국이 우리를 지키고 있는 것을 몰랐던 것입니다.

하룻밤 사이에 우리 민국을 침범해서 이 소식이 워싱턴에 이르게 되어 연합국에서 공산당을 타도하고 민국을 보호하고자 싸울 것을 24시간 내에 결정하고 공포했던 것입니다. 이것은 만고에 없는 일입니다. 동양에 있는 조그마한 나라를 친다고 세계 모든 국가가 軍士를 움직여 가지고 일시에 일어난 것은 처음 되는 일입니다. 이 관계는 오래전부터 되어 온 것입니다.

소련은 일찍부터 전쟁을 준비하며 공산당으로 세계를 정복하려는 주의를 가지고 있으므로 모든 나라에서 고통과 공포심을 가지고 걱정하고 있던 중에 극동에 있는 한 나라에서 공산당이 난리를 일으키매 일시에 움직이고 일어난 것입니다.

처음에 우리는 서울을 내놓고 피해서 정부를 남으로 움직인 것입니다. 그때에 맥아더 장군은 군기와 군물이 있어야 되겠다고 해서 태평양 건너 5천리 밖에서 수송할 터인데 그러려면 수개월이 걸릴 것이므로 비행기로써 밤낮 군인을 실어들이고 군기 군물을 수송해서 지금 부산항구만 하더라도 태산같이 쌓여 있는 것입니다. 차가 통하는 대로 이것이 다 올라오고 또 올라오는 중입니다. 이것을 보고 살인방화를 사주하는 소련이 깜짝 놀란 것입니다.

이렇게 세계 53개국이 전쟁을 준비하고 군기군물이 들어오니까 감히 세계를 이기지는 못하고 또 소련이 쓰러지게 되니 그 괴뢰 韓人들이 따라서 쓰러지게 되었고 또 우리 국군이 군기를 갖게 되니 목숨을 내놓고 열렬히 싸와서 세상 사람들의 칭송을 받게 된 것입니다. 우리가 국군 몇10만을 만들어 놓으면 옷과 먹을 다 유엔에서 들어올 것이며 또 전쟁에 파괴된 것은 유엔 모든 국가에서 원조가 들어오는 대로 다 고쳐서 얼마 안에 다 신국가 신생활을 하도록 노력 분투하는 중입니다.

이북동포 여러분!

우리는 20세기의 자유세계 모든 문명국가의 후원으로 군기와 군물과 많은 원조물자를 얻어서 강한 나라를 만들 터이니 이제부터는 어느 나라에서도 우리를 침범할 수는 없는 것입니다. 신선하고 새로운 나라를 만들겠다는 의도로서 세계가 우리를 도와주고 있으니 이렇게 도움을 줄 적에는 세계가 우리에게 그러한 자격이 있다고 보기 때문입니다.

그러므로 이런 이야기를 동포들에게 만나는 대로 서로 전해주고 일러주어 우리가 지금부터는 신세계 신국가를 만들어 신생활을 하겠다는 결심을 남녀동포가 다 같이 가져야 하겠습니다. 그럼으로 아침 일찍 일어나서 저녁 늦게까지 부지런히 일해서 우리 집을 깨끗이 하고 도로와 교량을 우리 손으로 修築하면 세상 사람들이 韓人은 훌륭한 사람들이며 또 도움을 받을 자격이 있는 국민이라고 칭송할 것입니다.

이번 전란에 대해서는 지금 민국정부에서 여러 가지 방면으로 생각하고 있는 중이며 더욱 공산도배들에게 먹고 입을 것을 다 빼앗긴 동포들에게는 먼저 식량을 주어야 하겠고 입을 것이 없는 사람에게는 광목이라도 외국서 사드려다 나누어 주기를 노력하고 있는 중입니다.

다행히 하느님이 도와서 이남은 大農이 되었고 또 추수 전에 공산도배들을 물리치려고 한 것도 다 그대로 되었으며 또 공산도배들이 물러갈 적에 쌀과 곡식을 가져가리라고 걱정하였는데 우리 동포들이 힘써서 추수를 못 가져가게 한 것은 치하할 일입니다.

이제 운수만 통하면 먹을 것 입을 것에 큰 걱정 없이 지낼 것인데 철도가 다 통하려면 한 달이 더 걸릴 것입니다. 여기 와서 들으니 화폐문제도 곤란이 많다는데 여기 대해서 아직 정부에서 작정한 것이 없어서 미리 공포하기는 곤란하나 공산분자들이 쓰던 소위 붉은 화폐라는 것은 많지 않은 한도 내에서 얼마쯤은 교환해서 임시로 소용케 하고 조선은행권에 대해서는 그들이 훔치다가 많이 펴 놓은 것을 잘 조서해서 작정되는 대로 정부에서 발표할 것이므로 말하기 어려우니 민국정부에서 치안을 확실히 보장하는 대로 결정할 것입니다.

유엔에서 작정하기를 이북은 총선거를 할 때까지 군정으로서 주관한다고 하니 거기 대해서 위반하기 곤란하므로 정부에서 사람을 곧 보내기는 어려울 것입니다. 그러나 미국 트루먼 대통령이나 맥아더 장군이나 그 밖에 모든 친우들이 그 결정을 위반치 아니하므로 아직까지는 무슨 말이 있더라도 동요치 말고 조용히 있어야 할 것입니다.

또 군인들이 무엇을 하더라도 놀라지 말고 임시 얼마 해가는 동안에 큰 걱정이나 고려를 말아야 할 것입니다. 지금 무초 대사가 워싱턴에 갔으니 얼마 안에 돌아오면 알게 될 것이지만 이북 동포 여러분들이 명심할 것은 치안이나 생명에 관계되는 것은 담대히 나서서 할 말은 해야 하고 더욱 민권의 자유만은 누구나 막지 못할 것입니다.

우리는 싸워서 피를 흘리고 자유 독립국을 세운 것이니 소련이나 다른 나라가 들어와서 이래라 저래라 하지는 못할 것이며 또 우리가 그러한 간섭을 맺을 이유도 없고 또 받지도 않을 것입니다. 그러므로 통일된 백성의 기상과 의도를 잊지 말고 또 남이니 북이니 하는 파당심을 다 버리고 오직 생사를 共同하겠다는 결심을 가지고 공산당을 발붙일 곳 없이 해서 우리의 자유를 침해치 못하도록 해야 할 것입니다.

이북 동포여러분에게 다시 부탁하는 바는 우리에게 대해서 누구든지 강제로 이래라 저래라 하지 못할 것이니 여기 대해서는 조금도 걱정할 것이 없습니다. 앞으로는 이북 知事 선거를 먼저하고 국회에 百자리를 남겨둔 국회위원을 다음에 선거할는지 작전 되는 대로 할 것이나 우리가 이전 모양으로 무슨 관찰사나 한다는 그런 관념을 다 없애 버리고 오직 자유민의 자유의사로 민의 따라 투표해야 할 것입니다.

우리가 38선으로 갈라진 뒤에도 이북 사람들이 이남으로 오고, 이남 사람들이 이북으로 다녀서 서로 통하였으니 한 백성이라는 것을 조금도 잊지 말고 누구든지 남북을 갈라놓거나 이간하는 자가 있으면 그 사람은 韓族이 아니라고 해야 할 것입니다.

그럼으로 지금부터는 이남 사람은 이북을 위해서 일하고 이북 사람은 이남을 위해서 일해야 할 것이니 이렇게 한 血族으로 나가면 동양에서 우리 민국이 우수한 지위를 차지할 것이요 또 우리가 세계 사람들의 대우를 받을 것이며 또 통상과 공업을 발전시키면 세계에 상당한 지위를 가질 것입니다.

이북 동포여러분! 나와 같이 결심합시다. 공산당이 어데서 들어오든지 그것이 소련이건 중공이건 들어오려면 들어오너라 우리는 죽기로 싸워서 물리치며 이 땅에서는 발붙이고 살지 못할 것을 세계에 선언합니다.

과거에 모르고 공산당의 꾐에 빠져 들어간 자들은 다 회개하고 우리 조상의 유업인 이 강토를 우리끼리 보전해야 할 것이니 회개하고 돌아서는 자는 포용하고 용서하여 포섭할 것이고 살인방화한 자는 일일이 적발해서 재판으로 懲治할 것이나 국가와 민족을 배반하고 남의 나라에 붙이고자 하는 자는 우리가 결코 표용치 않을 것입니다.

여러분 부지런히 일하시오 이남이나 이북이나 다 똑같이 하자는 것이 정부의 의도이니 이간하는 말이나 꾐에 빠지지 말고 한 혈족으로 나갑시다. 우리 뒤에 유엔과 미국이 앉아서 민주정부와 자유국을 후원하고 있으니 한 덩어리가 되어 이 전무한 기회에 전무한 국가를 만듭시다.

기회 있는 대로 나를 청하시오 내가 오리다. 이야기하고 싶은 말이 많으나 여기서 다 할 수 없고 오직 부탁하는 것은 한데 뭉칩시다. 살아도 같이 살고 죽어도 같이 죽는 扶餘族屬의 한 血族으로 조금도 우려 없이 서로 사랑하며 서로 도우며 뭉치시오.

□ 이 대통령, 남북통일문제에 담화 발표(1950.11.27)

이남 동포들은 해방 이후로 미국의 개인자유권 보호와 그 성질을 확실히 알게 되어 어데를 물론하고 성조기가 가는 곳에서는 자유권을 주장하는 것을 다 아는 바이므로 지나간 5년 동안 모든 사람들이 자유권을 누리며 자유분위기 안에서 총선거를 실시하여 국회를 조직하고 헌법을 제정한 후 헌법에 따라 정부가 된 것이므로 사람마다 자유권을 행사할 줄 알고 또 자기의 자유권을 행사하려면 남의 자유권을 보호할 줄 알아서 남의 압제나 불법한 대우를 받지 않고 지내므로 공산분자들이 민국정부를 괴뢰정부라 타국의 속박을 받는다는 등 허무한 말로 선전하지만 유엔에서나 미국에서는 자기들의 습관상으로나 또는 공리적으로나 민국의 자유권에 손해될 일은 하지 못할 줄도 알고, 또 하려고 하여도 우리가 받지 않을 것을 알게 됨으로 당당한 자유 독립권을 가진 민중의 대우를 받는 것이요 또 그 대우를 받을 만치 행하고 있는 것입니다.

그러나 이북 동포들은 공산악마들의 압박하에서 마치 우리의 생명과 재산이 주인 없는 물건처럼 참혹한 피해와 살해를 당하는 중에서 수백만 명의 남녀동포들은 집과 가족을 버리고 도망 越南하여 도로에 방화하고 있었으나 그중에서도 할 수 없이 피치 못하고 건너온 동포들은 오도 가도 못 하고 남의 어육이 되어 간신히 생명만을 부지해 온 것이니 이런 중에서도 오직 희망한 것은 민국정부가 하루바삐 공산당을 물리치고 38선을 없이해서 다 같이 해방된 자유 민족이 되기를 가뭄에 비를 바라듯이 기대했던 것입니다.

불행히 亂逆輩들이 허무한 선전으로서 이북동포들이 민국정부를 환영치 않는다고 유엔중간위원들을 속여서 이남정부가 38이북에 못 간다는 결의안을 통과하게 되었으므로 우리가 이것을 받지 않고 신탁통치를 반대하듯이 선언하고 정권을 행사함으로써 즉시 政令을 발표하고자 하였으나 유엔에서 이남 총선거와 정부수립에 많은 은공이 있었고 또 이번 공산군의 침략에 대해서 유엔에서 미국의 지도에 따라 전적으로 우리를 위하여 많은 희생을 무릅쓰면서 끝끝내 전쟁에 승리하였고 또 따라서 유엔명의로 모든 우방들이 우리를 도와서 파괴된 도시와 공장과 가옥을 재건하기에 전력을 하며 민생 곤란의 구제책에 전무한 노력을 다하고 있는 중이니 이러한 은공을 받는 우리로서 불평을 가지고 대립하거나 비평한다면 세계인의 오해를 만들 염려도 있고 또 우리가 배은망덕하는 일을 참아 행하기 어려울뿐더러 미국 대통령과 맥아더 장군과 무초 대사가 다 사실을 철저히 알고 순리적으로 교정하려고 하며 유엔 대표단이 들어오는 대로 협의적으로 교정될 것이므로 우리가 다 침묵하고 유엔과 협의하고 있는 중이니 우리가 이북 동포들의 곤란을 잊어버리거나 무심히 앉아 있는 것은 결코 아니요 오직 조속한 한도 내에 충분한 양해를 얻어 해결되기를 기다리는 바이니 일반 동포들은 이런 내용을 소상히 알고 오직 정신과 행동을 통일해서 죽거나 사나 다 같이 나가자는 결심을 공고히 해서 자유 국민의 당당한 민권을 행사하고 나가야 할 것입니다.

40년간 倭政과 5년간 공산 압박하에서 주야 위협 중에 생명이 어찌될 것을 모르고 공포 중에 지내던 나머지에 누구나 감히 머리를 들고 자기의 권리를 찾겠다는 생각이 날 수 없을 것은 당연한 사실입니다. 그러나 지금은 왜정도 물리쳤고 공산도배도 소탕시켜서 완전히 해방된 자유 국민이므로 지금부터는 누가 감히 우리 개인 자유 권리나 신분이나 재산권을 침범할 자가 없게 될 것이니 아무런 공포심도 가지지 말고 자유천지에서 신성한 자유국민권을 가진 것을 깨닫고 남녀노소가 다 각각 국민의 권리를 찾는 동시에 상당한 자유 국민의 자격을 이루어 우리가 할 일은 우리가 다 해나가야 할 것이니 우리가 이와 같이 함으로써 민국정부의 토대를 공고히 만들고 남북강토의 통일뿐만 아니라 정신통일을 완전히 세워서 민주국가의 영원무궁한 복리의 기초를 닦아야 할 것입니다.

유엔위원단의 유일한 목적은 남북통일 완성인데 이북 5도에 총선거를 속히 시행해서 국회의원을 선정함으로써 현재 국회 안에 百餘 좌석이 빈 것을 채우자는 것이니 우리가 이 일을 속히 진행케 만드는 것이니 이를 우리가 우리 일을 함으로써 통일을 완수하는 것입니다.

국회의원 선거를 속히 진행하려면 우선 이북동포들이 치안상 안전을 완수해야만 총선거가 될 터인바 우선 각도에서 지사들을 투표로 선거해서 그 도민들이 원하는 지사를 선정해 놓고 그 지사의 지도하에서 모든 정책을 발표함으로써 총선거 준비를 신속하게 만들 것이니 이 지사 선거는 임시변통이니만치 그 도의 각 군 대표를 모아 지정하든지 혹은 매호에 한 표씩 받아서 투표로 하든지 이에 대한 정당한 작정은 그 도 도민들의 다수결정대로 해가면 이것이 민주정체의 정당한 방식일 것이므로 도민대표들이 모여서 협의되는 대로 진행할 것이요 이 지사들은 총선거를 해서 국회위원들이 선거된 뒤에는 민의에 따라 다시 개선하거나 그대로 認任되거나 할 수 있을 것이니 이는 임시 조처로 행할 것인바 이것이 민주국민의 당당한 권리요 직책이므로 오직 정당하고 불법부당한 일만 없으면 누구를 물론하고 막거나 시비할 사람이 없을 것이요 이를 속히 진행할수록 법적 통일이 속히 완수될 것입니다. 이것이 속히 되는 대로 총선거가 속히 될 것이니 이북 각 도민들이 자유로 추진 성공하기를 바라는 바입니다.

□ 新戰局에 대하여 이 대통령, 특별성명(1950.12.2)

일반 동포들에게 전쟁 형편을 간단히 말하려는 것입니다. 지난 6월에 야심과 테러로서 졸지에 침략해서 전쟁을 시작한 결과 우리가 많은 피해를 당한 것입니다. 우리가 다 정신과 肉身上 형언할 수 없는 고통 중에서 지난 것입니다. 우리가 바라기는 이 악독한 전쟁이 끝나고 유엔군의 승리가 완수되는 줄로 믿었던 것입니다.

소련의 괴뢰인 韓人공산당을 우리 국군과 연합군의 능력으로 다 소탕시키고 서울과 평양과 함흥을 다 해방시킨 것입니다. 전장에는 적군의 잔재만 남았으므로 군인들과 평민들이 다 일체로 기대한 바는 전쟁은 다 지나가고 평화를 회복해서 통일이 완수되기에 이르렀던 것입니다.

공산제국주의자들이 한국을 정복함으로써 저의 제국의 한 영토를 만들어 세계정복의 初步로 삼고 소련을 중심으로 해서 자기 이웃 나라들을 강제로 통치하며 그 이웃나라들이 또 이웃나라들을 침략하려는 계획입니다.

우리 민국에서도 공산당들의 모든 흉계와 위협으로 사람을 속이고 심리를 정복함으로써 직접군사상 전투를 이기는 것은 필요치 않았는데 이번 처음으로 악랄한 야심을 發露해서 지금까지 감추었던 진상을 폭로하게 된 것입니다.

저희들의 생각으로는 한국을 며칠 안에 다 정복함으로써 한국을 첫 단계로 삼아 일본과 싸워 이기고 그다음에는 아세아 모든 나라들을 테러로 협박해서 각각 소련의 세력을 부식하며 부강국이 되도록 만들려는 것입니다.

월남, 비율빈, 태국, 말레이, 인도네시아, 미얀마, 인도, 파키스탄 등 모든 나라를 다 공산군의 세력을 가지고 차례로 정복하려던 것입니다.

우리 한국에 와서 공산군이 처음으로 항전을 당하게 된 것은 전 세계와 우리 충성한 한국인들이 일시에 다 일어난 때문입니다. 러시아의 모든 航空軍과 탱크와 대포와 기타 모든 군기와 또 중국에 있는 한인 공산군의 모든 무장과 군기를 가지고서도 우리 한국반도에 있는 微弱한 유엔군을 능히 대항하기 어렵게 되었던 것입니다.

그래서 유엔군이 數多한 한인 공산군들을 전적으로 다 토벌해 버린 것입니다.

사태가 이렇게 되매 이 공산제국주의자들이 다시 이 전쟁을 시작키로 결정한 것입니다. 거대한 중공군이 한국에 침입하고 그 의외에 비밀히 넘어와서 우리를 공격함으로 약간 승리를 갖게 된 것입니다. 우리 국군과 모든 유엔군에 많은 손실을 준 것입니다.

지금 확실히 표명된 것은 한국에 있는 유엔군을 전멸시켜서 저의 근본 계획을 완성하려는 것입니다. 우리 국군과 유엔군이 다시 정돈해 가지고 격렬히 싸워 대세를 정지시켜 놓았으나 적군이 아직도 대다수는 또 격렬히 반대하는 중입니다.

이 전쟁은 우리의 자유와 독립을 위하는 최후결전임을 일반 애국 동포들은 다 각오해야 될 것입니다. 모든 애국 남녀가 먼저 생각할 것은 우리의 근본적 문제입니다. 이것은 우리 한국의 독립과 자유를 위해서 꿋꿋이 싸우자는 것입니다. 이 정신이 기미년에 모든 애국자를 궐기시킨 것이요 또 오늘 우리 모든 애국자들을 다시 궐기시킨 것입니다.

우리는 남녀를 물론하고 다 한 마음 한 뜻으로 이 强暴한 원수를 대항해서 우리의 역량을 있는 대로 다 전장에 공헌해야 될 것입니다.

전선에서 싸우는 군인이든지 안전을 유지하는 경찰이든지 기관차나 모든 기계창에서나 또는 군기 군물을 제조하고 운반하는 데 종사하는 사람들이나 학교와 병원이나 또는 도로상에서나 우리가 하는 모든 일이 우리나라를 위하고 우리 자유를 위하여 온 세계의 자유를 위해서 싸우는 직책과 영광을 다 가져야 될 것입니다.

미국 대통령이 다시 선언하기를 한국은 포기할 수 없다고 하였으며 한국에 있는 우리 원수들은 미국의 모든 역량을 다하여 討滅시켜야 될 것입니다.

이 토멸 목적을 달성하기에 필요한 무기는 무엇이든지 다 사용하겠다고 한 것이니 우리나라에서 우리와 같이 싸우는 13개국의 모든 무력은 다 우리의 자유를 보호에서 싸우는 것입니다. 아마 한인들로는 무슨 희생과 고초를 당하더라도 이를 불허하고 우리나라에 와서 생명을 희생하며 용맹스럽게 싸워서 우리의 자유와 세계의 자유를 보장하려는 우방군인의 성심에 비해서 못 해서는 될 수 없을 것입니다. 우리는 걱정할 것도 없고 무서울 것도 없는 것입니다.

우리가 지나간 경력으로 보아 공산당 침략이 우리에게 얼마나 혹독한 것을 알게 될 것입니다.

우리 모든 개인이 남녀를 물론하고 다 맹서하고 결심할 바는 공산군은 한인이나 중국인이나 또 어느 나라 사람임을 막론하고 다

죽여 없어지든지 포로로 잡히든지 또는 우리 국경에서 쫓겨나가든지 해서 다 소탕시키고야 만다는 것입니다. 우리나라는 영원히 살 것입니다. 우리 모두 개인이 또한 이 정신으로 살아서 우리 선열들의 희망과 몽상과 고상한 정신으로 지켜 나가기에 값진 사람들이 되어야 할 것입니다.

전쟁지구 가까이 사는 사람들은 부디 큰 길을 피해다님으로 군인들의 무기 운반이나 또는 후원군의 내왕에 장애가 되지 말도록 할 것이며 지방에 있는 유엔군사령관들의 지령은 혹 어려운 경우가 있을지라도 기쁜 마음으로 진행 주어야 할 것입니다, 또한 무슨 군기든지 있는 대로 사용하며 임시 만들기라도 해서 우리 도시와 촌락을 兵廠과 같이 만들어야 될 것입니다.

공산군은 하나도 빠져 나가지 못하게 해야 될 것이므로 전 국민이 한 사람처럼 일제히 궐기해서 어깨를 겨누고 소련과 중국공산군이 우리나라에 가져온 공산괴지를 청소해야만 될 것입니다.

□ 이 대통령, 전 국민에 격문(1951.1.9)

방위군사령관이 8일 발표한 성명을 보면 우리 방위군과 청년단 수십만 명을 앞세우고 그 뒤로 우리 청년들이 자원으로 나서서 뒤로 밀고 올라가서 죽창이나 수류탄이나 심지어 식도라도 가지고서 우리를 죽이려고 들어오는 놈들을 다 없애야만 될 것이다. 살길을 구하는 사람들은 은신할 곳을 찾아 들어가지 말고 다 전투에서서 싸우자는 결심을 가져야만 우리가 다 같이 살 것이다.

우리 우방군인들은 목숨을 내놓고 싸워서 많은 생명을 희생하고 있으나 중공놈들이 인해전을 만들어가지고 軍器 있는 놈 없는 놈 할 것 없이 밀고 들어옴으로써 이루다 어찌 할 수 없어서 개미떼라도 조수처럼 밀려들어 오는 데는 일시에 다 없이하기 어려운 형편이므로 지금은 우리가 다 일어나서 人海戰을 인해전으로 막아야 될 것이다.

유엔군은 우리의 생명을 보호하기 위해서라도 자기들이 싸울 것이니 평민들은 다 뒤로 피해서 보호를 받으라는 계획을 가지고 있으나 우리로는 우리의 생명만을 위해서 우방사람의 생명을 많이 희생하게 된다면 이것은 우리가 원치도 않으려니와 또 따라서 결국 가서는 많은 인명을 다 살해하기도 어렵고 필경 뒤로 退逐하다가 우리 형편이 오도 가도 못 하게 되면 우리도 다 죽고 국가운명도 위태하게 되어서 우리 금수강산을 중공 오랑캐에게 빼앗기게 되면 우리가 다 죽어서 이것을 몰라야만 될 것이다.

그럼으로 피하는 것은 죽는 길이여 다 같이 일어나는 것은 사는 길이니 비록 중공군 수백만 명이 들어오기로서니 우리 3천만 명이 일어나면 물고 뜯고서라도 한 놈도 살아 나갈 수 없이 만들 수 있을 것이다. 이와 같이 해서 우리가 자꾸 밀고 올라가야만 우방의 원조도 계속 들어올 것이요 또 적군을 물리치고 우리가 살 수도 있을 것이다.

부산과 대구와 대전 등 각 도시나 촌락에서 모든 인민들은 쌀을 타다가 밥을 지어 주먹밥이라도 만들면 실어다가 전선에서 싸우는 사람들을 먹어야 하며 또 장년들은 참호라도 파며 한편으로 결사대를 조직하여 적의 진지를 뚫고 적진 속에 들어가 백방으로 싸워야만 될 것이다. 그리고 농민과 촌락에서는 집세기를 삼아서 자발적으로 공헌하려는 사람은 공헌도 하겠지만 그렇지 않은 사람들은 집값이라도 물어 줄 터이니 자꾸 삼아서 군인들에게 신발을 신게 해 주어야만 싸울 것이다. 또 뒤에 있는 사람들은 헌옷을 벗어서라도 전선에 나가는 사람들에게 내 주어야 될 것이요 더욱 앞에 나가는 사람들에게는 每名에 밥이나 떡이라도 만들어서 다만 2, 3일 먹을 것이라도 가지고 나가야 될 것이요 뒤에 있는 사람들은 먹을 것을 광주리에라도 담아다가 전선으로 보내야 할 것이다.

보통 전선으로 말하면 군인을 앞에 내세우고 민중이 뒤에서 도울 것인데 지금 우리 형편은 중국 공산당이 사람을 강제로 몰아다가 앞세우고 물밀 듯이 들어오는 이때에 우리 군인만 가지고는 다 처치하기 어려울 것이므로 우리가 앞에 나가서 국군의 뒤를 밟아 소리라도 질러주며 틈틈이 들어가서 한두 놈씩이라도 없애야 될 것이다.

소위 재정가라 세력가라는 사람들이 거의 다 부산에 모여 들어서 공산당의 선전에 파동되어 공포심을 가지고 저의 생명과 재산만 보호할 생각으로 피신할 자리만 찾고 있으므로 민간 공기가 자연 공포심으로 돌아가고 있으니 그런 사람들은 일일이 조사해서 어데로 몰아내든지 그렇지 않으면 그런 사람들도 생명과 재산을 내놓고 우리와 같이 싸워서 적군을 소탕할 결심을 가지고 일어나야 될 것이니 이때에 財政 가진 사람들의 각각 자기의 정력을 기울이고 나와서 군기도 보충하고 주먹밥 한 덩어리라도 앞에 나간 사람들을 먹이도록 해야 할 것이요 그렇지 않고 피난이나 하고 선동이나 하는 자들은 일일이 조사해서 특별한 조처를 하여야 할 것이다.

우리 일반국민들이 다 궐기해서 죽어도 같이 죽고 살아도 같이 살자는 결심만 가지면 이것이 다 같이 사는 계획일 것이다. 어서 일어나서 적군이 더 내려오기 전에 우리가 밀고 올라가자. 다 일어나서 먼저 앞서라. 그 뒤로는 또 계속 일어날 것이다.

지금 우리국군이 맹렬히 싸우고 있고 또 유엔군이 모든 기계와 비행기와 군기군물을 충분히 가지고 앞에 싸우고 있는 중이니 우리가 무엇을 두려워하며 저의 편에 적은 중국공산군이라는 것은 우리가 다 일어나서 밀고 올라가는 날 다 소멸되고 말 것이다. 그럼으로 어서 일어나서 반만년 조국을 지키자. 우리가 조국을 빼앗기는 날 우리는 모든 것을 잃어버리고 또 중국공산당의 노예가 되는 것이다.

□ 이 대통령, 맥아더 원수 해임 담화(1951.4.12)

맥아더 장군이 돌연 해임하게 된 것을 대단히 유감으로 생각하는 바입니다.

그러나 그 후임으로 유능한 군인이요 행정가인 리지웨이 장군이 취임하게 된 것을 기뻐합니다. 평시와 전시를 막론하고 맥아더 장군이 가졌던 바와 같은 한국에 대한 많은 관심과 동정은 그의 후임으로 오시는 분이 계속 표시해 줄 것으로 생각합니다.

이 두 위대한 사령관들은 전 자유국가의 공동 적에 대항하여 훌륭하게 싸워왔으며 그들의 성공은 역사에 기리 빛날 것입니다.

리지웨이 장군이 이와 같이 더 중대한 책임과 기회 있는 지위에 승진된 것을 우리는 축하하는 것입니다.

그러나 우리는 同 장군이 한국에서 직접 지휘해준 기회를 잃게
된 것을 섭섭히 생각합니다. 리지웨이 장군은 위대한 군인이며 최
근 전장에서 획득한 대승리는 그의 탁월한 용기와 지휘로 말미암
아 얻을 수 있었던 것입니다. 동 장군이 한국에 와서 최초로 내린
명령은 "전진하라 후퇴하지 말라."라고 한 것인바, 그는 그대로 이
를 실행하였던 것입니다.

□ 이 대통령, 6·25사변 제1주년에 제(際)하여(1951.6.25)

바로 1년 전인 작년 6월 25일 공산침략자들은 한국에 대하여 계
획적인 불법공격을 시작하였던 것입니다. 압도적 다수의 적군이 우
리에게로 몰려 쳐들어 왔으나 우리는 우리의 땅을 지켰으며 결코
우리의 주의를 타협하지 않았던 것입니다.

당시 우리는 유화를 일축하였으며 오늘날도 우리는 유화를 절대
배척하는 것입니다. 한국인이 공산당 상전의 노예로서 생명을 유지
하느니보다는 자유민으로 죽는 것을 불사한다는 것은 혈전장에서
몇 번이나 몇 번이나 거듭 언명되었던 것입니다.

우리의 시민들과 병사들은 힘자라는 한 모든 방법을 다하여 자
유민 전체의 공동의 적에 대항하여 온 것입니다.

우리나라는 폐허로 화하였으며 우리 농업과 공업은 파멸되었으
며 우리의 경제는 파탄에 빠졌습니다. 그러나 우리는 양보나 유화
하는 일 없이 공산침략자를 최후의 1인까지 압록강 넘어 북쪽 만

주로 구축할 때까지 계속하여 싸워 나가는 것입니다.

승승장구하는 유엔군은 필승을 기하고 전진하고 있습니다. 전쟁이 머지않아 종결되며 우리의 이 戰災 받은 국토위에 정의로운 영원한 평화가 오며 자유 통일된 대한민국의 국기가 지나간 4천 년 동안 우리 고국의 국경선을 이루어왔던 옛날부터의 경계선 앞에 이르기까지의 반도 방방곡곡에 휘날리기를 전 한국민은 희망하며 기원하고 있는 것입니다.

□ 이 대통령, 정전설에 대한 성명 발표(1951.6.27)

어느 인위적 환경선을 가지고 이 나라를 분할하는 조건이 포함되어 있는 소위 평화안이라는 것은 어느 것이고 간에 남북 전 국민이 도저히 수락할 수 없는 것이다.

침략자가 한국의 어느 일부라도 계속 점유할 수 있게 놓아두는 제안은 결국 이 나라에 대한 모욕이 되고 말 것이다.

소련의 지도자들이 지금 평화를 구하고 있다는 사실은 그들이 자기네들의 패배를 자인하는 것이다. 그들은 그들이 무력으로서 성취할 수 없었던 것을 인제 와서 양면 외교를 통해 가지고 완수해 보려고 드는 것이다.

그러나 소련 지도자들이 그들의 말을 충실히 지켜나가더라고 믿을 정도로 순진한 사람은 전 세계에 하나도 없을 것이다.

國聯의 평화안과 소련의 평화안은 각각 별개의 다른 것이다. 만약 국련이 소련 측 제안을 수락하게 된다면 그것은 국련 자신의 선으로 국련을 패퇴시키려는 소련지도자들의 흉계에 빠지는 것이 될 것이다.

국련이 이 함정에 빠져서 나오지 못하게 된다면 전 세계 인민의 눈에 국제적 정의의 법정으로서의 국련의 자격을 상실되고 말 것이다. 따라서 우리는 국련이 이 소련 측 제안을 대수롭게 여기지 않을 줄로 믿는다.

도대체 언제부터 소련 지도자들은 그렇게 세계 평화를 갈망하여 온 것인가? 그들이 남한을 자기네들 판도 속에 집어넣어 버리려고 남침을 개시하였을 때 그들은 평화를 구하고 있었던 것인가? 우리 국민을 학살하고 우리 국토를 파괴하는 것이 세계 평화를 보장하려는 노력이었던가? 소련을 포함한 국련 내의 몇몇 국가는 오늘날까지 38선으로 한국을 분할하고 이번 전쟁을 일으켰으며 장차 또 다시 전쟁을 일으키게 될 똑같은 상태를 존치하려고 힘쓰고 있다. 이것이 평화 제안이라는 것인가? 중공군은 분쇄되어 가고 있으며 대량으로 살육되어 압도적 패퇴에 면하고 있다. 우리는 이렇게 분쇄된 중공군을 왜 38선까지 다시 내려오도록 할 필요가 있는 것인가? 우리는 침략자에 罰을 주려는 것인가? 賞을 주려는 것인가?

그러한 제안은 평화안이 아닌 만큼 우리는 그것을 평화안으로 인정할 수 없으며 인정하지도 않을 것이다. 공산군이 압록강 및 두만강 너머로 철퇴할 것을 동의하도록 만듦으로써만 비로소 국련이 선언한 諸 목적에 합치되는 평화교섭이 시작될 수 있을 것이다. 원한의 38선 이북에 사는 수백만의 충성한 한국민이 공산당 상전들의 노예로서 생활하는 것을 우리는 우리의 힘으로 막을 수 있는 한 그냥 놓아 둘 수는 없는 것이다.

한국 정부는 그들을 해방시키고 보호할 것을 기도하며 오로지 그렇게 함으로써만 우리는 그들 동포에 대한 우리의 책임을 다 할 수 있는 것이며 그들은 우리가 그렇게 하여 줄 것을 바랄 수 있는 권리를 가지고 있는 것이다. 국련은 어떠한 결정을 할 때나 반드시 사전에 잔인한 공산주의자의 공격에 전 인류가 멸망하도록 방치하여 두느냐 그렇지 않으면 국련은 자기의 주장을 꺾지 않고 고난을 겪으면서라도 승리를 획득하고 침략자를 처벌하는 동시에 자유 통일된 한국이 모든 국가의 대소를 막론하고 다 자유에 대한 권리를 가질 수 있다는 신성한 원칙에 대한 영원한 기념탑으로서 존속할 수 있게 하느냐를 생각할 줄로 믿는 것이다.

한국 정부는 정의와 영구한 평화가 한국에 수립되기를 열망하는 것이다. 우리가 원하는 평화는 정의에 의하며 영구적인 것이라야 한다는 것을 잊어서는 안 된다. 싸움이 빨리 끝나서 우리의 병사들이 집으로 돌아가 가족을 만날 수 있게 되는 것은 누구나 다 원하는 바이다.

그러나 이러한 전황에 대한 갈망으로 말미암아 우리가 적의 모략에 빠져 결국 허무한 것에 지나지 않을 것을 받아드리게 되어서는 안 될 것이다.

첫째 전 한국민은 민족통일을 원하고 있다. 남한 사람에 못지않게 38선 이북에 사는 한국 남녀들은 하나의 정부 즉 대한민국 정부 밑에 통일되기를 원하고 있다. 따라서 과거 5년 동안 우리의 국토를 분할하여 온 인위적인 경계선을 또다시 건설하려는 여하한 제안도 결국 우리 전 한국민은 깊은 실망을 가지고 보게 되는 것이다.

둘째 해결을 지으려 하면 반드시 한국민에 대한 공산침략이 장차 또다시 일어나지 않으리라는 확실한 보장을 주어야 한다.

셋째 한국민은 그들의 민주주의적으로 또 합법적으로 선출한 대표를 즉 한국 정부를 통하여 화평교섭이 진행되는 동안 계속 협의를 받고 정보를 받을 수 있게 되어야 한다.

마리크의 제안은 이러한 조건에 응할 수 있는가? 만약 그렇다면 전황에 통한 어느 정도의 희망이 있다. 그러나 우리는 조속한 평화라는 허망한 약속에 속아가지고 결국 더욱 무서운 전쟁의 서곡이 되어버릴 어느 평화 제안도 수락하지 않을 것을 전 세계에 경고하는 바이다.

□ 이 대통령, 6·25멸공통일의 날에 제하여(1952.6.25)

공산군의 침략으로 우리 우방들의 인명과 재산을 손실한 것이 한량이 없었으며 우리 미국은 사상과 파괴가 전무한 역사를 이루어서 지금 2주년의 기념식을 행하게 되었으며 아직까지도 이 전쟁의 끝을 보지 못하고 있으며 따라서 우리 전국의 경제발전상 최대기관이던 압록강 발전기가 파괴되기에 이르렀으니 중국공산군과 그 주동자인 소련에 대해서 貪暴無道한 죄상은 용서하기 어려운 것입니다.

그러나 우리는 이 원수들에게 악감을 가지느니보다 우리 우방들에게 감사를 연속 진술코자 하는 바입니다. 우리가 준비 없이 난리를 당해 가지고 공산군들이 여러 해 준비한 군기를 가지고 밀어내려와서 우리를 바다에 몰아넣으려고 할 때에 우리 남녀가 아무리 맹렬하게 싸우나 군기군물이 없이 주검으로써 무기를 대신해 오던 그때에 유엔군과 유엔의 군물이 공중으로 날라서 3만 리가량을 10여 일 내에 우리 반도에 하륙해서 人海戰을 막아 놓고 우리 국군을 확충시켜 유엔군과 합하여 해육공 방면으로 밀어서 즉시 환도하고 압록강까지 올라가서 거의 다 회복되기에 이르렀던 것입니다.

그 후 국제정치상 관계로 우리가 싸움 없이 후퇴해서 소위 38선 이남으로 몰려 왔으며 1년 동안은 휴전담판으로 지금까지 미루어 왔으나 지금은 국제상 공론도 이 모양으로 더 끌고 나갈 수 없다는 것은 누구나 생각이 있을 것이요 공산군이 그동안에 아무리 다 준비 있다 하나 유엔도 그만 한 준비가 있으므로 지금 전진하게만 되면 無慮히 압록강까지 밀고 올라가서 거기서 방어를 엄밀히 채리면 오늘 38선에서 적군을 방어하는 것보다 비교적 쉬울 것이요 전쟁이 만주로 퍼져 갈 위험성도 38선에서나 압록강에서나 다를 것이 없으므로 더 위험한 점은 없을 것으로 나는 믿는 바입니다.

오늘 우리 형편은 2년 전 오늘에 비교하면 천양지차(天壤之差)가 되고 있으며 우리 모든 우방들이 우리나라에서 승전치 못하면 그 후에는 모든 자기 나라들이 이와 같은 화를 당할 것을 충분히 깨달음으로 속히 성공하기를 결심하고 있는 터이니 이 전쟁은 성공으로 마칠 것을 우리는 조금도 염려치 않는 바입니다.

지난 2년 전쟁 중에 자유 인권과 세계안전을 위해서 우리나라에 와서 귀한 목숨을 희생한 유엔군과 우리 국군들에게 그 영광스럽고 용감한 희생을 위해서 우리는 뼈에 맺힌 감사를 드리는 동시에 이분들의 희생이 무효로 돌아가지 않기 위해서는 우리 살아 있는 모든 일반 남녀가 그 뒤를 이어서 아끼는 것이 없이 다 바쳐서 공산침략자를 적어도 우리 반도 내에서 파괴시킬 결심을 한층 더 맹서하는 바입니다.

□ 이 대통령, 제2대 대통령 취임사(1952.8.15)

오늘 취임식에서 내가 다시 지게 되는 책임은 내가 할 수만 있으면 지지 않았을 것입니다.

지나간 4년 동안에 행한 정부일은 쉬운 일이 아니었던 것입니다. 이 앞으로 오는 일은 좀 쉬우리라고는 볼 수 없는 터입니다. 우리 사랑하는 국민이 이 위험한 때를 당해서 정부 관료나 일반 평민이나 너 나를 물론하고 누구나 각각 나라의 직책과 민족의 사명 외에는 다른 것은 감히 복종할 생각도 못할 것입니다.

우리 생명도 우리의 것이 아닙니다. 우리 앞에 당한 노력과 고초를 우리들이 피하고 우리 몸의 평안과 마음에 원하는 것을 감히 생각도 할 수 없는 것입니다.

노소를 막론하고 할 수 있는 대로는 우리의 최선을 다해야 할 것입니다. 밖에서 노력해서 이남이북의 우리 국민을 먹여 살릴 일을 하든지 전쟁에 나가서 악독한 원수를 쳐 물리치든지 정부에서 무슨 직책을 맡아 진행하든지 각각 실수하거나 실패하고는 아니 될 것입니다.

이때에 우리가 다 희생적으로 공헌할 때입니다. 모든 한인 남녀는 다 같이 사명을 맡아서 고상하고 영웅스러운 공헌이 되어야 할 것입니다.

백만 명의 반수 되는 우리 청년들이 희생적 제단에 저의 생명을 바쳐서 냉정한 담량과 백절불굴하는 결심으로 무도한 공산당의 침략에서 우리를 구해 내기 위하여 싸우는 중입니다. 1천만 우리 동포는 가옥을 잃어버리고 도로에 방황하니 無厭之慾을 가진 적군들이 우리를 정복하자는 희망으로 파괴 소탕한 중에서 살길을 구하고 있는 중입니다.

이북에 칠백만 우리 형제자매들은 적색 학정 아래서 피를 흘리고 애통하고 있는 것을 우리가 다 구해내지 않고서는 잠시라도 평안히 쉴 수 없는 것입니다.

이 불의한 전쟁의 참혹한 전재로 우리나라는 거의 다 적지가 되었으니 2백만 우리 동포가 잔혹한 사상을 당하게 된 것입니다. 우리 반도의 한 가족도 비참한 지경을 당하지 않은 사람이 드물게 되었으며 각각 우리 폭악한 원수들의 죄를 징벌하고 우리 파괴된 나라에서 몰아내라는 요청을 하기에 정당한 이유를 안 가진 사람이 없는 것입니다.

이 환난에 대해서 우리는 한 가지 경력으로 배운 것이 있으니 이것은 同族相愛와 상호원조의 뜻을 배운 것입니다. 이번에 처음으로 우리가 나라를 먼저 생각하고 우리 몸을 둘째로 생각하든지 아주 잊어버린 데까지 이른 것입니다. 이런 애국심과 통일정신으로 우리나라는 오늘날에 이르러서 모든 파괴 중에서도 전보다 몇 갑절 강하게 될 것입니다. 우리가 처음으로 충분히 훈련받고 무장한 국방군이 준비되어서 육지와 해면과 공중에서 모든 방면으로 전투력이 증가되며 무기 무장이 날로 구비해지는 것이니 이 용감한 군인들은 모든 연합군의 사랑과 칭찬을 받으며 우리 원수들이 미워하여 두려워하고 우리 민중의 영원한 감격을 가지게 하는 것입니다.

이 사람들은 우리 민국의 방패가 되어 있는 만치 우리는 어데까지든지 이 사람들의 뒤를 바치도록 맹서하여야 될 것입니다. 우리 앞으로 당하는 몇 해 동안은 우리의 해결할 문제가 주대하고 또 어려운 것입니다. 우리가 한 가지 위로되는 것은 이 문제를 우리가 외로이 당하는 것이 아닙니다.

세계의 53개 자유국들이 우리 옆에 서서 나가기를 보증한 것입니다. 또 16개국의 군인들이 우리 땅에서 같이 서서 원수들을 쳐 물리치고 있는 것입니다. 우리 반도에서 이러난 어려운 문제는 세계에서 공동의 투쟁과 충돌에서 자라난 것입니다. 그러므로 이 어려운 것을 정복하기에는 우리의 도움과 노력이 있어야 할 것입니다.

그러나 이 전쟁을 우리 도시와 우리 집에서 싸워나가니 만치 우리나라를 재건하기에도 다수의 우리의 희생과 우리의 숨 쉬지 않는 노력으로 성취할 것을 잊지 않아야 합니다.

우방들이 우리를 도와주는 중입니다. 그러나 우리가 우리의 직책을 더욱 행할수록 우리 친우들이 더욱 감동되어서 우리를 위하여 자기들이 더 희생할 것입니다.

이 두 해째의 난리를 겪은 뒤에는 우리의 첫째 직책은 전쟁 전선에서 할 일입니다. 우리가 전승해서 원수들을 다 항복받을 때까지는 우리에게는 쉴 수도 없고 끝도 없는 것입니다. 마크 클라크 장군과 밴플리트 장군은 우리에게 선언하기를 우리 땅에서 토굴을 파고 있는 공산군이 어떠한 강력으로 우리를 쳐들어오든지 우리는 능히 정복시킬 결심과 능력이 상당하다는 것입니다.

이 전쟁 때와 그 후라도 우리의 행할 보편적으로 목적하는 것은 악독한 원수들이 우리에게 피를 흘리게 한 상처를 合瘡시키는 데 있을 것입니다.

국제연합제국과 우리의 가장 절친한 우방인 북미합중국이 여러 번 선언하기를 자기들의 목적은 우리와 같다고 한 것이니 즉 우리 대한이 통일 독립 민주국가로 완전히 회복하는 것입니다.

어떻게 해서 이 통일의 목적을 완수해야 되겠다는 구체적 방책을 확실히 말하기는 어려우나 얼마쯤은 우리 원수들의 정략과 계획에 달렸지만 동시에 우리의 마음에 매친 결심과 담량과 목적이 얼마나 공고한가에 달린 것입니다.

우리가 한 가지 단언하는 것은 우리 한국은 분열이 되거나 얼마쯤 점령을 당하고는 살 수 없다는 것입니다. 따라서 자유세계도 공산제국주의를 허락해서 저의들의 승리한 것을 길러 주고는 자유세계도 부지하기 어려울 것입니다.

공산제국주의는 모든 연합국을 대립해서 전 세계의 민족주의를 타도시킬 목적으로 할 것이니 기본적으로 말하자면 우리의 자유를 위해서 싸우는 것이 세계의 자유를 위해서 싸우는 것입니다. 우리의 승전은 모든 나라들의 승전입니다.

만일 우리가 실패한다면 세계 모든 자유 국민에게 비극적인 실패일 것입니다. 자유세계의 단결은 누가 깨트리지 못할 것입니다. 우리를 치는 힘이 들수록 모든 반공국들의 공동 안전을 위해서 단결심이 더욱 단단해질 것입니다.

이 과정은 크레믈린에 있는 모든 불의한 사람들이 먼저 배워야 할 것입니다. 이 사람들이 이 과정을 잘만 배우게 되면 집단안전의 길이 우리 앞에 널리 열려 있어서 모든 자유를 원하는 세계민족들이 한량없는 물산과 번성이 평화의 새 시기를 인도할 것입니다. 우리 국내에서도 모든 내정과 지방에 관계되는 문제들도 앞으로 몇 해 동안에는 국제상에 영향이 없게 되기는 어려울 것입니다. 살 수 없는 물가 高騰으로 민중의 혈맥을 모두 말려주는 이 문제도 田畓과 공장과 광산에서 생산력이 충분히 회복되어야만 충분히 해결될 것입니다. 우리 도시와 촌락과 우리들 가정과 생산근원은 우리를 도와서 집단안전을 위하여 싸우는 나라들이 각각 자기들의 부삼으로 도와줄 그 수량을 충분히 내여 주기 전에는 해결되기 어려울 것입니다.

이 태평양 전체에 대한 문제와 전 세계에 대한 문제는 지금 한국 내에서 되어 가는 문제와 결연되고 있으니 이는 처음으로 세계 모든 사람들이 담대히 일어나서 근대의 제일 악독한 전쟁을 싸워나가며 공산당 제국주의의 오래 내려오던 것을 끝막기로 결심한 까닭입니다.

그 끝을 한국에서 막기로 시작된 것입니다.

지금은 나의 개인 메시지로서 우리 국민과 또 친근하고 관후한 우리 연합국에 한마디 하려 합니다. 내 평생은 우리나라의 운명과 같아서 계속적 투쟁과 인내력으로 진행해온 것인데 어떤 때는 앞에 장해가 너무도 커서 희망이 보이지 않을 때가 많았던 것입니다.

1882년 한미조약 이후로 우리가 밖으로는 각국의 제국주의와 안으로는 타락하여가는 군주정치의 학정을 대항할 적에 희망도 보이지 않은 것을 싸워왔던 것입니다. 지금 와서는 이 싸움 시작하던 사람들이 다 없어지기 전에 민주정치를 세워 민의에다 굳건한 토대 위에 세워놓고 세계 모든 결심한 친구들이 우리를 호위하고 있기에 이른 것입니다. 일본의 무력가들이 폭력으로 우리의 독립문을 닫아 놓은 뒤에는 세계 모든 나라들이 우리를 포기하고 잊어버렸으나 우리 민중은 굴복지 않은 것입니다.

우리 국가의 자유를 1907년부터 1912년까지 우리 의병들이 싸우며 보호하려 했고 1919년에 만세운동으로 우리 독립을 선언하였으며 중국과 만주에서는 우리 국군의 잔병이 1945년까지 싸워 오다가 마지막으로는 공화민주국가의 결실이 되어 지나간 4년 동안에 처음으로 민국정부를 건설하게 된 것입니다. 우리는 공산당에게 정치상 굴복을 거부해서 싸운 것입니다. 미국 군정시대에 소련과 교섭하여 평화적으로 협상을 열어서 평화적 담판으로 우리나라를 다시 통일시키자는 주의는 지금에 와서는 우리나라뿐만 아니라 모든 세계 자유국가와 합해서 전쟁으로 결과내기로 시작되고 있는 것입니다.

이 전쟁도 우리 사람들의 이전에 싸워 오던 전쟁과 같이 결국은 승전으로 돌아갈 것입니다. 우리 목적이 우리 이웃의 자유를 없이하자느니보다 우리의 자유를 회복하고 보유하자는 것뿐이니만치 우리는 실패할 수 없을 것입니다.

내 간담에 깊이 갈망하며 원하는 바는 내가 60년 동안을 공헌해서 분투노력한 아 나라를 내 생명이 끝나기 전에 굳건히 안전과 자유와 통일을 민주국가 안에서 성립되는 것을 보자는 것입니다.

이번에 소위 정치상 파동이 일대위기라고 세계에 전파된 것이 실상은 손안에 풍파이었던 것입니다. 사실을 말하자면 몇몇 외국 친우들과 외국 신문기자들이 나의 정치적 원수들의 말을 듣고 내가 병력을 이용해서 국회를 해산하고 민주정체를 없이하려다는 괴상한 언론으로 곧이들었던 것입니다.

그러나 나의 평생 역사와 나의 주장하는 목적으로 아는 친우들은 이번 낭설을 듣고 웃었으며 혹은 분개히 여긴 것입니다. 다행히 우리 동포가 나를 전적으로 지지한 힘으로 우리가 반대자들과 대립하여 그들을 이기고 그 결과로 오래 싸워오던 개헌안을 통과시켜서 대통령 선거권을 국회에 맡겨주지 않고 민중의 직접투표로 행하게 되었으므로 우리의 민주정체와 주의가 절대로 굳건해진 것입니다.

우리의 자유와 우리의 통일과 우리의 민주정체를 위해서 나는 앞으로도 나의 생명과 나의 공헌을 다 하기를 다시 선언하는 바입니다. 나는 나의 사랑하는 전 민족에게 대하여 각 개인에게 일일이 말하노니 이 공동목적을 완전히 달성할 때까지 각인의 모든 생각이나 주장을 다 버리고 一心協力하라는 것입니다.

4천 년여의 역사를 계속해서 살며 일하다가 필요한 때에는 다 일어나 싸워서 우리의 거룩한 유업을 우리에게 물려주었고 또 앞으로 이 신성한 유업을 보유할 책임을 우리의 손에 끼쳐 준 것입니다. 우리의 오랜 역사상에 어떤 시대를 물론하고 오늘 우리가 당한 형편같이 어려운 적은 없었던 것입니다.

우리 국민들이 난리를 담대히 치르고 직책을 다 힘껏 행한 것입니다.

앞으로 우리가 다 합해서 연속 진행할 것입니다. 우리가 같이 일하며 희생하며 우리가 같이 싸워서 마침내 승전할 것입니다.

승전이 우리 마음과 우리 간담에 있을 동안에는 우리가 실패는

없을 것입니다. 제일 위험한 것은 다 지났으며 우리 앞에 놓인 것
은 오직 승전과 성공일 것입니다.

□ 이 대통령, 중국 국부군 파한설에 대하여(1953.2.22)

중국 국부군을 한국에다 데려온다는 문제에 대한 나의 견해는
몇몇 외국기자를 통하여 정확히 전하여진 것으로 본다.

그러나 실제로 내가 말한 것은 좀 더 온화한 것이었으며 말하자
면 중국은 현재 자기 본국에 우리와 같은 적을 갖고 있는 만큼 자
기 나라에서 적과 싸우는 대신 우방의 방위를 위하여 이리로 와서
싸운다는 것은 도리어 이상스러운 일이라 한 것이다.

나는 아이젠하워 장군에게 요청하기를 중국 국부군이 본토에서
공산군과 싸울 수 있도록 만들기 위하여 대만의 중립화를 해제하
고 만약 본토진공이 있을 시에는 공군 기타 원조를 하여 주어야
할 것이라는 것을 말한 바 있다.

아이젠하워 장군에 대한 이러한 요청은 물론 국부 측이 여기 와
있는 대표를 통하여 표명한 정식견해와 부합되는 것이다. 그로나
물론 이와 같은 요청을 받느냐 안 받느냐 하는 문제는 아이젠하워
대통령 자신이 결정할 성질의 것이다.

국부 측으로서는 군대를 한국에 파견할 의향을 갖고 있지 않다.
그들은 군대를 본토에다 보내가지고 거기서 공산군과 싸우려는 것
이다. 따라서 만약에 어느 사람이 국부군 한국 파견을 논한다 할
지라도 그는 결코 국부 측이 원하는 바도 아니요 한국 정부의 희

망도 아닐뿐더러 우리가 아는 한 유엔군사령부가 바라는 것도 아닌 것이다.

중국 국부군이 본토수복을 위하여 싸우는 것을 돕고 또한 기타 아세아 각국이 공동의 적 공산주의자와 싸우는 것을 원조하는 것이야말로 유엔과 미국이 하여야 할 일이며 나는 그들이 지금 그와 같이 하여 나가고 있으며 또한 장차도 그렇게 하리라는 것을 굳게 믿고 있는 바이다.

□ 이승만 대통령이 아이젠하워 대통령에게 보낸 서한(1953.5.30)

친애하는 대통령 각하

본인은 최근 클라크 장군과 브릭스 대사를 통하여 구두 또는 서면으로 수회에 걸쳐 각하의 메시지를 접수한 영광을 지닌 바 있습니다. 그 결과 본인은 휴전의 방법을 통하여 한국전쟁을 해결하려는 귀하의 뜻을 충분히 인식하게 되었습니다. 본인은 귀하의 메시지를 충분히 연구하고 검토한 바 있습니다.

본인은 귀하가 이미 요청한 바와 같이 귀하가 필요하다고 판단하시는 어떠한 휴전도 받아들일 것을 약속하는 한 공개문을 발표할 수 있기를 진심으로 원하는 바입니다. 그러나 한편 우리는 중공군을 한국에 잔류시키는 어떠한 작전조치도 결국은 한국민에 대하여는 抗告없이 사형선고를 받아들이는 것과 같은 사실임을 두려워하고 있습니다. 한 국가로서 그렇게 한다는 것은 매우 어려운 사실인 것입니다. 더욱이 본인이 개인적으로 이러한 조치에 동의한다 하더라도 그것은 뒤따를 사태발전을 감안할 때 결코 도움이 되지 못할 것입니다.

그러므로 우리는 이때야말로 국제연합과 공산 측 협상자들이 고려하도록 한 제안을 제시함이 적절하고도 타당한 시기라고 생각됩니다. 공산주의자들도 그들의 제안을 제의하였고 국제연합도 그렇듯 제안한 바 있습니다.

그러나 대한민국 정부는 국제연합과 공산주의자들이 이 문제를 충분히 협의하도록 인내하면서 기대하고 있습니다. 그런데 이들 쌍방의 제안 중 그 어느 것도 모두에게 수락될 수 없는 것으로 입증되었으며 결과적으로 교착상태에 빠진 이 전쟁에다 협상의 교착상태까지를 몰고 왔습니다. 우리는 어떠한 아카데믹한 주장으로서 이에 대한 반대가 있을지는 몰라도 이제 한국은 자체의 입장에서 최초이자 마지막인 하나의 제안을 하는 바 냉혹하고 기본적인 정의는 허용하리라 믿습니다.

우리의 견해로서는 한국 문제는 국제연합이 공산주의자와 싸우기 위해 한국에 그들의 군대를 파병하였을 때 군사적 수단에 의하여 해결하려고 시작하여 3년간의 전쟁을 지속해 온 만큼 이 문제는 침략자를 응징하여 한국을 통일하고 나아가서 모든 자유국가의 집단안보체제를 확고히 구축함으로써만이 해결된다고 보는 바입니다. 이것은 그들의 세계정복의 야욕을 단념케 하는 산파역이 될 것입니다. 그러나 우리는 새로운 국제연합의 제안이 굴종적이고 피할 수 없는 유화적인 성격을 지니고 있음을 발견하였으며, 결과적으로 이는 우리 모두에게 막대한 재앙으로 몰아넣게 될 것입니다. 그러므로 우리는 이러한 위험성을 동반하지 않는 안을 제안하기에 이른 것입니다.

한편 본인은 이 문제에 관하여 지난날 클라크 장군과 브릭스 대사에게 충분히 언급하고, 본인의 견해를 귀하에게 전달해 줄 것을 요청하였으므로 귀하께서는 이에 관해 충분한 보고를 받았을 줄 믿습니다. 본인은 또한 추가해서 그에 관한 회답을 받을 때까지 이 사실을 공포하지 않을 것임을 그들에게 말하였습니다. 이에 본인은 이러한 사실의 확인방법으로 그들에게 구두로 언급한 사실을 기록코자 합니다.

물론 그중에서 곤란을 무릅쓰고 이룩한 우리의 공동노력의 결실을 보호하기 위하여 만족스럽게 해결되어야 할 구체적인 사항도 있습니다. 본인은 한국을 분단시키고 한국에 중공군을 잔류시키는 여하한 협정 제의에도 불구하고 우리가 제안할 개략적인 내용을 다음과 같이 언급코자 합니다.

우리는 한미 양국 간에 상호방위조약이 선행되는 조건하에 한국으로부터 공산군과 유엔군이 동시에 철수할 것을 제의하는 바입니다. 본인이 지득하고 있기로는 북한공산괴뢰 정권은 중공과의 군사협정을 맺고 있으며, 한편 중공은 소련과의 또 다른 협정을 맺고 있는 것으로 알고 있습니다.

한국은 이러한 일련의 공산군 동맹체의 위협적인 영향력에 대하여 아무런 대책도 없는 것입니다. 우리는 양측이 필수적 요건과 이에 대한 만족의 부재에서 오는 위험을 인식하는 데에 의견의 일치를 본다면 이러한 방위조약의 체결을 저해하는 것으로 보이는 난문제들을 우리의 견해로는 대부분이 아카데믹한 문제이지만 이것이 해소될 때까지, 또한 그렇지 못하더라도 최소한 풍부한 이성과 지혜로서 제거할 수 있으리라고 진정 믿는 바입니다.

우리가 진정으로 원하는 상호방위조약은 양측에서 합의될 제 요건 중 다음 사항이 포함되어야 할 것입니다. 만일 적국이나 이들 동맹국이 한반도에 대하여 침략행위를 재개하는 경우 미국은 어떤 국가나 동맹국과의 여하한 협의나 회담 없이 즉각적으로 우리에게 군사원조 및 지원이 이루어지도록 동의하여야만 합니다.

안보협정에는 한국군의 증강을 위한 미국의 원조가 포함되어야 합니다. 만일 우리가 양측의 방위력 구축을 억제토록 하는 데에 합의하게 된다 하더라도 소련은 무슨 방법으로도 계속 군비를 증강할 것이므로 우리의 손은 묶이게 될 것입니다.

미국은 한국에서 미군이 또다시 싸울 필요성이 없도록 자체방위를 위하여 충분히 보강되어야 한다는 입장에서 적정량의 무기, 탄약, 그리고 일반 군수물자를 한국에 제공하여야만 할 것입니다. 미국의 공군과 해군은 또 다른 침략행위로부터 적을 억지하기 위하여 현 위치에 잔류하여야만 합니다.

동시철수를 위한 제안이 협상 당사자 간이나 양측에서 받아들일 수 없는 경우에는 계속 싸울 수 있도록 하여 주시기 바랍니다. 왜냐하면 그것이 분단적인 어떤 휴전이나 평화보다도 한국민들의 전반적인 선택이기 때문입니다. 만약 우리가 이를 그렇게 할 수 있도록 허용된다면 우리의 첫째 선택은 우리의 우방과 더불어 우리의 공동과제를 위해 우리를 도와 싸울 수 있도록 하는 것입니다. 그러나 이것이 더 이상 불가능하다면 우리는 차라리 어떻게 하여서든지 결론적으로 우리 자신의 문제를 결정할 수 있는 자결권을 가지기를 원하는 바입니다. 여하간 우리는 더 이상 교착된 분단의 상태하에서 생존할 수 없다는 것은 의문의 여지가 없는 것입니다.

전 자유세계의 최종적인 안전과 안보가 미국의 방위에 달려 있기 때문에 미국의 방위는 우리 자신의 방위와 마찬가지로 우리에게는 소중한 것입니다. 이러한 이유 때문에 우리는 미국으로 하여금 그들의 유화정책에 합세하도록 종용하는 몇몇 나라가 포함되어 있는 이른바 자유국가들의 행동통일을 불쾌하게까지 여기는 것입니다. 이들 국가들은 민주주의와 공산주의간의 지구상에서의 투쟁에서 그들의 위치를 인식지 못하고 있는 것입니다.

자유세계 측의 확고하고도 일관된 정책의 결핍으로 인하여 우리는 이미 소련 측에게 너무도 많은 나라들을 상실하고 있습니다. 이 정책이 계속될수록 더 많은 자유 국가들이 민주주의의 적국과 합세하게 될 것입니다.

한국민을 실망케 하는 것은 곧 모든 지구에서의 반공 국민의 대부분을 실망시키는 결과가 될 것입니다. 결과적으로 미국은 공산주의자들의 사막에서 민주주의의 오아시스가 되고 있는 자신을 스스로 발견케 될 것입니다. 본인은 미국 국민들이 평화의 대가로 그들의 자유와 민주제도를 결코 팔아버리지 않으리라고 믿습니다.

말이 아니라 행동만이 세계의 침략자를 저지할 수 있을 것입니다. 우리의 소원자들은 귀하가 당면하고 있는 어려움에도 불구하고 적국에 대하여 효과적인 조치를 추진시키는 데에 모든 노력을 기울여 적극 지원할 것입니다.

이승만
존경하는 미합중국 대통령 각하

□ 아이젠하워 대통령이 이승만 대통령에게 보낸 답신(1953.6.6)

대통령 각하

본인은 5월 30일자 귀하의 전문서한을 6월 2일 접수하였습니다. 본인은 귀하의 서한에 대하여 신중히 그리고 충분히 고려하였습니다. 대한민국을 가장 뛰어난 영웅적인 투쟁의 하나로서 역사상에 남을 투쟁에 모든 인적, 물적인 자원을 동원하였습니다.

귀하는 인간의 존엄성을 짓밟으며 국가 주권을 굴복적인 위성국 지위로 바꿔 버리는 공산침략에 대항하여 인간의 자유와 국가적 지유는 수호되어야 한다는 원칙에 헌신하였습니다. 귀국이 싸우고 또한 귀국 청년의 수많은 희생을 내게 한 이 원칙은 세계의 모든 자유인과 자유 국민들을 수호하는 원칙에 헌신하였음을 입증했던 것입니다.

미국은 귀하를 지지하였으며 귀하와 함께 우리는 또한 유엔군사령관 소속의 일부로서 이 원칙을 위하여 싸운 것입니다. 귀국 청년들과 우리나라 청년들이 흘린 피는 공동 희생이라는 제단 위에 바쳐졌습니다. 이로써 우리는 인간의 자유와 정치적 자유를 위하여 헌신하였을 뿐 아니라 상호 의존 없이는 독립할 수 없으며 또한 인간의 공동 운명의 세대로서 결부되지 않고는 자유를 누릴 수 없다는 중요한 원칙에 헌신하였음을 입증했던 것입니다.

우리는 현재 한국의 통일을 위한 투쟁이 전쟁으로써 수행되어야 하느냐 불연이면 정치적 혹은 기타의 방법으로써 이 목적을 달성할 것이냐에 관하여 결정을 해야 할 순간이 왔습니다.

적은 침략의 이득을 명백히 포기하는 휴전을 제안하였습니다. 휴전협정은 한국이 침략을 당하기 전에 통치하였던 영토를 실질적으로 대한민국에게 당연히 귀속토록 하며 사실상 그 영토는 약간 확장될 것입니다.

제안 중에 있는 휴전협정은 자유를 목격하였으며 그 혜택을 받으려고 원하는 我側 관리하에 있는 수천의 북한 및 중공군 포로들이 정치적 망명의 원칙에 따라 그러한 혜택을 받을 기회를 가질 것이며, 공산주의의 지배하의 지역으로 강제 송환되지 않을 것을 보장하고 있습니다.

정치적 망명의 원칙은 우리 자신의 인적 및 물질적 손실을 조속히 종결시키기 위하여 희생시킬 수 없는 원칙인 것입니다. 이 원칙을 지키기 위하여 우리는 수만의 인명 희생을 내었습니다. 여하한 사정하에서 국제연합과 대한민국은 휴전협정을 수락할 필요가 있다는 것이 나의 굳은 신조일 것입니다.

한국 통일을 무력으로 달성하기 위하여 모든 불행이 수반되는 이 전쟁을 계속한다는 것은 정당하지 않은 것입니다. 한국의 통일은 미국이 과거에 한 번이 아니고 여러 번에 걸쳐 제2차 세계대전의 제 선언과 국제연합이 한국에 관하여 천명한 諸 원칙의 수호를 통하여 기약한 미국의 목적입니다.

한국은 불행히도 제2차 세계대전 이후 분할된 채 있는 유일한 국가가 아닙니다. 이와 같이 분할된 모든 국가들의 정치적 통일을 달성하기 위하여 우리는 최선을 다하겠다는 결심에는 아무런 변함이 없습니다. 그러나 우리는 우리가 헌신하고 있고 또한 우리가 정당하다고 믿는 전 세계적인 정치적인 문제해결을 성취하는 도구로써 전쟁을 이용하려는 의도는 없습니다.

북한으로부터 공격하여 온 자들이 그들의 지배하에 한국을 통일하고자 무력을 사용하였다는 사실은 하나의 범죄입니다. 나는 귀하의 공적 親友로서뿐만 아니라 개인적 친우로서 귀국이 이와 같은 행동을 취하지 않을 것을 요청하는 바입니다. 내가 귀하에게 제시하고 싶은 3개의 중요점은 다음과 같습니다.

1. 한국은 미국의 평화적 통일노력을 거부치 않을 것으로 믿습니다. 또한 국제연합의 일원으로서 우리는 이 문제에 관하여 유엔이 확고부동한 입장을 계속 취하도록 보장하기 위하여 노력할 것입니다. 휴전협정에 따르게 될 정치회담에서도 그것이 우리의 중심적 목표인 것입니다. 미국은 이와 같은 회담의 이전과 회담기간 중 귀국의 정부와 상의할 것이며 귀국 정부가 이 회담에 전적으로 참석할 것을 기대합니다.

2. 귀하는 상호방위조약에 언급한 바 있습니다. 본인은 휴전협정의 체결과 수락 직후 귀하와 미국과 비율빈, 미국과 호주 및 뉴질랜드 간에 이미 체결된 조약의 노선에 따라서 미국과 상호방위조약을 교섭할 용의가 있습니다.

귀하께서 아시는 바와 같이 이들 조약에는 태평양지역에 있어서의 더욱 포괄적인 안전보장체제의 발전에 언명하고 있습니다. 이 조약은 대한민국의 현 영토와 차후 평화적으로 대한민국의 행정관할에 들어오는 영토를 대상으로 할 것입니다. 물론 귀하가 아시는 바와 같이 아국 헌법상 여하한 조약은 상원의 권고와 동의에 의하여서만 체결되는 것입니다. 그러나 미국이 지금까지 취한 행동이나 한국의 독립을 위하여 이미 바친 많은 생명 재산은 미국이 불의의 침략의 재발을 허용하지 않을 것이라는 미국의 기질과 의도를 분명히 보여 주는 것입니다.

3. 미국 정부는 필요한 의회의 예산 할당을 얻는 대로 평화 시에 파괴된 영토를 재건할 수 있도록 대한민국에 대하여 경제 원조를 계속할 용의가 있습니다. 주택들이 재건되어야 합니다. 공장이 복구되어야 합니다. 농업은 절대적으로 생산적이 되어야 합니다.

미국의 헌법 전문에는 미국 국민의 목표로서 보다 완전한 연방 입법의 확립, 국내 평화의 보장, 공동방위의 준비, 일반복지의 증진 및 자유 혜택의 확보 등을 규정하고 있는바 나는 이것이 또한 용감한 대한민국 국민의 목표인 것으로 확신하는 바입니다.

한국에서는 분명히 여하한 모든 조건이 현재 전부는 존재하지 않습니다. 더구나 한국의 현 사태하에서는 이들 목표가 현 동란의 연장이나 또는 무모한 새로운 모험으로서는 성립될 수 없는 것입니다. 오로지 평화적 수단으로서만 이 목표를 달성할 수 있을 것입니다.

휴전협정이 체결되면 미국은 한국과 더불어 한국을 위하여 이들 목적을 추구할 용의가 있습니다. 우리는 한국의 더욱 완전한 통합이 있어야 한다고 믿으며 이 통합은 본인이 주장하는 바와 같이 모든 평화적 방법에 의하여 성취하도록 노력하여야 할 것입니다. 우리는 또한 한국에 국내 평화가 있어야 하며 그것은 전쟁을 종결시킴으로써만 이루어지는 것으로 믿습니다.

한국의 방위를 위한 규정이 있어야 합니다. 그 규정은 우리가 체결하려고 하는 상호방위조약으로써 가능할 것입니다. 일반 복지는 촉진되어야 하며 이것은 귀국의 평화 시에 있어서의 노력과 전쟁으로 파괴된 귀국에 대한 경제 원조로써 이룩할 수 있는 것입니다.

끝으로 평화적 해결은 귀국민에게 자유의 혜택을 가져오기 위한 가장 좋은 기회를 줄 것입니다.

나는 귀하에게 미국에 관한 한 한국과 협력하여 나가는 것이 우리의 희망이라는 것을 확언하는 것입니다. 이 중대한 시기에 있어서 분열을 생각한다는 것조차가 비극일 것입니다. 우리는 계속 단결하여야 합니다.

드와이트 디. 아이젠하워

□ 이승만 대통령이 아이젠하워 대통령에게 보낸 서한(1953.6.19)

친애하는 대통령 각하

나는 우선 6월 6일부 귀하의 서신에 대한 회답이 이같이 늦어서 미안하게 생각합니다. 사실인즉 편지 초안을 잡은 것이 한두 번이 아니었으나 내 입장을 밝히려니 자연 따지는 것 같고 또 따지는 듯이 보이고는 싶지 않았던 것입니다. 우정으로 이 글 쓰오니 우정으로 들어 주시기 바랍니다.

처음부터 우리는 우방들에게 밝혀 고하기를 중공침략자가 한국에 남아 있음을 허용하는 따위의 정전이 성립된다면 우리는 살아갈 수 없다고 하였던 것인바 이런 불안은 조금도 멸하지 않았습니다. 우리 우방들은 중공의 철퇴와 한국의 통일이 停戰 후에 오기로 된 정치회담에 의하여 문제없이 성취되리라고 보고 있는 듯합니다.

나는 이 점에 대하여 잡다한 논쟁을 하고 싶지는 않으나 우리는 이것이 가능하다고 믿지 않는 다는 것만은 말해 두어야 될 줄로 느낍니다. 이것이야 물론 의견 가지기에 달렸다고 하겠으나 우리의 이 의견은 묵살하려야 묵살할 수 없고 잊으려야 잊을 수 없는 사실에 의하여 지지되고 있습니다. 우리 자신이 겪은 경험은 그것을 의심할 수없이 반격해 줄 어떤 사실이 일어날 때까지는 우리 판단의 지침으로 의연히 되어 갈 것입니다.

지금 유엔은 한국은 어찌되든 간에 거의 염두에 두지 않고 공산 침략자들과 휴전협정을 체결하려고 하고 있는 만큼 우리가 도대체 국가로 존속할 수 있는가 하는 의문이 우리 생각에 부단히 왕래하고 있습니다. 시국에 대한 우리의 반향이 어떤가는 다음 글을 보시면 대강 짐작하시게 될 줄 압니다.

세계 공산 침략에 대한 이 투쟁에 있어 군서, 경제 양면에 걸쳐 우리에게 막대한 원조를 준 사실을 회고하면서 우리는 최후까지 미국에 우의를 가지기를 뜻합니다. 만약 미군이 무슨 이유로 하여 이 이상 투쟁에 개입함을 중지하고 비켜서게 되거나 정전의 여파로서 한국에서 전부 철수하게 되더라도 우리는 반대할 의사가 없습니다. 그들이 한국에서 철수하는 것을 필요로 한다든지 혹은 함 직하다고 생각한다면 우리가 우정을 지속하려는 것이나 마찬가지로 호감을 가지고 철수할 수 있는 줄 압니다. 피차 상대방의 계획을 방해만 않는다면 양국 간의 친선관계는 유지될 수 있을 것입니다.

세 돌째 되는 이 전쟁의 첫해에 있어 미국과 유엔이 이끌어 가며 반복하여 전쟁목표로서 통일독립의 민주한국의 건설과 침략자의 응징을 공공연하게 지적하였습니다. 때는 마침 유엔군의 국경선에의 진격 중이었으므로 우리는 자연히 그것들을 전쟁목표로 인식하였던 것입니다. 그러나 공산군이 예상보다 강하게 보였을 때 유엔 政客들은 전쟁으로 한국 통일을 꾀한 일은 전연 없었다는 해석에 쏠리게 되었습니다. 이것은 자가의 약함을 공공연하게 고백한 것으로서 그대로 믿어준 사람은 별로 없었습니다. 요새 와서는 한국통일이니 침략자 처벌이니 하는 것은 말조차 사라지고 말았으니 마치 이 전쟁목표들이 벌써 달성되었거나 그렇지 않으면 전연 포기된 감이 있습니다.

들리는 말은 停戰뿐입니다. 그런데 이런 유화의 분위기 속에서 빚어내진 정전이 우리에게 바람직하고 명예스러운 항구한 평화에 이르게 되리라는 것은 큰 의문입니다. 나 개인으로서는 공산도배가 싸움터에서 동의하도록 강제되지 아니한 일인데 회담석상에서 동의하리라고는 믿지 않습니다. 경제원조와 국군확장에 대한 귀하의 후하신 제의는 우리의 긴급한 수요에 맞는 것으로서 한인 전체가 깊이 감사하여 마지않는 바입니다. 그러나 이런 제공이 우리가 아는 그런 정전을 허락하는 대가로서 온다면 우리는 그다지 마음에 걸리지 않습니다.

왜냐하면 전에도 말한 바와 같이 이런 정전의 수락은 사형선고의 허락이나 진배없기 때문입니다. 이런 치명적 타격을 입은 한국에게는 별로 소용될 물건이 없다고 하더라도 줄잡아하는 말일 것입니다. 停戰 후 양국 간에 상호방위조약을 체결하도록 주선하시겠다는 약속이 성의에서 우러나온 것임을 우리는 의심치 않습니다. 상호방위조약이야말로 우리가 늘 추구해 오던 바로서 만강으로 환영하는 바입니다. 그러나 이것이 정전에 한데 매여 있다면 그 성과는 거의 안 보일 정도로 줄어들 것입니다.

대통령 각하!

우리가 얼마나 난국에 직면하고 있는지 상상하시기 어렵지 않을 것입니다. 우리가 국군 전 장병을 위시하여 모든 것을 한국에서의 유엔행동에 바쳐 무서운 인적손실과 물적 피해를 입은 것은 오로지 우리나 우리 친우가 다 한국통일과 침략적 응징이라는 동일한 목표에 움직인다는 단 1개의 신념 때문이었던 것입니다. 그런데 유엔은 이 본래의 목적을 버리고 우리가 참여 못 했다고가 아니라 틀림없이 우리 국가의 멸망을 의미하는 것이므로 우리로서는 수락할 수 없는 그런 조건을 가지고 침략자와 타협하고 있는 것 같습니다. 그뿐만 아니라 유엔은 우리에게 협조하라고 압력을 가하고 있습니다. 이 정전조건에 관하여는 유엔은 적과 부동하고 있는 셈입니다.

미국의 정전에 대한 태도를 변경시키는 데 유화주의자의 주장이 주효하였다는 냉철한 사실을 우리는 안 보려야 안 볼 수 없습니다. 우리가 보는 바와 같이 이 위험한 경향이 만일 이 치명적 정전으로 말미암아 굳어진다면 미국을 포함한 잔여의 자유세계를 궁극적으로 위태롭게 할 것입니다. 수백만 명의 자유인이나 자유를 잃은 사람이나 할 것 없이 뼈에 사무치게 바라고 기원하는 것은 미국이 철의 장막 뒤에서 신음하는 제 민족을 해방시키는 큰 사명에 있어 자기네를 영도해 달라는 것입니다. 정전회담은 관계 측의 조인만을 남기고 있는 거나 진배없는 이 순간에도 공산군은 대규모의 공격전을 전개하고 있습니다.

이것이야말로 우리의 가까운 장래에 대한 경고가 아닐 수 없습니다. 현재의 정전조건 그대로는 공산군의 증강은 아무 거리낌 없이 진행되어 필경에는 저들이 선택한 시간에 남한을 일격에 쓸어 버릴 수도 있을 것입니다. 그 후에는 나머지 극동은 어찌 될 것입니까? 아니 나머지 자유세계는 어찌될 것입니까? 흥망을 좌우하는 이 순간에 처하는 대책을 귀하의 현명한 영도에 기대하여 마지않습니다.

존경하는 대통령 각하

이승만

□ 휴전문제에 대한 한국 측 대안에 관한 이승만 대통령의 성명(1953.6.6)

유엔이 제안한 新제안은 본 정부에서 접수할 수 없는 형편이므로 우리가 대안 제의를 제출하니, 공산군과 유엔군이 일시에 한국에서 철퇴하라는 것인데 이 안건을 실시하기 전에 한미 양국 간에 공동방위조약을 체결할 것이며, 공동방위조약에는 좌와 如한 조건을 포함하자는 것이다.

1. 한반도를 어떤 나라에서나 혹 여러 나라에서나 침략할 때에는 미국이 한국과 공동방위를 자동적으로 즉각적으로 행할 것.

2. 미국은 한국에 병기와 탄약과 병참물자를 상당히 보급해서 한국이 국방을 상당히 준비해서 미국 시민이 한국에서 참전할 필요가 없도록 할 것.

3. 미국의 공군과 해군은 지금 있는데서 駐留해서 적군이 다시

침략을 시도하지 못할 만한 정도까지 한국 국방을 축성하도록 계속할 것.

그러나 본 제안을 협동할 수 없다면 싸움을 계속하게 하는 것을 허락할 것이니, 어떤 휴전조약이나 평화조약으로 한국의 분열을 계속하게 하는 것보다 우리는 싸움으로 결정하는 것을 택하기를 낫게 여기는 것이다.

우리가 자유로 우리의 원하는 바를 말하자면 연합군이 우리와 같이 계속해서 이 공동문제를 싸움으로 판결하자 함인데 만일 이것이 불가능하다면 우리가 우리의 고유한 민족자결주의의 권리를 행사해서 우리의 사활문제를 양단간에 판결하는 것을 낫게 생각하는 바인 즉 좌우간에 우리로는 이렇게 분열된 형상으로는 더 살수 없는 형편임을 각오하는 바이다.

□ 반공포로 석방에 관한 성명(1953.6.18)

제네바 협정과 인권정신에 의하여 반공 한인포로는 벌써 다 석방시켜야 할 터인데 유엔당국들과 또 이 포로를 석방하는 것이 옳은 것으로 우리의 설명을 들을 분들은 동정상으로나 원칙상으로나 동감을 가질 것으로 내가 아는 바이다.

그러나 국제상 관련으로 해서 불공평하게도 그 사람들을 너무 오래 구속했던 것이다. 지금에 와서는 유엔이 공산 측과 협의할 조건이 국제적 관련을 더욱 복잡하게 해서 필경은 우리 원수에게 만족을 주고 우리 민족에게 오해를 주는 흠상을 일으킬 염려가 있게 하였다. 그러므로 이 흉상한 결과를 피하기 위하여 내가 책임을 지고 반공 한인포로를 오늘 6월 18일자로 석방하라고 명령하였다.

유엔군사령관과 또 다른 관계 당국들과 충분한 협의가 없이 이 렇게 행한 이유를 설명하지 않고도 다 알 것이다. 각 도지사와 경찰 관리들에게 지시하여 이 석방된 포로들을 아무쪼록 잘 지도 보호케 할 것이니, 다 그 직책을 수행할 것으로 믿는 바이다.

우리 모든 민족이나 친구들이 다 협조해서 어디서든지 불필요한 오해가 생기지 않도록 해 줄 것을 믿는 바이다.

□ 6 · 25사변 제3주년기념사(1953.6.25)

우리가 오늘 여기 모인 것은 6 · 25사변 제3주년을 기념하며 앞으로 어떻게 살길을 찾겠다는 계획을 한 번 더 결정하자는 것이다.

3년 전 오늘에 이북 괴뢰군이 탱크와 중포를 가지고 이남을 침범해 들어올 적에 우리는 군기도 없었고 또 우방들의 원조도 기대하지 못했던 것이다. 우리 청년들의 애국충심으로 우리 반도를 가만히 앉아서 남에게 뺏길 수 없다는 용감심으로 전국이 일어나서 죽기로 싸우기를 결정했던 것이다.

다행히 미국 前 대통령 트루먼 씨가 한국을 공산군에게 빼앗기는 것이 민주진영에 위태하다는 각오로 해륙공군을 발해서 공중과 해상으로 대병이 불시에 도착게 하고 유엔의 모든 자유국가들을 지도해서 함께 나와 우리를 도와서 싸우게 된 결과로 적군이 우리를 바다로 침몰시킬 계획을 파괴시키고 3년을 계속하여 싸워 나온 것이다. 그 결과로 오늘날 이남에서만이라도 우리가 오늘까지 살아나오며 지금에 와서는 우리가 전쟁을 이기고 있는 중이다.

미국 군인과 다른 유엔 군인들이 우리나라에 와서 우리와 고생을 같이하며 피를 흘리며 많은 생명을 희생하고 오늘까지 지켜온 것은 공산군을 물리쳐서 침략자를 징벌하여 한반도의 남북을 통일시켜서 독립한 통일 대한민국을 확보함으로 세계 자유국가들의 집단안전을 보장하기로 목적하였던 것이다.

우리가 대구와 부산 지구에서 적군을 방어하며 우리 청년들은 다 전 민족과 같이 공산군의 점령 속에 들어 있어서 정부와 피난 민중이 朝不慮夕의 위기를 당했을 적에 우리 국군을 새로 편성해서 훈련을 단축한 시일 내에 인천상륙으로 서울을 회복해서 사기를 올리고 민심을 안돈시킨 후 국군이 앞장서서 38선으로 타파하고 이북으로 올라가서 압록강까지 이르렀던 것인데 의외에 중공침략군이 호수같이 밀려들어와서 이북 괴뢰군과 합세하여 살벌을 감행할 때에 우리 구군들은 죽기로 싸워서 물러가지 않기로 결심이었으나 우리 국경 방어하기에는 만주와 접근한 관계로 세계대전이 일어나서 인류상 전무한 酷禍를 면할 수 없겠다는 관찰로 미군사령관 워커 장군의 지휘하에서 투쟁도 없이 후퇴 남하할 적에 평양과 개성과 서울을 차례로 양보하고 물러나왔던 것이다.

다행히 리지웨이 장군이 8군사령관으로 유엔군을 통솔하게 되어 처음으로 한국에 내리며 선언하기를 자기는 후퇴하지 않고 전진할 결심이라는 표시가 있은 후에 전 민족이 다시 생활의 희망을 가지게 된 것이다.

그 후에 리지웨이 장군이 맥아더 장군 후임으로 가게 되고 밴플리트 장군이 도착해서 이분이 우리 청년들의 전투능력이 충분함을 관찰하고 우리 구군을 전적으로 확대시켜서 단축한 시일 내에 동양에서 남만 못지않은 강병이라는 명칭을 가지게까지 만들어 놓은 것이다.

그 후 유엔 정치가들이 전쟁만으로 우리 문제를 해결시키자면 세계 대전을 피할 수 없다는 관찰하에서 38선 좌우로 방한을 세워서 적군이 더 남하할 수 없을 만치 만들어 정전하고 일변으로는 정치회담을 열어서 남북통일을 타협하자는 목적을 가지고 3년 전쟁의 1년 동안은 전장에서 승부를 겨루다 2년 동안은 쌈을 정지해서 方限 안에서만 보수하고 그 외는 휴전회담으로 전력해 왔던 것이므로 북진이 중지되고 있는 것은 우리가 힘이 부족하거나 결심이 없어서 그렇게 된 것이 아니고 국제상 협의를 얻어서 진행하기 위하여 지금까지 걸어온 것이다.

우리 우방 중에 특히 미국이 우리를 이만치 도와 온 것을 살아 있는 한인들로는 모르는 사람이 없고 아는 사람마다 뼈에 매치는 감사를 아니가진 사람이 하나도 없는 것이며 또 우리로는 이 감사를 영구히 변치 말고 기념하자는 것이 우리의 共同히 원하는 바이다.

우리가 그 은공으로 사지를 면하고 이남만이라도 지금까지 부지하고 있는 중 경제력으로 우리의 굶는 사람에게 밥을 주며 벗은 사람에게 의복을 주며 病者와 傷痍者에게 약을 주어서 백방으로 구제하여 지금까지 부지해 온 것이 더욱이 우리의 영구히 잊을 수 없는 은공인 것이다.

미국이 아이젠하워 대통령이 피선되며 한국전쟁을 조속히 마치기를 목적하고 대통령 피당선 후에 즉시 우리나라에 와서 형편을 시찰할 적에 우리는 전무한 희망과 전무한 열정으로 환영했던 것이며 아이젠하워 대통령 정책으로 우리의 통일은 달성하며 전쟁은 필하기를 희망했던 것이다.

근자에 다시 판문점 회담이 열리고 휴전협정이 연합군과 중공군 사이에 성립되어서 조만간 사명하게 된다는데 이 조약이 토의될 적에는 우리국군 중에서 한두 사람을 유엔군사령관의 擇任으로 참석하게 되었으나 다만 방청으로 알 수 있는 것은 알고 알 수 없는 것은 모르니 아는 것은 정부에 보고도 못 하고 대외해서 발설도 못 하게 된 처지에 휴전협상은 기왕에 다 이와 같이 내정이 된 것이며 이번에 다시 판문점 회담이 열리게 되어서는 내정된 조건은 그대로 협의가 되고 포로관계로 해서 문제가 다소간 되어 온 것인데 유엔군총사령관 클라크 장군이 특별히 우리 대표 崔德新 소장에게 지휘해서 정당한 대표의 권한을 가지고 토의에 참가하며 무슨 의견이든지 발언하고 대통령에게 보고할 권리도 허여해서 처음으로 의견과 언론을 발표도 하고 보고도 하게 되었던 것이다.

우리가 기왕 지나온 경력과 같이 공산군은 휴전한 후로는 사방으로 침입해서 백방으로 우리를 살 수 없게 만들어서 얼마 안에 공산분자들을 제어할 힘이 없을 것이므로 불원한 장래에 우리가 다 체코슬로바키아와 波蘭과 중국의 참혹한 화를 면치 못할 것을 우리가 각오하는 바인데 유엔에서는 휴전협정에 署印한 뒤에는 이 평화를 유지하기 위해서라도 우리가 공산유격대와 지하공작을 막으려고 싸우지 않을 수 없으므로 군경을 내놓아서 대항할 지경이면 휴전을 배반하고 전쟁을 다시 만든다는 죄명을 우리가 쓰게 되면 어찌할 수 없이 될 것뿐 이므로 우리가 한번 결사전이라도 해서 다행히 승리를 얻으면 남북통일해서 우리 반도를 회복할 수 있을 것이요 그렇지 못하면 다 죽고 말겠다는 결심으로 이 휴전협정을 접수할 수 없다는 전 민족적 결심을 여러 번 공문과 사담으로 발표한 것이다.

휴전협정 중의 또 한 가지 접수하기 어려운 조건은 印度國 무장한 군인 얼마를 이남에 데려다가 반공포로들을 포위하며 공산당들을 데려다가 이 사람들을 권해서 공산국가로 가기를 자원하도록 만들겠다는 것이니 이것은 자초로 이런 전무한 희생을 하고 싸워온 본의도 아니고 親共하는 외국인들이 들어와서 우리를 권하여 공산당이 되라고 하면 이것은 싸움을 다 그만두고 휴전이니 무엇이니 할 이유도 없는 것이다.

그런고로 이 두 가지를 우리가 절대 접수할 수 없다는 표시로 협의가 되지 못하고 우리가 이 휴전협정을 서명해야 평화가 된다는 이유하에 평화를 반대하는 자의 지목을 유엔 측에서 선언하고 있는 중 이 포로들이 죽어도 공산군에는 아니 가겠다고 표시해서 피로써 맹서하고 석방해 달라는 요청이 내게 들어온 것이 積成卷軸할 것인데 3만여 명 되는 사람을 벌써 까닭 없이 가두어 둔 것이 人道에나 인권 보호에 위반일 뿐 아니라 가장 우려되는 것은 유엔이 우리 사정을 모르고 우리 민심이 어떤 것을 不計하는 친공하는 외국군을 이남에 불러들인다는 것은 우리 민중과 충돌을 면할 수 없는 것이므로 이런 충돌을 면하자면 이 포로를 석방치 않고는 안 된다는 각오로 내가 그 책임을 지고 유엔군 총사령관과 협의 없이 석방령을 발한 것이니 이 이유로 인해서 친공하는 유엔 국가들은 공개로 우리를 성토하고 우리 국권의 손상되는 언론을 발하고 있는 것이다.

그러나 우리의 유일한 목적은 우방들의 의도를 무시하거나 반대하거나 거부하자는 의도는 조금도 없고 오직 우리의 생존을 유지하기를 목적한다는 것뿐이다.

그러나 오늘 우리가 당한 경우는 3년 전 6·25사변 때보다 더 위험한 경우에 처한 것이다. 그때는 모든 우방들이 우리를 도와서 공산군과 싸우는 것이 자기 나라 안전과 자유 인권을 보호하는 유일한 목적으로 알고 내가 먼저 말한 바와 같은 도움을 우리에게 주고 각각 많은 희생을 당하고 왔는데 지금 와서는 유엔 각국 정치적 지도자들이 공산군의 휴전조건을 접수하여 침략자를 벌주는 대신에 중공군 백여만 명이 우리나라에 있게 하고 우리더러 이 휴전을 접수 서명하라고 하니 이것은 남북분열을 국제조약으로 인정하고 중공군의 점령을 허가하는 조약에 협의하라는 것인즉 이는 死刑宣告를 받는 것이므로 이것은 받기 어렵다는 말이니 오늘 우리의 형편으로는 未曾有의 위기를 당하고 있는 것이다.

휴전협정을 서명하자는 우방들의 목적은 우리를 다 공산당에게 그저 포기하자는 것이 아니라 이 휴전협정으로 싸움을 정지시키고 정치회담으로 남북통일과 침략군 철퇴를 해결시키겠다는 것이다. 우리가 이에 대해서 그 主義는 조금도 오해하는 것이 아니다.

그러나 우리 경력과 우리 관찰로는 전장 마당에서 이루지 못한 것을 회담 자리에서 이룰 수 없을 것이니 지나간 미군정 시대부터 공산당과 토의한 것이 다 실패되었고 또 판문점 회담이 2년을 끌고 나가면서 성공 못 된 것을 지금 정치회담에서 성공하라는 보증이 없으므로 우리가 맹목적으로 따라갈 수 없다는 것인데 우리가 이때에 우방들의 휴전하겠다는 것을 거부하고 우리는 싸움만 하겠다는 것으로 주장하는 바가 아님을 충분히 각오시키기 위해서 그동안 몇 가지 제의한 것이 있었는데 하나는 중공군과 유엔군이 동시에 한국에서 철퇴하자는 것이다.

이것은 전쟁이 시작된 후에 공산군이 제의한 것을 유엔이 거부하였던 것인데 지금 우리가 이것을 제출하는 것은 한편으로 공산군의 원하던 바를 따라가며 또 한편으로 유엔이 원하는 휴전을 이 방식으로 하자는 것이니 양방에서 협의할 수 있을 것이고 우리로는 이와 같이 해서라도 중공군이 물러나가야만 살 수 있겠다는 의도이므로 이것은 지금 휴전조건을 접수하느니보다 이것이 우리의 살길을 열어 놓는 목적이다.

그 조건에 따라서 한미공동방위조약을 체결하기를 원한다는 것이다. 이것은 이미 다 공포되어서 국제상으로 알게 되었으나 이것은 유엔이 받기 어렵다는 것임에 우리가 제의로 제출한 정치회담에 3개월 限期를 정해서 그 기한 내에 결과를 이루지 못하면 정치회담을 폐지하고 다시 전쟁에 들어가겠다는 조문이 하나요 둘째로는 우리 한미공동방위조약을 성립해서 만일 침략자들이 다시 침략할 때에는 미국이 지금과 같이 돕는다는 조약이 있으면 이 휴전협정을 반대하지 않고 협조하겠다는 그 조건을 우리가 얼마 전에 종용히 표시한 것이 있었는데 이것도 그 후에 무슨 회담이 없었으므로 이것은 우리가 아직 공포한 적은 없었으나 다 무효로 돌아간 줄 알고 거의 잊어버리고 만 것이다.

오늘 우리가 이러한 경우에 처해서 우리가 우리 입장을 선언한 것은 우리가 一毫라도 우방들이 우리를 위해서 더 싸워 달라는 것을 요구하는 것이 아니고 또 유엔이 협정에 서명하고 다 준행하려는 것을 우리가 막으려는 것도 아니고 오직 우리의 요청하는 것은 우리가 그 길로 따라가면 사지에 빠질 줄을 아는 까닭으로 우리만이라도 싸움을 계속할 기회를 달라고 요구하는 것이니 이 요구하는 태도는 유엔을 다 저버리거나 배반하거나 거부하는 태도가 조금도 아니고 유엔 국가들이 각각 자기들 편의대로 따라 하는 것을 시비하지 아니하며 오직 우리들은 민족자결주의로 진행하는 것을 허락해 달라는 것뿐이다.

이때에 우리 민중이 제일 조심하고 또 조심할 것은 우리가 절대 실수를 말아서 세계의 모든 우방 중에 오해를 만들거나 구실을 주지 말아야 될 것이니 이때가 실로 우리 민족의 명석하고 충실한 자격을 표시할 시험장에 이른 것이다.

내가 기왕에도 수차 공포한 말이 있었으며 내가 이 기념식사에도 먼저 대강을 설명한 것은 우리 민중이 미국에 대한 감사를 잊을 수 없는 것을 다시 한 번 더 깨우쳐서 이런 험난한 시절일수록 우리 친우들에 대해서 섭섭한 말이나 혹 불순한 행동을 취해서는 우리의 입장을 혼란시키는 것이므로 미국에 대해서 조급도 오해나 불평을 가지는 것은 오직 반란분자들이 하는 행동이므로 오직 삼가고 조심해야 될 것이다.

아이젠하워 대통령이 먼저 말한 바와 같이 우리의 문제를 속히 해결하기 위해서 백방노력하여 우리 국군확대와 경제 원조를 극력 유지시키고 있는 중 그분의 각오로는 우리 문제를 정치회담에서 해결할 수 있는 문제로 생각하고 있는 것이므로 여기 대해서 그 의도를 오해하는 것은 불가한 일이며 오직 아이젠하워 대통령의 경우에 대해서는 모든 동맹국들이 절대로 휴전을 주장하는 중에서 단독으로 거부하기 어려운 형편이므로 우리가 그 경우를 추측하고 있는 중임에 아이젠하워 대통령의 우의를 우리가 잊어버리거나 아이젠하워 대통령의 의도에 순종치 못하는 것은 심히 마음이 아픈 것이나 우리의 믿는 바로는 이것을 접수하고는 우리가 살 수 없다는 각오이니 또 클라크 장군과 테일러 장군은 다 전쟁책임을 가지고 장부의 명령을 따라서 행할 뿐이므로 그분들의 의도나 유엔 각국 군대 將兵 간에 다 같은 동정을 가지고도 그 정부 명령을 따라한 것뿐이므로 우리가 그 사람들에 대해서 불만을 가지거나 반동분자들에 기회를 주어서 오해를 釀成하는 것은 우리가 전적으로 막아야 될 것이다.

구라파 몇 나라의 강경한 태도를 가지고 실례하는 언사와 행동이 있을지라도 우리는 그 나라 군인들이 우리나라에 와서 피 흘리고 싸우는 은공을 생각해서라도 그 실례하는 언론을 우리가 관계하지 아니하고 대답하고자 아니한다.

일반 동포들아 우리가 이 형편에 앉아서 落心落望하거나 미약한 기세를 가지고는 결코 될 수 없는 일이므로 언론과 행동에 통일주장을 극력지지해서 한두 사람이라도 딴 길로 나가지 말고 다 같은 보조로 죽으나 사나 한 구덩이로 들어가야만 될 것이다. 잃었던 나라를 회복하자는 데는 없던 나라를 새로 만드는 것보다 더 어려운 것이다. 무한한 우리의 피와 우방들의 피를 가지고 세워서 이만치 만들어 놓은 민국 국권을 잃어버려서는 아니 되겠다는 결심을 가지고 한데 한 덩어리로 뭉쳐서 한 길로 나갈 것뿐이다.

어데서든지 외국군이 새로 들어와서 우리를 위협하고 압박할지라도 우리는 기미년 3·1정신을 다시 발휘해서 혹 어떤 사람이 우리를 칼로 찌르거나 총으로 쏘는 일이 있을지라도 우리는 무저항주의로 대항하지 말고 선 자리에서 죽어도 상쾌(爽快)하다. 뒤 사람이 또 바쳐서 일어서서 우리가 고립이 아니다. 세계 모든 자유를 사랑하는 민족들은 뒤에서 자기들의 힘자라는 대로 구원하고 있는 것이다. 우리가 시수만 말고 정의 인도만 붙들고 나가자. 남을 원망하거나 시비하지 말고 오직 우리의 직책만 움직여서 바른 길로만 나가면 우리는 죽어도 산 사람이요 살아도 참 사는 사람이 될 것이다. 우리는 굶고 먹는 것도 문제가 아니고 죽고 사는 것도 문제가 아니다.

이북동포가 8년 동안을 내려오며 처음에는 소련군이 점령 그 후는 괴뢰군의 점령 또 그 후에는 중공군의 점령하에서 살인, 방화, 약탈들을 받아가며 밖에서 돕는 식물이나 의복이 영영 들어갈 수 없고 적군들이 뺏어다가 저이가 입고 저이가 먹는 정경 속에서 7백만 동포가 3백만밖에 남지 않았다는 보고가 6, 7朔前부터 연속 듣게 된 바 지금은 그때보다 수효가 더욱 줄었을 것이다.

우리가 이것을 듣고 살아서 먹고 자고 있다는 것은 말이 아니고 우리가 벌써 죽어서 몰라야 옳을 것이다. 몇 명 아니 되는 反정부 분자들이 지금 이 기회를 타 가지고 또 외국의 세력을 의지하여 선전하기를 한인 전체가 다 휴전협정을 접수하는 것을 원하는 중이라는 소리를 라디오 방송으로 공포시키고 있으니 이 나라 위기에 있어서 정당이라는 것을 해 가지고 國勢를 요란케 하는 요란분자들은 법으로 다스리라 하겠으니 일반 민중은 妄動輕行하는 폐단을 일체 피하고 법으로 다스려서 매국적 행동가진 자들을 방임해 가지고는 아니 될 것이다.

나로는 민족 전체가 절대지지해서 우리가 백난을 무릅쓰고 우리가 이 자리까지 온 것은 다만 우리 국군들이 애국성심에 뭉쳐서 피를 흘리고 이룬 혁혁한 공훈으로 이루어진 것이다. 태산은 갈수록 높고 험하며 높고 험한 것을 이겨 나갈수록 더욱 어려워 오다가 필경은 단호한 길이 나설 것이다. 우리가 잃었던 나라를 회복해서 우리 금수강산을 욕심내는 자들이 다시 또 욕심 못 내도록 만들어 놓아야 할 것인데 이것은 우리 3천만이 지금까지 싸우며 희생하며 지지한 전도만을 계속해서 나간다면 우리 앞길은 탄탄한 대로로 고려할 것이 없을 것이다.

뭉쳐라 정신통일을 먼저 하자 정신통일을 방해하는 분자는 한족의 원수로 인정할 수밖에 없게 됐다. 우리 민족의 결심이 무엇인지 모르는 우방 사람들이 있다면 短促한 시일 내에 표시할 수 있으니 국민 투표에 부쳐서 다 알릴 수 있을 것이다. 남이 알든지 모르든지 우리는 한 덩어리서 가지고 백절불굴하고 쇄골분신하는 자리까지 주저 말고 나가야 한다.

이것으로 제3회 공산군 침략 기념일의 기념사를 마친다.

단기 4286년 6월 25일
대통령 이승만

□ 이승만 대통령과 로버트슨 미국무차관보와의 공동성명 (1953.7.11)

우리는 지난 2주일간 대한민국과 미국 간에 존재하는 깊은 우의를 강조한 솔직하고도 정중한 의견 교환을 하였으며, 또한 나아가서 휴전문제, 전쟁포로교환 및 장래의 정치회담 등에 관련하여 야기된 곤란한 諸문제에 관한 상호이해를 달성하였다.

토의는 3년 전 공산침략 이래 우리들의 관계에 존재하였던 우리의 공동목표에 대한 긴밀한 협조를 휴전 후에도 계속하며 증대시키려는 우리의 주의를 공고히 하였다.

전쟁포로에 관하여서는 어느 전쟁포로이고 강제를 받지 아니하며 또는 일정한 기간 후에는 공산주의자의 통치하에 돌아가기를 원치 않는 모든 전쟁포로를 남한에서 석방할 것이며 또한 비공산계 중국인은 그들이 선택한 곳으로 송환되어야 한다는 우리들의 결의를 재확인하였다.

우리 양국정부는 현재 교섭 중에 있는 상호방위조약을 체결하는 데 합의하였다.

우리는 또한 정치, 경제 및 방위의 분야에서의 협조에 관하여 토의하고 우리의 회담은 이들 문제에 관하여 광범위한 합의가 있음을 발견하였다.

특히 우리는 자유·독립·통일 한국이라는 공동목표를 가급적 단시일 내에 실현시키기 위하여 공동협력하려는 우리의 결의를 강조하는 바이다. 우리들의 회담을 진전시킨 융화의 정신과 도달한 광범한 합의가 극동에 있어서의 견고하고 항구적인 평화를 위한 우리들의 광범위한 목표에 분명히 인도할 계속적인 상호 존경과 상호 이해의 정신으로 장차 뒷받침될 것이라고 확신한다.

□ 휴전조항에 관한 이승만 대통령의 성명(1953.7.24)

우리는 덜레스 국무장관이 발표한 정중하고 우의에 가득 찬 성명을 환영하고 감사하는 바이다. 나는 동성명으로 말미암아 내가 나 자신의 견해를 공적으로 설명할 기회를 가지게 된 것을 특히 기쁘게 생각한다.

로버트슨 씨와의 회담에 있어선 한미 양국 간에 서로 약속한 바도 있고 서로 양보한 바도 있다. 한국 측이 양보한 바는 잘 알려졌으며 완전히 수락되었던 것이다. 그러나 정전을 방해치 않겠다는 우리들의 약속의 기초가 되었던 미국 측의 양보점은 아직 공적으로 명확히 알려진 바가 없다.

공동안존보장조약 체결 제안에 관하여서는 우리 측이 초안을 제출한 바 있으나 아직 그에 대한 이렇다 할 상세한 반응을 받지 못하고 있다. 동 조약은 상원의 차기 회기에 인준을 받도록 하겠다는 보장을 받고 우리는 그에 응한 것이었으나 우리는 물론 동 조약의 구체적 조건이 무엇이 될 것인가 하는 문제에 관해서는 깊은 관심을 가지고 있는 것이다.

로버트슨 씨와 우리 사이에 도달된 기본정책 합의점의 실행을 불가능케 하게 될 약속을 해리슨 장군이 공산 측에 하였다고 공산 측이 주장하였으며 아직껏 그러한 주장이 부정되지 않고 있음에 비추어 우리는 당혹하고 우려케 된 것이다. 나는 로버트슨 씨가 현재 자기가 한 약속을 모두 지키기 위하여 성심으로 노력하고 있다는 것을 알고 있다. 그러나 우리들에게 준 개념적인 막연한 보장과 공산 측에게 준 명료하고도 확정적인 보장이 서로 相違하는 경우 우리는 어찌 불안을 느끼지 않을 수 있을 것인가?

인도나 기타 어느 나라의 군대가 포로를 보호하기 위하여 남한에 상륙하는 일이 없을 것이라는 것을 나는 확신하고 있다. 그럼에도 불구하고 해리슨 장군은 如斯한 군대가 남한에 상륙할 것이며 그들은 유엔군의 경찰보호를 받을 것이라는 데 동의하였다고 공산 측은 판문점에서 주장하고 있다. 나는 오직 한국인들은 이런 일이 일어나는 것을 그냥 두지 않을 것이라는 것만을 말할 수 있다.

나는 로버트슨 씨와 합의에 도달하는 데 있어 송환불원 한국인 포로는 남한에서 석방될 것이며 공산 측으로 돌아가는 것을 거부하는 중국인 포로는 그들이 선택하는 목적지로 보내져야 한다는 것을 분명히 말하였던 것이다. 그러나 놀랍게도 판문점으로부터의 보도는 이와 같이는 할 수 없다는 말이 직접 전하여지고 있으며 누구도 이러한 보도를 아직 반박하지 않고 있다. 도리어 이들 포로들은 몇몇 소위 중립국으로 보내서 거기서 계속 공산주의자의 협박을 받게 될 것같이 보인다. 결코 이런 일이 일어나선 안 된다.

또한 내가 아는 바로선 정치회담이 아무 소용도 없다는 것이 증명되게 될 때 미국은 한국과 더불어 여사한 회담에 시간적 제한을 가하며 그 후로는 우리 국토로부터 침략군을 구축하려는 우리들의 노력을 재개할 완전한 자유를 가지게 되기로 되어 있다. 그러나 판문점에선 정전엔 시간적 제한이 없으며 정치회담이 실패케 되더라도 한국은 자기 자신의 방법을 취할 분명한 주권적 권리를 행사라는 것을 유엔에 의해서 제한받게 될 것이라는 데 동의하였다는 발표가 있었다.

이미 석방된 한국인 포로가 체포 내지 再수용 되어서는 안 된다는 것은 우리들이 다 아는 바이요 또한 우리들의 결의인 것이다.

그런데도 불구하고 판문점에선 석방된 포로들을 위험에 빠트리게 될 공산 측의 요구 즉 석방포로의 재수용 문제를 정치회담에서 취급하자는 요구를 거절하였다는 징조가 없다.

로버트슨 씨가 여기 왔을 때 나는 우리 손으로 침략자들을 직접 처벌하려는 계획을 연기할 것을 마지못하여 동의하는 중요 기초조건으로서(정치회담이 실패하는 경우) 미국은 우리와 같이 싸움을 다시 공동으로 시작하거나 또는 그것이 불가능하다면 현재 제의되고 있는 경제원조 이외에 따로 물적 심적으로 우리들의 노력을 지원하여 줄 것을 나에게 보장하여 달라고 요청하였던 것이다.

나는 그가 지금 자기의 최선을 다하고 있음을 확신하나 이제 정전이 임박하여 온 이때 나는 이 근본적인 문제에 관하여 그 후 아무 말도 들은 바가 없는 것이다.

우리들은 경제원조 문제와 군사 및 정치적 문제는 분리되어야 한다고 생각한다. 우리는 이 파괴된 국토를 부흥하기 위하여 우리를 도우려는 미국의 관대한 마음을 깊이 감사하고 있다. 나는 미국이 우리에게 주는 원조에 어떠한 부수적 조건을 결부시키려는 것이라고는 생각지 않는다. 몇몇 국가는 미국의 원조를 받은 후 도리어 여러 가지 방면으로 공선주의 국가와 더욱 손을 잡고 나아가기 위하여 그 원조의 일부를 사용하고 있다는 비난을 받은 바 있다.

그러나 한국이 그러한 짓을 하리라고 생각한 사람은 하나도 없으리라는 것을 나는 확신한다.

나는 한국 통일을 위하여 미국 및 유엔과 적극협조하기를 가장 성의 있게 노력하고 있다. 그러기 위하여 나는 이 나라의 생존을 위하여 필수하다고 판단 내린 바에 어그러지는 중대한 양보까지 하였던 것이다, 그러나 이 대신 미국이 나에게 양보하고 약속하여 준 것들이 판문점에서 도달된 합의로 인하여 무효로 돌아가는 것 같이 보이는 이때 나는 가만히 입을 닫고 있을 수가 없는 것이다. 한국과 공산 측에 완전히 상반되는 보장이 동시에 주어졌을 것 같으면 그중 하나는 헛것이 아닐 수 없을 것이다. 피할 수만 있다면 우리는 일방적인 정책을 취하지 않겠다는 것이 나의 강력한 희망이다.

우리는 우리가 그와 같이 신의를 지키고 또한 깊은 우의의 정신 속에서 도달한 합의점과 상호이해점이 공산 측의 요구 때문에 희생되지 않았다는 말이 오기를 아직 희망적으로 기다리고 있다. 우리는 우리가 당면한 문제의 본질이 무엇인가를 분명히 하여 두지 않으면 안 된다. 우리는 민주독립국가로서 생존하여 나가기 위하여 싸우고 있다는 것을 나는 재차 천명하지 않으면 안 된다. 이 목적에 배치되는 여하한 일도 우리에게는 하나의 타협에 그치는 것이 아니라 비극적이며 최종적인 멸망을 의미하는 것이다.

□ 휴전조인에 관한 이승만 대통령 성명(1953.7.27)

나는 정전이라는 것이 결코 싸움을 적게 하는 것이 아니라 더 많게 하며 고난과 파괴를 더하고 전쟁과 파괴적 행동으로 공산 측이 더욱 전진하여 오게 되는 서곡에 지나지 않을 것이라고 확신하였기 때문에 정전에 조인을 반대하여 왔던 것이다.

그러나 이제 정전이 조인되었음에 나는 정전의 결과에 대한 나의 그동안 판단이 옳지 않았던 것이 되기를 바란다. 한국의 해방과 통일 문제를 평화리에 해결하기 위하여 일정한 기간 정치회담이 개최되고 있는 동안 정전을 우리는 방해치 않을 것이다.

우리와 미국 사이에 도달된 합의는 양국의 공동이익이 관련되어 있는 지역의 안전을 유지하기 위하여 양국은 효과적으로 협조한다는 것을 보장하고 있다.

한국의 부흥은 즉시 그리고 효과적으로 진전될 것이다. 공산 측은 북한을 위하여 이만 한 일을 할 것인가. 차후도 당분간 공산 압제하에서 계속 고생하지 않으면 안 되게 될 우리는 여러분을 잊지 않을 것이며 모른 체하지도 않을 것이다.

한국 민족의 기본 목표, 즉 북쪽에 있는 우리의 강토와 동포를 다시 찾고 구해내자는 목표는 계속 남아 있으며 결국 성취되고야 말 것이다.

유엔은 이미 이 목표를 위하여 확약을 한 것이다. 왜 우리들이 이와 같이 정책을 변경하여 정전을 방해치 않기로 하였는가 하는 상세한 설명은 차후 발표될 것이다.

□ 휴전조인 후 국민에게 보낸 이 대통령 성명(1953.7.28)

전 국민에게

소위 휴전조약에 대해서 우리가 처음부터 선언한 목적은 중공군이 한국에서 물러가고 통일을 완수하기 전까지는 우리로는 휴전이나 평화를 받지 않겠다고 한 것인데 지금에도 이 결심에는 조금도 변동된 것이 없으며 오직 시간만을 몇 달 동안 물리기로 한 것이니, 이는 유엔의 협동을 다 거부하고 단독으로 전쟁을 계속하겠다느니보다 유엔과 미국의 협동을 보유하여 몇 달 기한을 물려서 그 동안에 유엔이 정치담화로 적군을 물려 보낼 수 있다는 가능성을 시험해서 3개월 이내로 성공이 되면 좋을 것이요 성공이 못 되는 때에는 유엔과 미국의 합작으로 우리와 같이 통일을 도모하자는 것이 아니고 오직 그 기간 내에는 장해를 주지 않겠다는 의도하에서 이 휴전조약이 성립되는 것이니, 이것이 미국에 도의상과 물질상에 원조를 얻어 가지고 중공군을 몰아내서 통일하겠다는 데는 충분치 못하게 생각되나 그다음 방법으로는 이것이 가장 지혜로운 것으로 각오가 되어서 이와 같이 된 것이니, 우리 남북 동포들은 아무리 조급하고 견디기 어려운 형편이라도 이 어려운 형편에서 가장 상당하게 조처된 것으로 믿기 바라는 바이다.

첫째로는 잠시라도 휴전이 성립되어서 양편에서 많은 인명을 상하게 되는 것을 피하게 되는 것이 우리 국군으로는 장병들을 교체시킬 여가도 없이 밤낮으로 적군의 수없는 침략을 대항해서 먹고 잘 시간도 없이 싸우는 사람들이 강철이 아니고 육신으로 아무리 강한 군인이라도 간단없이 싸워 나가는 것을 잠시라도 정지하게 된 것은 심히 다행으로 생각하는 바이다. 얼마 후에 더 큰 전쟁을 당할지라도 목하 형편으로 이와 같이 된 것을 다행히 생각지 않을 수 없는 것이다.

그 결과로 많은 담보를 얻은 것은

첫째로 아이젠하워 대통령의 신념으로는 정치회담에서 3개월 이내로 통일완성을 오직 바라기만 하는 것이 아니요 성공할 신념을 가진 것이므로 비록 우리 관찰에는 이것이 성공되기 어렵다 할지라도, 아이젠하워 대통령이 무슨 권능으로든지 성공할 수 있다는 것을 거부하는 것이 너무 고집에 불과하므로 고집을 버리고 신념을 가지고 한 번 더 시험해 보아서 전쟁으로 물리치느니보다 정치담화로 물리침이 더 나을 것이며,

둘째로 설령 이 계획이 실패될지라도 그 뒤로는 평화 수단이 무용하게 됨을 세상이 주지하게 될 때에는 우리는 세계 동정을 얻어 우리 자력으로 통일을 완성할 길도 생길 것이며 유엔회원 16개국도 6·25사변 당시와 같이 적이 다시 남침해 온다면 단연 우리와 협력하여 적을 응징할 결심을 가지고 있는 것이니, 우리 민국에 완전한 보장을 굳게 세워 놓은 것이며 따라서 미국과 방위조약을 성립해서 어떤 나라이나 우리를 침략하게 될 때에는 미국이 전적으로 나서서 싸움이라도 피하지 않고 보호한다는 조약이 내년 미국 의회에서 통과된다는 것을 아이젠하워 대통령과 덜레스 국무장관이 미국 의회 모모 지도자와 협의해서 완전한 담보가 되어 있으니, 지금부터는 공산군의 침략만이 아니라 소련이나 일본이나 중국이나 어떤 강국의 침략을 우리가 외로이 방비할 우려가 다 없게된 것이니, 우리는 미국 대통령의 호의만 치하할 뿐 아니라 미국의 모든 자유권을 사랑하는 친우들에 의로운 동정을 감격히 여기지 않을 수 없는 것이다.

특히 아이젠하워 대통령이 미국 의회에 특별히 요청해서 타스카

사절의 예산으로 오는 3년 안에 할 계획에 10억 불을 원조하자는 예산안을 국회에 제출하여 내년 안 예산안에 편입될 것인데 그전에 급히 재건 사업을 시작하기 위하여 2억 불을 미리 지불해서 하라는 요청에 미국 의회에서 허락이 되어서 상원의원에도 이번 폐회 前에 통과되리라는 메시지가 왔으므로 먼저 우리는 오는 6개월 이내로 2억 불을 공장설립과 모든 재건에 부지런히 일해야 될 것이다.

미8군사령관 테일러 장군이 공포한 것과 같이 이 휴전조약은 평화조약이 아니고 잠시 싸움을 정지하고 담화로 처결하자는 것을 시험하자는 것으로 유엔군은 여전히 여기 있을 것이요 따라서 우리 국군 확장에 육군만 증가하는 것이 아니요 해군 공군을 다 그만 한 비례로 확장하기로 협의된 것이므로 다만 우리가 초조해서 주야 마음을 놓지 못하는 것은 이북에 있는 우리 동포인데 우리가 죽기로서 싸워서 구제해 내기를 힘썼으나 이상 말한 것으로 몇 달이나 지체하게 됨에 다 같이 양해하고 얼마동안 참아 나갈 수밖에 형편이 없는 것이다.

포로 8천여 명이 남은 것은 그때 다 석방했을 것인데 약간 장해되는 관계로 이 사람들을 즉시 내놓지 못하고 지금에 와서는 형편이 변해서 얼마동안 더 고생을 할 형편인데 인도군인이 제주도에 와서 포위하고 정치 기간 안에 문답하려 한 것을 우리가 이것은 절대로 거절한 결과로 이 포로들은 비무장지인 중립지대로 보내서 거기서 문답한다는 것을 우리가 허락하였으므로, 이 반공포로들을 임진강으로 올라가서 얼마 동안 고생할 것뿐이요 그중에서 꿋꿋이 반공주의를 가지고 이남에 있기를 원하는 사람은 여기서 석방하기로 된 것이니 언질이나 보장을 조금이라도 신뢰할 수 있다면 그리

될 것은 확실한 일이다.

중공군의 반공포로들도 그와 같이 문답 후에 대만으로 가기를 원하는 사람은 거기로 가게 되는데 이것은 조금도 강제로는 못 할 것으로 규정되었으며, 우리가 유엔의 우방들과 특별히 미국의 힘으로 우리가 이만큼 싸워서 남한만이라도 지켜 보호하여 왔으며 따라서 우리 국군을 이만큼 확대해 놓아서 동양에 막강한 군사력을 성립시켜 놓고 또 앞으로 추진시키는 것은 미국의 우의와 公義心으로 된 것이니, 우리는 감사함으로 잊을 수 없는 동시에 이 우방들이 꿋꿋한 도움으로 우리의 통일이 달성되기를 바라는 바이다.

따라서 우리 국군의 애국성심과 맹렬히 투쟁한 역사의 영광을 우리가 다 말로 형언하기 어려우며 따라서 우리 민족이 굶으나 먹으나 우리 민족이 다 같이 한 마음 한 뜻으로 나아가서 변치 않는 애국심으로 우리가 이만큼 성공해서 우리나라가 세계 민주진영의 한 앞장이 될 만큼 된 것은 우리가 진실로 天佑로 된 것으로 믿으며 감사한다.

한 가지 이 기회에 첨가하고자 하는 말은 해외 모든 자유를 사랑하는 동지자 중 미국에서 동정하는 남녀들이 우리를 치하하며 격려하여 준 여러 천명의 호의를 받고 모든 그 친우들에게 한없는 감격으로 사의를 표하는 바이다.

미국과 한국 간에 우의가 더욱 공고해서 동양평화를 유지하는 노력에 큰 보장이 되기를 바라는 바이다.

2. 이승만 대통령의 작전지휘권 이양 공한(公翰)

□ 이승만 대통령이 맥아더 유엔군사령관에게 보낸 공한
  (1950.7.15)

대한민국을 위한 유엔의 공동 군사노력에 있어 한국 내 또는 한국 근해에서 작전 중인 유엔의 육해공군 모든 부대는 귀하의 통솔하에 있으며, 또한 귀하는 그 최고사령관으로 임명되어 있음에 비추어, 본인은 현 적대행위가 계속되는 동안 대한민국 육·해·공군의 모든 지휘권을 이양하게 된 것을 기쁘게 여기는 바이며, 그러한 지휘권은 귀하 자신 또는 귀하가 한국 내 또는 한국 근해에서 행사하도록 위임한 기타 사령관이 행사하여야 할 것입니다.

한국군은 귀하의 휘하에서 복무하는 것을 영광으로 생각할 것이며, 또한 한국 국민과 정부도 고명하고 훌륭한 군인으로서 우리들의 사랑하는 국토의 독립과 보전에 대한 비열한 공산침략에 대항하기 위하여 힘을 합친 유엔의 모든 군사권을 받고 있는 귀하의 전체적 지휘를 받게 된 것을 영광으로 생각하며 또한 격려되는 바입니다.

귀하에게 최대의 심후하고도 따뜻한 마음으로 개인적인 경의를 표하나이다.

1950년 7월 14일
이승만

□ 이승만 대통령 공한에 대한 맥아더 장군의 답신
(1950.7.18)

*주한미국 대사를 통해 전달: 1950년 7월 18일

대통령 각하

현 적대상태가 계속되는 동안 대한민국 육해공군의 작전지휘권 (operational command authority)을 위임한 7월 14일부 귀하의 서신에 관한 맥아더 원수의 다음과 회신을 전달함을 본관은 영광으로 생각합니다.

"7월 15일 공한에 의하여 李 대통령이 취하신 조치에 대하여 본관은 충심으로부터의 감사와 심심한 사의를 그에게 표하여 주심을 바라나이다. 한국 내에서 작전 중인 국제연합군의 통솔력은 반드시 증강될 것입니다.

용감무쌍한 대한민국 군대를 본관 지휘하에 두게 된 것을 영광으로 생각하나이다. 이 대통령의 본관에 대한 과도한 개인적 감사에 대한 사의와 그에 대하여 본관이 또한 가지고 있는 존경의 뜻도 아울러 전달하여 주시기 바라나이다.

우리들의 장래가 고난하고 요원할지도 모르겠으나, 종국적인 결과는 반드시 승리할 것이므로 실망하시지 마시도록 그에게 전언하여 주시기 바라나이다.

맥아더
본인의 변함없는 존경과 함께
존 무초
대한민국 대통령 이승만 각하

3. 한미상호방위조약과 유엔16개 참전국 성명

□ 대한민국과 미합중국 간의 상호방위조약

1953년 10월 1일 워싱턴에서 서명

1954년 11월 17일 발효

본 조약의 당사국은

모든 국민과 모든 정부와 평화적으로 생활하고자 하는 희망을 재확인하며 또한 태평양지역에 있어서의 평화기구를 공고히 할 것을 희망하고,

당사국 중 어느 일국이 태평양지역에 있어서 고립하여 있다는 환각을 어떠한 잠재적 침략자도 가지지 않도록 외부로부터의 무력공격에 대하여 그들 자신을 방위하고자 하는 공통의 결의를 공공연히 또한 정식으로 선언할 것을 희망하고,

또한 태평양지역에 있어서 더욱 포괄적이고 효과적인 지역적 안전보장조직이 발달될 때까지 평화와 안전을 유지하고자 집단적 방위를 위한 노력을 공고히 할 것을 희망하여 다음과 같이 동의한다.

제1조

당사국은 관련될지도 모르는 어떠한 국제적 분쟁이라도 국제적 평화와 안전과 정의를 위태롭게 하지 않는 방법으로 평화적 수단에 의하여 해결하고 또한 국제관계에 있어서 국제연합의 목적이나

당사국이 국제연합에 대하여 부담한 의무에 배치되는 방법으로 무력의 위협이나 무력의 행사를 삼갈 것을 약속한다.

제2조

당사국 중 어느 일국의 정치적 독립 또는 안전이 외부로부터의 무력공격에 의하여 위협을 받고 있다고 어느 당사국이든지 인정할 때에는 언제든지 당사국은 서로 협의한다. 당사국은 단독적으로나 공동으로나 자조와 상호원조에 의하여 무력공격을 방지하기 위한 적절한 수단을 지속하여 강화시킬 것이며 본 조약을 실행하고 그 목적을 추진할 적절한 조치를 협의와 합의하에 취할 것이다.

제3조

각 당사국은 타 당사국의 행정지배하에 있는 영토와 각 당사국이 타 당사국의 행정지배하에 합법적으로 들어갔다고 인정하는 금후의 영토에 있어서 타 당사국에 대한 태평양지역에 있어서의 무력공격을 자국의 평화와 안전을 위태롭게 하는 것이라고 인정하고 공통한 위험에 대처하기 위하여 각자의 헌법상의 수속에 따라 행동할 것을 선언한다.

제4조

상호적 합의에 의하여 미합중국의 육군, 해군과 공군을 대한민국의 영토 내와 그 부근에 배비하는 권리를 대한민국은 이를 허여하고 미합중국은 이를 수락한다.

제5조

본 조약은 대한민국과 미합중국에 의하여 각자의 헌법상의 수속에 따라 비준되어야 하며 그 비준서가 양국에 의하여 '워싱턴'에서 교환되었을 때에 효력을 발생한다.

제6조

본 조약은 무기한으로 유효하다. 어느 당사국이든지 타 당사국에 통고한 후 1년 후에 본 조약을 종지시킬 수 있다.

이상의 증거로서 하기 전권위원은 본 조약에 서명한다.

본 조약은 1953년 10월 1일 '워싱턴'에서 한국문과 영문으로 두 벌로 작성됨.

대한민국을 위해서 변영태
미합중국을 위해서　존·포스터·덜레스
미합중국의 양해사항

어떤 체약국도 이 조약의 제3조하에서는 타방국에 대한 외부로부터의 무력공격의 경우를 제외하고는 그를 원조할 의무를 지는 것이 아니다.

또 이 조약의 어떤 규정도 대한민국의 행정적 관리 아래 합법적으로 존치하기로 된 것과 미합중국에 의해 결정된 영역에 대한 무력공격의 경우를 제외하고는 미합중국이 대한민국에 대하여 원조를 공여할 의무를 지우는 것으로 해석되어서는 안 된다.

□ 한국휴전에 관한 참전 16개국 공동정책 선언(1953.7.27)

1953년 7월 27일
워싱턴에서 발표

우리들 한국전쟁에 군대를 파견하고 있는 유엔 회원국은 휴전협정을 체결하기 위한 유엔군 총사령관의 결정을 지지한다.

우리는 茲에 동 휴전협정의 제 조항을 전폭적으로 또한 성실하게 이행하려는 우리의 결의를 확인한다.

우리는 동 협정의 상대측도 우리와 같이 동 제 조항을 충실히 수행할 것을 기대한다.

장차 민주 한국의 독립을 요구하는 제 원칙에 입각하여 한국에서 공평한 해결을 실현시키려는 유엔의 제 노력을 지지한다.

우리는 전화를 복구함에 있어서 한국민을 원조하려는 유엔의 제 노력을 지지한다.

우리는 유엔의 제 목적과 원칙에 대한 신임과 한국에 있어서의 우리들의 변함없는 책임에 대한 인식 및 한국 문제 해결을 성실하게 추구하려는 우리들의 결의를 재천명한다.

만약 유엔 제 원칙에 반한 무력공격이 재발한 경우, 우리는 세계평화를 위하여 다시 단결하여 즉각적으로 이에 대항할 것임을 확인한다.

이와 같은 휴전협정 위반의 결과는 필경 전쟁을 한국전선 내에서 제한할 수 없을 만큼 중대한 것이 되게 한 것이다.

끝으로 우리는 이 휴전협정이 아세아의 기타 어떠한 지역에 있

어서의 평화의 회복과 보장을 위태롭게 하는 결과가 되어서는 안
된다고 생각한다.

호주, 네덜란드, 벨기에, 뉴질랜드, 캐나다, 필리핀, 콜롬비아, 태
국, 에티오피아, 터키, 남아연방공화국, 프랑스, 그리스, 영국, 룩셈
부르크, 미국

□ 한국참전 16개국의 제네바 회담 공동성명

1954년 6월 15일
제네바에서 발표

1953년 8월 28일 유엔총회의 결의와 1954년 2월 18일의 베를린
콤뮤니케에 준거하여 재한 유엔군에 군사력을 제공한 국가들로서
우리는 평화적 방법에 의하여 통일된 독립 한국을 수립하기 위하
여 제네바 회담에 참가하고 있다.

우리는 한국의 통일과 독립과 자유를 가져오기 위하여 유엔이
과거에 해온 노력에 입각하여 기본적으로 생각되는 다음과 같은
두 원칙의 범위 내에서 많은 제안과 제의를 하였던 것이다.

1. 유엔은 그 헌장에 의거하여 침략을 격퇴하기 위하여 집단행동
을 취하고 평화와 안전을 회복하고 한국에서의 평화적 해결을 강구
하기 위하여 알선할 권한이 전적으로 그리고 정당히 부여되어 있다.

2. 통일되고 독립된 민주주의 한국을 수립하기 위하여 국회의

대의원을 선출하는데 유엔 감시하에 진정한 자유선거가 이루어져야 하며 이 국회에서의 대의원수는 한국 주민의 직접 비례에 의해서 해야 한다.

우리는 이러한 기본원칙에 입각하여 한국의 통일을 유지시키기 위하여 꾸준히 열성적으로 노력하여 왔다.

공산대표단들은 합의를 얻으려는 우리의 모든 노력에 거절하였다. 그러므로 우리들 사이에 개재하는 원칙적인 문제는 명백해졌다.

첫째로 우리는 유엔의 권위를 수락하고 또 주장한다. 공산 측은 유엔의 이 권위와 한국에 있어서의 유엔의 능력을 부인하고 거절하였다. 그리고 유엔 자체를 침략의 도구라고 낙인을 찍었다. 만약 우리가 공산 측의 이러한 입장을 수락한다면 이것은 집단안전의 원칙과 유엔 자체의 멸망을 의미하는 것이다.

둘째로 우리는 진정한 자유선거를 희구하고 있으나 공산 측은 진정한 자유선거를 불가능하게 할 절차를 고집하고 있다.

공산 측이 자유선거의 공평하고도 효과적인 감시를 수락하지 않을 것이 명백하며 그들은 북한을 계속적으로 지배하려는 그들의 ㅐ 의도를 명시하였다.

그들은 1947년 이래로 한국을 통일시키려는 유엔의 노력을 좌절시킨 것과 같은 태도를 그대로 고집하고 있다.

그럼으로 우리들은 합의가 없는 곳에 합의가 있는 듯이 그릇된 희망을 가지게 하여 세계의 인민들을 오도하기보다는 오히려 우리의 의견이 대립되어 있다는 사실을 직시하게 하는 것이 良策이라고 믿는 바이다.

이러한 사태하에서 우리는 우리가 불기결한 것으로 생각하는 두 개의 기본원칙을 공산대표들이 거절하는 한 이 회담에서 한국 문제를 이 이상 더 심의 고려하는 것은 소용없는 일이라고 결론을 부득이 내리지 않을 수 없는 것이다.

우리는 한국에 있어서의 유엔의 목적을 계속 지지할 것을 再확언하는 바이다.

1953년 8월 28일부의 유엔총회의 결의에 의거하여 이 선언서에 서명한 각 회원국은 이 회의의 의사에 관하여 유엔에 통고할 것이다.

제네바
1954년 6월 15일

4. 이승만 연보(年譜)

1875.3.26	황해도 평산에서 6대 독자로 출생, 2세 때 서울 이사, 한문 수학
	20세까지 서울역 근처 우수현(雩守峴, 도동)에서 거주
1894.11	신긍우(申肯雨)의 권유로 배재학당 영어과 입학
1895.8	배재학당 초급영어반 교사
11.29	명성황후 시해사건 복수계획(춘생문 사건) 하다 수배
1896.5.	1895년 말 귀국한 서재필에게 정치학, 역사, 세계지리 수학

1897.7.8	배재학당 졸업, 졸업생 대표로 '한국의 독립'이란 영어연설
1898.1.1	협성회회보(순한글 주간) 창간하고 논설집필
3.10	독립협회, 종로에서 만민공동회 개최(이승만 가장 인기 있는 열변가)
4.9	협성회회보를 개제하여 한국 최초의 일간지 매일신문 창간
5.21	매일신문 사장으로 취임
7.23	내부 분규로 매일신문, 협성회에서 해임 탈퇴
8.10	제국신문 창간하고 주필 취임
11.29	중추원 의관에 임명
12.25	독립협회 해체, 이승만 미국인 의사 셔먼(Harry C. Sherman) 집 피신
1899.1.3	중추원 의관직 박탈
1.9	박영호 등의 황제폐위 음모에 가담한 죄목을 쓰고 체포 투옥
1.30	육혈포 쏘며 탈옥기도, 실패
7.11	곤장 100백 대 및 종신 징역 선고
1900.8.	옥중에서 미국인 알렌과 중국 채이경(蔡爾庚)이 쓴 『중동전기본말』을 순 한글 번역(1917년 하와이에서 『청일전기』로 발간)
1901.2~	제국신문에 옥중논설 집필
1903.4.17	
1902.10.	옥중학교 설립

1903.1.	옥중도서관 설립
1904.6.19	옥중에서 『독립정신』 집필 (1910.2.10, 미국서 출판)
8.9	특사로 서대문감옥서 출옥
11.5	고종밀서 휴대하고 도미
12.31	샌프란시스코, 로스앤젤레스, 시카고 경유하여 워싱턴 도착
1905.1.15	워싱턴포스트지, 일본의 한국 침략 폭로한 이승만 인터뷰 기사 게재
2.16	조지워싱턴 대학 입학
2.20	딘스모어 미 상원의원 주선으로 헤이 국무장관과 30분 회담
4.23	루이스 햄린 목사로부터 세례받음
8.5	윤병구(尹炳九) 목사와 함께 루스벨트 대통령 예방, 독립청원서 전달
9.10	시종무관장 민영환으로부터 서신과 300달러 지원받음
1907.6.5	조지워싱턴 대학 졸업
6.25	워싱턴포스트지에 이승만이 YMCA에서 행한 연설 게재
9.	하버드 대학 석사과정 입학
6.24	1년 만에 하버드 대학 석사과정 수료
1908.9.	프린스턴 대학 박사과정 입학
1910.6.14	프린스턴 대학 졸업, 박사학위(박사논문: 미국의 영향을 받은 중립론)

9월 중순 한국위원회를 구미위원부(Korean Commission to Europe and America) 로 개칭

1924.11.23 대한인동지회, 이승만 종신 총재로 선출

1925.3.23 임시의정원, 이승만 임시대통령에서 면직안 의결

1932.12.23 국제연맹에 한국독립 호소 위해 제네바로 감

1934.10.8 뉴욕에서 프란체스카 여사와 결혼

1941. 여름 『일본 내막기(Japan Inside Out)』 저술

12.11 대한민국 임시정부의 대일 선전포고문을 미 국무부에 전달

1942.6 미국의 소리방송 통해 동포 격려

1943.5.15 루스벨트 대령에게 대한민국 임시정부 승인 요청 서한 발송

1945.9.14 조선인민공화국, 이승만을 주석으로 추대

10.16 이승만 박사 귀국

10.17 귀국 담화 방송

10.25 독립촉성중앙협의회 결성(총재 이승만)

11.26 임정이 우리정부를 지지할 것을 호소

12.26 반공·반탁통치 방송

1946.1.7 신탁지지는 망국 음모라고 기자단에 언명

1.14 공산주의자를 매국노로 규정하고 결별 선언

2.8 대한독립촉성중앙국민회 결성(총재 이승만)

2.14 미 군정청, 최고자문기구인 남조선민주의원 구성(의장 이승만, 부의장 김구)

6.3 전북 정읍, 남한 임시정부수립과 민족주의 통일

기관 설치 필요성 주장

6.29 민족총일총본부 설치

11.28 "국내운동 실패로 독립문제를 세계에 호소하겠다."고 도미 이유 설명

1947.3.3 국민의회, 임시정부 주석에 이승만, 부주석에 김구 추대

4.3 상해서 장개석과 회담

4.21 귀국

9.16 남한 총선거 실시 주장

1948.3.1 국민대회서 국방군의 조직과 유엔가입 주장

5.31 제헌국회 제1회 국회개회식(국회의장 이승만 선출)

7.20 대통령 이승만 선출

7.24 대통령 및 부통령 취임식

8.15 대한민국 정부수립 선포식

10.8 기자회견서 미군 철수 연기 요구

10.19 맥아더 장군 초청으로 일본 방문

11.26 미군주둔 요청 담화 발표

12.30 미군 철수에 담화

1949.1.8 대마도 반환 기자회견

2.18 유엔기구의 북한과의 협상을 반대하는 담화 발표

4.19 미군 철수시기에 대하여 성명

5.17 태평양동맹에 관하여 성명

7.1 미국에 대한원조 추가 요청 성명

7.20 태평양 동맹 협의 위해 키리노 필리핀대통령, 장

개석 총통 등 초청

8.8	이승만·장개석 진해 회담 공동성명 발표
11.26	남북통일방안 발표, 괴뢰정부 해체 후의 총선거 주장
12.3	향토방위대 조직 언명
12.16	미국의 대한군사원조에 비행기 포함 요청
1950.1.22	한국의 극동보루로서의 계속 원조 필요성 강조
2.14	맥아더 장군 초청으로 일본 방문
5.11	외국기자에게 미국 원조만이 북한 침공을 방어할 수 있다고 언명
6.25	북한 남침과 관련 유엔한위와 긴급회의 개최
7.14	맥아더 유엔군사령관에게 한국군 작전지휘권 위임 서신 발송
7.17	정부 부산으로 이전
9.19	한국 통일 방해는 있을 수 없으며 한국군에 한만 국경 진격명령
9.28	이북 진격 언명
10.12	원산에서 국군 1군단 표창식 거행
10.17	춘천, 원주 지방 시찰
10.13	평양 시찰
11.22	함흥 방문
11.24	유엔의 내정간섭 불허 언명
12.3	국방부장관에게 유엔에 원폭사용 요청
12.8	미국에 50만 무장 요구

12.11	수도 서울 사수 언명
12.24	중공군 참전으로 서울시민에 피난 명령
1951.1.3	정부, 부산을 임시수도로 결정
1.12	일본군 참전설에 대해 일본군 먼저 격퇴해야 한다고 담화
2.5	38도선은 이미 없어졌다고 정지설 반박
3.24	한만 국경까지 진격할 것이며 그전에는 정전 불가라고 담화
6.9	38도선 정전 결사반대 선언
6.25	말리크 휴전제안 거부
6.27	소련의 정전안 거부 성명
6.28	정전문제에 대하여 승패 결정 전에는 화평보다 죽음을 원한다고 결의 표명
7.3	미국 대통령에게 휴전협상 반대 전문 발송
9.20	휴전수락 4대원칙(중공군 철수, 북한무장해제, 유엔감시하 총선거 등) 제시
12.7	국토 양단 시 내란 계속이라고 경고
1952.1.8	평화선(또는 이승만 라인) 선포
8.5	제2대 대통령 이승만 당선
11.27	대만 방문
12.3	아이젠하워 미 대통령 당선자와 회담
1953.1.6	일본방문, 요시다 수상과 회담
2.17	중국 장개석 군대 한국참전 반대
3.12	한만 국경선까지 진격 요구 성명

9.23	공산군의 재남침 기도에 대하여 경고
1958.2.23	유엔군 철수 불가 성명 발표
6.29	유엔감시하에 북한만의 선거 주장
8.29	자유중국에 유재흥 연참총장을 특사로 급파
10.28	원자력 연구 지시
11.5	월남대통령 초청으로 베트남 방문
1959.2.20	국군의 신장비 필요 역설
3.25	통한에 미국 결단 촉구
6.9	미군 원조 없이 북진 가능하다고 언명
6.24	무력 북진 재강조
12.25	군 수뇌부에 군대 부정을 철저히 단속하도록 지시
1960.2.13	공산당보다 일본을 더 경계해야 한다고 언명
4.26	대통령직 사임
4.28	이화장으로 은퇴
5.29	하와이로 감
1961.	양녕대군 종중에서 인수(仁秀)를 양자로 천거하여 입적
1962.	귀국을 희망했으나 한국 정부의 반대로 좌절
1965.7.19	호놀룰루시 모나라니 요양원에서 서거, 한인기독교회에서 영결 예배
	유해 미군용기로 김포군항 운구해 이화장에 안치
	정동제일교회에서 영결 예배 후 동작동 국립묘지 안장

참고문헌

갈홍기, 『대통령 이승만 박사약전』, 대한민국 공보처, 1955.

갈홍기, 『대통령 이대통령각하 방미수행기』, 1955.

갈홍기, 『세계의 위인: 외국인이 본 이승만 대통령』, 공보실, 1956.

강문봉, 「戰時 韓國軍 主要 指揮官의 統率에 關한 硏究」, 연세대학교 박사학위논문, 1983.

강인섭, 「이승만 박사의 일화들」 『신동아』, 1965년 9월호: 258 – 268.

강준식, 「해방정국 미 군정의 이승만 옹립드라마」 『신동아』, 1989년 1월호: 450 – 469.

강준식, 「하지와 이승만·김구·여운형의 암투」 『신동아』, 1989년 2월호: 312 – 332.

강준식, 「불가능 인터뷰 ─ 저승에서 만난 초대 대통령 이승만」 『월간조선』, 1994년 7월호.

강혜경, 「해방직후 조선공산당과 우익세력의 정치협상: 이승만·김구와의 협상을 중심으로」 『역사연구』, 4호(1995.10): 173 – 208.

고정휴, 「개화기 이승만의 언론, 정치 및 집필활동(1875 – 1964)」, 고려대학교 대학원 석사학위논문, 1984.

고정휴, 「대한민국 임시정부 구미위원부(1919 – 1925)」, 고려대학교 대학원 박사학위논문, 1991.

고정휴, 『이승만과 한국독립운동』, 연세대학교 출판부, 2004.

고휘주, 「이승만의 건국노선」 『원광대 통일문제논문집』, 10집(1990).

고휘주, 「이승만의 정치권력에 관한 연구: 통치자윤리와 정치권력의 절차적 정당성 문제를 중심으로」, 중앙대학교 대학원 박사학위논문, 1990.

공보실, 『이대통령각하 제팔십탄신기념 현상당선 문장집』, 공보실, 1955.

공보실, 『세기의 위인: 외국인이 본 이승만 대통령』, 공보실, 1956.

공보실, 『우리 대통령 이승만』, 공보실, 1959.

공보처, 『대통령 이승만 담화집(정치편)』, 공보처, 1952.

공보처, 『대통령 이승만 담화집(경제·외교·군사·문화·사회편)』, 공보처, 1952.

공보처, 『대통령 이승만 박사 담화집』, 공보처, 1953.

곽임대, 『못잊어 화려강산: 재미독립투쟁 반세기 비사』, 대성문화사, 1973.

국가보훈처, 『NAPKO PROJECT OF OSS: 재미한인들의 조국 정진계획』, 2001.

국방군사연구소, 『국방정책변천사 1945 - 1994』, 국방군사연구소, 1995.

국방부, 『한국전란1년지: 1950년 5월 1일~1951년 6월 30일』, 정훈국 전사편찬회, 1951.

국방부, 『한국전란2년지: 1951년 7월 1일~1952년 6월 30일』, 정훈국 전사편찬회, 1953.

국방부, 『한국전란3년지: 1952년 7월 1일~1953년 7월 27일』, 정훈국 전사편찬회, 1954).

국방부, 『한국전란4년지: 1953년 7월 28일~1954년 7월 31일』, 정훈국 전사편찬회, 1955.

국방부, 『한국전란5년지: 1954년 8월 1일~1955년 7월 31일』, 정훈국 전사편찬회, 1956.

국방부 전사편찬위원회, 『국방조약집, 1945 - 1980』 1집, 전사편찬위원회, 1981.

권영달, 「이승만의 민주주의관: 역대 대통령 민주주의관 1」 『한국논단』, 1991년 9월호: 62 - 68.

권영후, 「리승만과 대한민국 임시정부(1919 - 1925)」, 단국대학교 대학원 석사학위논문, 1988.

김광섭 편, 『이대통령 훈화록』, 중앙문화협회, 1950.

김광섭 편, 『반공애국지도자 이승만 대통령 전 세계에 외치다』, 대한신문사출판부, 1952.

김광재, 「한국광복군의 활동연구: 미 전략첩보국(OSS)과의 合作訓練을 중심으로」, 동국대학교박사학위논문, 1999.

김교식, 「이승만 정권의 특무대장: 김창룡사건의 배후는 이렇다!」『마당』, 1984년 10월호: 196 – 207.

김계동, 「미국의 한인부대 仁川·南浦 침투 NAPKO작전 계획」『현대공론』, 1989.2.

김상웅, 「이승만은 우리 현대사에 어떤 '악의 유산'을 남겼는가?」, 『한국 현대사 뒷얘기』, 가람기획, 1995.

김왕경, 「이승만·박정희 양 대통령의 리더십 비교연구」, 국방대학원 석사학위논문, 1985.

김원용, 「재미한인 50년사」『독립운동사자료집』8집, 독립운동사편찬위원회, 1972.

김인서, 『망명노인 이승만 박사를 변호함』, 독학협회출판사, 1963.

김인선, 「개화기 이승만의 한글운동연구」, 연세대학교 박사학위논문, 1999.

김일영, 「이승만 통치기 정치체제의 성격에 관한 연구」, 성균관대학교 박사학위논문, 1991.

김장흥, 『민족의 태양: 우남 이승만 박사 평전』, 백조사, 1956.

김정렬, 『김정렬회고록』, 을유문화사, 1993.

김중원, 『이승만 박사전』, 한미문화협회, 1958.

김학준, 『해방공간의 주역들』, 동아일보사, 1996.

노기영, 「이승만 정권의 태평양동양정책과 한미일관계」, 부산대학교 석사학위논문, 1998.

남정옥, 『한미군사관계사, 1871 – 2002』, 국방부 군사편찬연구소, 2003.

남정옥, 「6·25전쟁 초기 미국의 정책과 전략, 그리고 전쟁지도」, 『軍史』 59호, 2006.6.

남정옥, 「6·25전쟁과 이승만 대통령의 전쟁지도」, 『軍史』 63호, 2007.6.

노블(Harold Joyce Noble), 박실 역, 『이승만 박사와 미국대사관: 한국동란과 서울, 워싱턴의 외교내막』, 정호출판사, 1983.

도진순, 「1945 – 48년 우익의 동향과 민족통일정부 수립운동」, 서울대학교 박사학위논문, 1993.

라종일, 「영국이 본 이승만의 북진통일론」『광장』, 1985년 7월호: 144 – 160.

로버트 T 올리버 著·朴日泳 譯, 『大韓民國 建國의 秘話: 李承晩과

韓美關係』, 계명사, 1990.

로버트 올리버 지음·황정일 옮김, 『신화에 가린 인물 이승만』, 건국대
학교 출판부, 2002.

류상영, 「한국전쟁 전후 이승만 정권의 구조와 변화」『연세대 원우논집』,
18집(1991.2).

리선근, 『대한민국 초대대통령 우남 이승만 박사 약전』, 1975.

민병용, 「2차대전의 영웅 한인2세 김영옥 대령」, 『美洲移民 100년』,
한국일보사, 1987.

박용만, 『경무대 비화』, 삼국문화사. 1975.

방선주, 「美洲地域에서의 한국독립운동의 특성」『한국독립운동의 地域
的 特性』, 광복절 제48주년 및 독립기념관 개관 6주년 기념 제7
회 독립운동사 학술심포지엄, 1993.

방선주, 「아이프러 機關과 재미한인의 復國運動」『제2회 한국학 국제
학술회의 논문집』, 인하대학교 한국학 연구소, 1995.

백선엽, 『6·25전쟁회고록 한국 첫 4성 장군 백선엽: 군과 나』, 대륙연
구소 출판부, 1989.

변영태, 『나의 조국』, 자유출판사 1956.

부산일보사, 『임시수도천일』상하, 부산일보사, 1985.

서울신문사, 『駐韓美軍 30年』, 서울신문사, 1979.

서정주, 『우남 이승만전』, 화산, 1995.

서주석, 「한국전쟁과 이승만 정권의 권력강화」, 『역사비평』, 9호(1990.5):
134 – 148.

邵毓麟, 「使韓回憶錄」, 『政經研究』164호(1978.10), 165호(1978.11).

손세일, 『이승만과 김구』, 일조각, 1975.

송건호, 「李承晩」, 『韓國現代史人物論』, 한길사, 1984.

양동안, 『대한민국 건국사』, 현음사, 2001.

양홍모, 「이승만 박사와 군대」, 『신동아』, 1965년 9월호: 232 – 238.

오진근·임성채 공저, 『해군창설의 주역 손원일 제독: 가슴 넓은 사나
이의 사랑이야기』상하, 한국해양전략연구소, 2006.

우남이승만박사서집발간위원회 편, 『우남이승만박사서집』, 촛불, 1990.

유영익, 『이승만의 삶과 꿈 — 대통령이 되기까지』, 중앙일보사, 1996.

유영익 편, 『이승만 대통령 재평가』, 연세대학교 출판부, 2006.

유영익 편, 『한국과 6·25』, 연세대학교 출판부, 2003.

육군교육사령부, 「이승만의 전쟁지도」, 『전쟁지도이론과 실제』, 육군교
　　육사령부, 1991.

육군교육사령부 역, 『위대한 장군 밴플리트』, 육군본부, 2001.

이도형, 『건국의 아버지 이승만』, 한국논단, 2001.

이덕희, 『한인기독교회, 한인기독학원, 대한인동지회』, 2008.

이승만(정인섭 역), 『미국의 영향을 받은 이승만의 전시중립론』, 나남출
　　판, 2000.

이승만, 『풀어쓴 독립정신』, 청미디어, 2008.

이승만, 『일본, 그 가면의 실체(Japan Inside Out)』, 청미디어, 2007.

이승만, 『한국교회핍박』, 청미디어, 2007.

이승만(이수웅 옮김), 『이승만 한시선(漢詩選)』, 배재대학교 출판부, 2007.

이원순, 『인간 이승만』, 신태양사, 1995.

이인수, 『대한민국의 건국』, 도서출판 촛불, 2001.

이정식, 『이승만의 청년시절』, 동아일보사, 2002.

이주영, 『우남 이승만 그는 누구인가』, 배재학당 총동창회, 2008.

이주영, 「이승만의 건국활동과 좌우합작론의 극복」, 『시대정신』, 제39
　　호(2008년 여름호).

이한우, 『거대한 생애 ― 이승만 90년』상하, 조선일보사, 1995 - 1996.

이한우, 『우남 이승만 대한민국을 세우다』, 해냄, 2008.

이현희, 「이승만 박사 아니면 남한도 공산화됐다. 이승만인가 김구인가」,
　　『한국논단』, 1999년 8월호.

임병직, 『임병직 회고록』, 1964.

임병직, 「한국전쟁 20년 ― 이박사와 더불어 부산까지」, 『신동아』, 1970
　　년 6월호.

정병준, 『우남 이승만 연구』, 역사비평사, 2006.

정용욱, 「1942 - 47년 미국의 대한정책과 과도정부형태 구상」, 서울대
　　학교 박사학위논문, 1996.

정일권, 『정일권회고록: 6·25전쟁비록 전쟁과 휴전』, 동아일보사, 1986.

조병옥, 『나의 회고록』, 도서출판 해동, 1986.

짐 하우스만/정일화 공저, 『한국대통령을 움직인 미군대위 하우스만 증언』, 한국문원, 1995.

차상철, 「존 하지와 미군정 3년」, 『동방학지』, 89 - 90집(1995.12): 455 - 490.

프란체스카 도너 리 지음, 조혜자 옮김, 『이승만 대통령의 건강: 프란체스카 여사의 살아온 이야기』, 도서출판 촛불, 2006.

한시준, 『한국광복군연구』, 일조각, 1997.

한표욱, 『한미외교 요람기』, 중앙신서, 1984.

한표욱, 『이승만과 한미외교』, 중앙일보사, 1996.

허정, 『우남 이승만』, 태극출판사, 1974.

허정, 『내일을 위한 증언: 허정 회고록』, 샘터사, 1979.

홍석률, 「한국전쟁 직후 미국의 이승만 제거계획」, 『역사비평』 26, 1994년 여름.

해롤드 노블 著, 박실 역, 『戰火속의 大使館』, 한섬사, 1980.

Acheson, Dean, *The Korean War,* New York: W. W. Norton, 1969.

Allen, Richard C., *Korea's Syngman Rhee: An Unauthorized Portrait,* Rutland, Vermont and Tokyo, Japan: Charles E. Tuttle Co., 1960.

Bradley, Omar N. and Clay Blair, *A General's Life: An Autobiography by General of the Army,* New York: Simon & Schuster, 1983.

Brown, Anthony C., *The Secret War Report of the OSS*, Bakerly Publication Corp, 1976.

Chalou, George C., *The Secret War: The Office of Strategic Services in World War II*, National Archives and Records Administration, 1992.

Clark, Mark Wayne, *From the Danube to the Yalu,* New York: Harper and Bros., 1954.

Collins, J. Lawton, *War in Peacetime: The History and Lessons of Korea,* Norwalk, Conn.: the Eastern Press, 1969.

Dunlup, Richard, *Behind Japanese Lines, with the OSS in Burma*, Rand Mcnally, 1979.

Dunlup, Richard, *Donovan, America's Master Spy*, Rand Mcnally, 1982.

Ford, Corey, *Donovan of OSS*, Boston, Little Brown, 1970.

Harris, Smith R., *OSS: The Secret History of America's First Central Intelligence Agency*, Berkerly University of California Press, 1972.

Katz, Barry, *Foreign Intelligence Research and Analysis in the Office of Strategic Services, 1941 – 1945*, Harvard University Press, 1989.

Kronenwetter, Michael, *Covert Action*, Franklin Watts, 1991.

Manchester, William, *American Caesar: Douglas MacArthur, 1880 – 1964,* New York: Dell, 1978.

Matray, James I., *The Reluctant Crusade: American Foreign Policy in Korea, 1941 – 1950*, University of Hawaii Press, 1985.

Mattiangly, Robert E., *Herringbone Cloak – GI Dagger, Marines of the OSS*, U.S. Marine Corps, 1989.

Oliver, Robert T., *Syngman Rhee: The Man Behind the Myth,* New York: Dodd Mead and Company, 1960.

Pogue, Forrest C., *George C. Marshall: Statesman,* New York: Penguin, 1987.

Ridgway, Matthew B., *The Korean War,* Garden City, NY: Doubleday, 1967.

Smith, Bradley F., *The Shadow Warriors: OSS and the Origins of the CIA*, New York Basic Books, 1983.

Soley, Lawrence C., *Radio Warfare: OSS and CIA Subversive Propaganda*, Praeger, 1989.

Talyor, John M., *General Maxwell Taylor: The Sword and the Pen,* New York Doubleday, 1989.

Truman, Harry S., *Years of Trial and Hope*, Vol. Ⅱ, Garden City, NY: Doubleday, 1956.

Yu, Maochun, *OSS in China: Prelude to Cold War,* New Heaven and London: Yale University Press, 1996.

찾아보기

남정옥

▎약력

충남대학교와 단국대학교에서 미국 현대사 전공
단국대학교 대학원 사학과(문학박사)
현재 국방부 군사편찬연구소 책임연구원, 우남이승만연구회 이사

▎주요 논저

『한미군사관계사』
『한국전쟁사의 새로운 연구』(공저)
『6.25전쟁사』(공저)
『알아봅시다! 6.25전쟁사』(공저)
『전투지휘의 실과 허』(번역)
『6.25전쟁 이것만은 알아야 한다』
『미국은 왜 한국전쟁에서 휴전할 수 밖에 없었을까』
『6.25전쟁시 예비전력과 국민방위군』
「한국전쟁 주요 10대 전투고찰」
「국민방위군」
「미국 군사전략의 발전과 분석 고찰」
「미국 트루먼 행정부의 대유럽정책」
「미국의 국제전쟁 개입원인과 국가안보」
「한국전쟁시 미국 합동참모본부의 역할」
「6.25전쟁시 주일미군의 참전결정과 한반도 전개」
「6.25전쟁 초기 미국의 정책과 전략, 그리고 전쟁지도」
「6.25전쟁시 미국 지상군의 한반도 전개방침과 특징」
「6.25전쟁의 주요 전투에 나타난 국가수호정신」
「한국전쟁시 남북한 점령지역 정책과 민사작전 분석」
「6.25전쟁기 북한의 게릴라전 지도와 수행」
「태평양전쟁기 이승만 박사의 군사외교와 활동」
「6.25전쟁시 이승만 대통령의 국가수호노력」
「6.25전쟁시 이승만 대통령의 전쟁지도(戰爭指導)」
「이승만 대통령 기록물 이해」
「건군 전사: 건군 주역들의 시대적 배경과 군사경력」
외 다수

이승만 대통령과
6·25 전쟁

초판인쇄 | 2010년 3월 18일
초판발행 | 2010년 3월 18일

지은이 | 남정옥
펴낸이 | 채종준
펴낸곳 | 한국학술정보㈜
주 소 | 경기도 파주시 교하읍 문발리 파주출판문화정보산업단지 513-5
전 화 | 031) 908-3181(대표)
팩 스 | 031) 908-3189
홈페이지 | http://www.kstudy.com
E-mail | 출판사업부 publish@kstudy.com
등 록 | 제일산-115호(2000. 6. 19)

ISBN 978-89-268-0912-9 93390 (Paper Book)
      978-89-268-0913-6 98390 (e-Book)

이담 Books 는 한국학술정보(주)의 지식실용서 브랜드입니다.